建筑测量

郑佳荣 主编

国家开放大学出版社·北京

图书在版编目（CIP）数据

建筑测量/郑佳荣主编. —北京：国家开放大学出版社，2021.1（2023.11 重印）
ISBN 978-7-304-10619-5

Ⅰ.①建… Ⅱ.①郑… Ⅲ.①建筑测量-开放教育-教材 Ⅳ.①TU198

中国版本图书馆 CIP 数据核字（2021）第 005335 号

版权所有，翻印必究。

建筑测量
JIANZHU CELIANG

郑佳荣　主编

出版·发行：国家开放大学出版社	
电话：营销中心 010-68180820	总编室 010-68182524
网址：http://www.crtvup.com.cn	
地址：北京市海淀区西四环中路 45 号	邮编：100039
经销：新华书店北京发行所	

策划编辑：陈艳宁	版式设计：何智杰
责任编辑：申蓓蓓	责任校对：吕昀豴
责任印制：武　鹏　马　严	

印刷：河北鑫兆源印刷有限公司
版本：2021 年 1 月第 1 版　　　　　2023 年 11 月第 10 次印刷
开本：787mm×1092mm　1/16　　　印张：18.25　字数：393 千字

书号：ISBN 978-7-304-10619-5
定价：35.00 元

（如有缺页或倒装，本社负责退换）
意见及建议：OUCP_KFJY@ouchn.edu.cn

前 言

PREFACE

　　测量工作应用于建筑工程的项目规划、设计、施工等各个阶段。"建筑测量"是建筑工程技术、建筑工程管理等相关土建类专业的重要课程。随着测绘技术的发展,建筑工程测量以培养现代建筑企业需求人才为目标。

　　本书是国家开放大学建筑工程技术专业系列教材之一。《建筑测量》按照国家开放大学建筑工程技术专业人才培养目标的实际需要,结合土建类专业及学生的特点,以任务教学为主线、理论知识为辅助的思路完成。本书根据2020年审定的"建筑测量"教学大纲和多种媒体一体化设计方案编写。

　　本书本着应用为主、理论为辅的原则,教学内容从测量基本技能即水准仪测高差、经纬仪测角、全站仪和GNSS-RTK数据采集到建筑施工放样一条线,形成了较为完整、相对简洁、由浅入深的课程体系。为帮助读者掌握教材内容,每章都设有思考题。

　　本书包括测绘基础内容、高程控制测量、平面控制测量、建筑工程施工放样、建筑工程控制测量、建筑施工测量和工程建设中的地形图测绘与应用。每个章节由若干个子任务及对应基础知识组成。

　　本书由北京工业职业技术学院郑佳荣副教授主编,具体编写分工如下:北京工业职业技术学院桂维振讲师编写第1章,郑佳荣副教授编写第2章、第3章、第4章和第6章,郑阔工程师编写第5章;建设综合勘察研究设计院有限公司任小强高级工程师编写第7章。

　　本书在编写过程中得到北京工业职业技术学院测量教研室的大力支持,李长青、武胜林、高绍伟、夏广岭、赵小平等提出诸多宝贵意见,我们特此感谢!

　　本书由中国测绘科学研究院李青元研究员、北京工业职业技术学院崔有祯教授、北京农业职业学院焦有权副教授、中国农业大学孙艳京高级工程师审定,四位专家精心审阅并提出了许多宝贵意见,在此对他们表示衷心的感谢!

　　国家开放大学陈丽负责本书的教学设计。陈丽老师从教材大纲的编写到书稿定稿给予诸多帮助和支持,本书能够出版离不开陈丽老师的付出,在此表示诚挚的感谢!

　　本书适用于高等职业教育土建类专业教学使用,也可作为有关技术人员的参考用书。

　　本书编写过程中参考了有关文献,在此对文献作者表示真诚的感谢!

　　限于编者的水平,书中可能存在疏漏、错误和不足之处,敬请广大师生和读者批评指正。

编　者
2020年9月

目 录

绪论 ·· 1

第1章　测绘基础内容 ··· 3

1.1　地球上点位表示方法任务 ··· 3
1.1.1　任务要求 ·· 3
1.1.2　学习目标 ·· 3
1.1.3　用到的仪器及记录表格 ··· 3
1.1.4　地球上点位表示方法 ·· 3

1.2　地球上点位表示方法基础知识 ··· 7
1.2.1　地球的大小与形状 ··· 7
1.2.2　地面上点位的表示方法 ··· 8
1.2.3　确定地面点位的三个要素 ·· 13

1.3　误差基础知识 ·· 14
1.3.1　测量外业观测值 ·· 14
1.3.2　偶然误差的特性 ·· 16
1.3.3　衡量精度的指标 ·· 18

1.4　中国坐标系发展历程及思政点 ·· 20

本章小结 ·· 21
思考题 ··· 22

第2章　高程控制测量 ·· 23

2.1　高差测量任务 ·· 23
2.1.1　任务要求 ·· 23
2.1.2　学习目标 ·· 23
2.1.3　用到的仪器及记录表格 ··· 23
2.1.4　操作步骤 ·· 23

2.2　高差测量基础知识 ·· 25
2.2.1　水准测量的原理 ·· 25
2.2.2　光学水准仪 ·· 26
2.2.3　自动安平水准仪 ·· 28
2.2.4　电子水准仪 ·· 29

  2.2.5 水准尺 ··· 29
  2.2.6 尺垫 ··· 30
 2.3 普通水准测量任务 ··· 31
  2.3.1 任务要求 ·· 31
  2.3.2 学习目标 ·· 31
  2.3.3 用到的仪器及记录表格 ··· 31
  2.3.4 操作步骤 ·· 32
 2.4 普通水准测量基础知识 ··· 33
  2.4.1 水准测量的概述 ··· 33
  2.4.2 水准点和水准路线 ·· 34
 2.5 三、四等水准测量任务 ··· 35
  2.5.1 任务要求 ·· 35
  2.5.2 学习目标 ·· 35
  2.5.3 用到的仪器及记录表格 ··· 35
  2.5.4 操作步骤 ·· 36
 2.6 三、四等水准测量基础知识 ··· 43
  2.6.1 三、四等水准测量技术指标 ······································· 43
  2.6.2 三、四等水准测量的检核 ·· 43
  2.6.3 水准测量观测的注意事项 ·· 45
  2.6.4 超限成果的处理与分析 ··· 45
  2.6.5 水准测量误差分析 ·· 46
 2.7 三角高程测量任务 ··· 48
  2.7.1 任务要求 ·· 48
  2.7.2 学习目标 ·· 48
  2.7.3 用到的仪器及记录表格 ··· 48
  2.7.4 操作步骤 ·· 48
 2.8 三角高程测量基础知识 ··· 50
  2.8.1 三角高程测量方法的基本原理 ··································· 50
  2.8.2 地球曲率和大气垂直折光对高差的影响 ······················· 50
 2.9 珠穆朗玛峰身高与思政点 ·· 51
 本章小结 ·· 52
 思考题 ··· 52

第3章 平面控制测量 ·· 54
 3.1 水平角观测任务 ··· 54
  3.1.1 任务要求 ·· 54

3.1.2	学习目标	54
3.1.3	用到的仪器及记录表格	54
3.1.4	操作步骤	54

3.2 角度观测基础知识 59

3.2.1	水平角测量原理	60
3.2.2	竖直角测量原理	60
3.2.3	经纬仪	60
3.2.4	影响测角误差的因素	64

3.3 距离测量任务 65

3.3.1	任务要求	65
3.3.2	学习目标	65
3.3.3	用到的仪器及记录表格	66
3.3.4	操作步骤	66

3.4 距离测量基础知识 69

3.4.1	钢尺测距	70
3.4.2	视距测量原理	75
3.4.3	电磁波测距技术	76

3.5 导线测量任务 77

3.5.1	任务要求	77
3.5.2	学习目标	77
3.5.3	用到的仪器及记录表格	77
3.5.4	操作步骤	77

3.6 导线测量基础知识 89

3.6.1	平面控制网的概念	89
3.6.2	导线测量	91
3.6.3	导线测量的技术要求	94
3.6.4	方位角推算	95
3.6.5	坐标计算的基本原理	100
3.6.6	支导线各个未知点的坐标计算	103
3.6.7	闭合导线内业计算	103
3.6.8	附合导线内业计算	106

3.7 解析交会任务 108

3.7.1	任务要求	108
3.7.2	学习目标	108
3.7.3	用到的仪器及记录表格	108

  3.7.4 操作步骤 …………………………………… 108
 3.8 解析交会基础知识 …………………………………… 110
  3.8.1 角度交会 …………………………………… 110
  3.8.2 距离交会 …………………………………… 111
  3.8.3 小三角的内业计算 …………………………………… 112
 3.9 测绘仪器的发展与思政点 …………………………………… 112
 本章小结 …………………………………… 113
 思考题 …………………………………… 113

第4章 建筑工程施工放样 …………………………………… **115**

 4.1 建筑工程施工放样任务 …………………………………… 115
  4.1.1 任务要求 …………………………………… 115
  4.1.2 学习目标 …………………………………… 115
  4.1.3 用到的仪器及记录表格 …………………………………… 115
  4.1.4 操作步骤 …………………………………… 115
 4.2 建筑工程施工放样基础知识 …………………………………… 119
  4.2.1 放样基本内容 …………………………………… 119
  4.2.2 水平角的放样 …………………………………… 120
  4.2.3 水平距离的放样 …………………………………… 121
  4.2.4 点位放样 …………………………………… 123
  4.2.5 已知高程放样 …………………………………… 135
  4.2.6 坡度线放样 …………………………………… 138
  4.2.7 直线放样 …………………………………… 139
  4.2.8 放样方法的选择 …………………………………… 143
 4.3 北斗导航卫星发展与思政点 …………………………………… 143
 本章小结 …………………………………… 145
 思考题 …………………………………… 145

第5章 建筑工程控制测量 …………………………………… **146**

 5.1 建筑工程控制测量任务 …………………………………… 146
  5.1.1 任务要求 …………………………………… 146
  5.1.2 学习目标 …………………………………… 146
  5.1.3 用到的仪器及记录表格 …………………………………… 146
  5.1.4 操作步骤 …………………………………… 146
 5.2 建筑工程控制测量基础知识 …………………………………… 150

- 5.2.1 施工控制网坐标系统 ⋯⋯⋯⋯⋯⋯⋯⋯⋯⋯⋯⋯⋯⋯⋯⋯⋯⋯⋯⋯⋯⋯ 150
- 5.2.2 施工控制网的精度 ⋯⋯⋯⋯⋯⋯⋯⋯⋯⋯⋯⋯⋯⋯⋯⋯⋯⋯⋯⋯⋯⋯⋯ 152
- 5.2.3 施工控制网特点 ⋯⋯⋯⋯⋯⋯⋯⋯⋯⋯⋯⋯⋯⋯⋯⋯⋯⋯⋯⋯⋯⋯⋯⋯ 154
- 5.2.4 矩形控制网布设 ⋯⋯⋯⋯⋯⋯⋯⋯⋯⋯⋯⋯⋯⋯⋯⋯⋯⋯⋯⋯⋯⋯⋯⋯ 155
- 5.2.5 建筑基线布设 ⋯⋯⋯⋯⋯⋯⋯⋯⋯⋯⋯⋯⋯⋯⋯⋯⋯⋯⋯⋯⋯⋯⋯⋯⋯ 169
- 5.2.6 高程控制网测量 ⋯⋯⋯⋯⋯⋯⋯⋯⋯⋯⋯⋯⋯⋯⋯⋯⋯⋯⋯⋯⋯⋯⋯⋯ 172

本章小结 ⋯⋯⋯⋯⋯⋯⋯⋯⋯⋯⋯⋯⋯⋯⋯⋯⋯⋯⋯⋯⋯⋯⋯⋯⋯⋯⋯⋯⋯⋯⋯ 172

思考题 ⋯⋯⋯⋯⋯⋯⋯⋯⋯⋯⋯⋯⋯⋯⋯⋯⋯⋯⋯⋯⋯⋯⋯⋯⋯⋯⋯⋯⋯⋯⋯⋯ 173

第6章 建筑施工测量 **174**

- 6.1 建筑施工测量任务 ⋯⋯⋯⋯⋯⋯⋯⋯⋯⋯⋯⋯⋯⋯⋯⋯⋯⋯⋯⋯⋯⋯⋯⋯⋯ 174
  - 6.1.1 任务要求 ⋯⋯⋯⋯⋯⋯⋯⋯⋯⋯⋯⋯⋯⋯⋯⋯⋯⋯⋯⋯⋯⋯⋯⋯⋯⋯ 174
  - 6.1.2 学习目标 ⋯⋯⋯⋯⋯⋯⋯⋯⋯⋯⋯⋯⋯⋯⋯⋯⋯⋯⋯⋯⋯⋯⋯⋯⋯⋯ 174
  - 6.1.3 用到的仪器及记录表格 ⋯⋯⋯⋯⋯⋯⋯⋯⋯⋯⋯⋯⋯⋯⋯⋯⋯⋯⋯⋯ 174
  - 6.1.4 操作步骤 ⋯⋯⋯⋯⋯⋯⋯⋯⋯⋯⋯⋯⋯⋯⋯⋯⋯⋯⋯⋯⋯⋯⋯⋯⋯⋯ 174
- 6.2 建筑施工测量基础知识 ⋯⋯⋯⋯⋯⋯⋯⋯⋯⋯⋯⋯⋯⋯⋯⋯⋯⋯⋯⋯⋯⋯ 179
  - 6.2.1 建筑施工测量概述 ⋯⋯⋯⋯⋯⋯⋯⋯⋯⋯⋯⋯⋯⋯⋯⋯⋯⋯⋯⋯⋯⋯ 179
  - 6.2.2 建筑场地平整测量原理 ⋯⋯⋯⋯⋯⋯⋯⋯⋯⋯⋯⋯⋯⋯⋯⋯⋯⋯⋯⋯ 181
  - 6.2.3 建筑物的定位与轴线放样 ⋯⋯⋯⋯⋯⋯⋯⋯⋯⋯⋯⋯⋯⋯⋯⋯⋯⋯⋯ 190
  - 6.2.4 建筑物轴线的传递 ⋯⋯⋯⋯⋯⋯⋯⋯⋯⋯⋯⋯⋯⋯⋯⋯⋯⋯⋯⋯⋯⋯ 195
  - 6.2.5 建筑物高程的传递 ⋯⋯⋯⋯⋯⋯⋯⋯⋯⋯⋯⋯⋯⋯⋯⋯⋯⋯⋯⋯⋯⋯ 204
- 6.3 测绘新技术在建筑施工中应用与思政点 ⋯⋯⋯⋯⋯⋯⋯⋯⋯⋯⋯⋯⋯⋯⋯ 206

本章小结 ⋯⋯⋯⋯⋯⋯⋯⋯⋯⋯⋯⋯⋯⋯⋯⋯⋯⋯⋯⋯⋯⋯⋯⋯⋯⋯⋯⋯⋯⋯⋯ 207

思考题 ⋯⋯⋯⋯⋯⋯⋯⋯⋯⋯⋯⋯⋯⋯⋯⋯⋯⋯⋯⋯⋯⋯⋯⋯⋯⋯⋯⋯⋯⋯⋯⋯ 207

第7章 工程建设中的地形图测绘与应用 **208**

- 7.1 地形图测绘任务 ⋯⋯⋯⋯⋯⋯⋯⋯⋯⋯⋯⋯⋯⋯⋯⋯⋯⋯⋯⋯⋯⋯⋯⋯⋯⋯ 208
  - 7.1.1 任务要求 ⋯⋯⋯⋯⋯⋯⋯⋯⋯⋯⋯⋯⋯⋯⋯⋯⋯⋯⋯⋯⋯⋯⋯⋯⋯⋯ 208
  - 7.1.2 学习目标 ⋯⋯⋯⋯⋯⋯⋯⋯⋯⋯⋯⋯⋯⋯⋯⋯⋯⋯⋯⋯⋯⋯⋯⋯⋯⋯ 208
  - 7.1.3 用到的仪器及记录表格 ⋯⋯⋯⋯⋯⋯⋯⋯⋯⋯⋯⋯⋯⋯⋯⋯⋯⋯⋯⋯ 208
  - 7.1.4 操作步骤 ⋯⋯⋯⋯⋯⋯⋯⋯⋯⋯⋯⋯⋯⋯⋯⋯⋯⋯⋯⋯⋯⋯⋯⋯⋯⋯ 208
- 7.2 地形图测绘基础知识 ⋯⋯⋯⋯⋯⋯⋯⋯⋯⋯⋯⋯⋯⋯⋯⋯⋯⋯⋯⋯⋯⋯⋯ 215
  - 7.2.1 地形与地形图 ⋯⋯⋯⋯⋯⋯⋯⋯⋯⋯⋯⋯⋯⋯⋯⋯⋯⋯⋯⋯⋯⋯⋯⋯ 215
  - 7.2.2 地形图的内容 ⋯⋯⋯⋯⋯⋯⋯⋯⋯⋯⋯⋯⋯⋯⋯⋯⋯⋯⋯⋯⋯⋯⋯⋯ 215
  - 7.2.3 地形图的分幅与编号 ⋯⋯⋯⋯⋯⋯⋯⋯⋯⋯⋯⋯⋯⋯⋯⋯⋯⋯⋯⋯⋯ 217

建 筑 测 量

  7.2.4 地物、地貌在地形图上的表示方法 …………………………… 218
  7.2.5 地形图符号 …………………………………………………… 224
  7.2.6 地形图注记 …………………………………………………… 225
  7.2.7 全站仪数据采集与通信 ……………………………………… 227
  7.2.8 数字地形图的绘制与检查 …………………………………… 233
 7.3 地形图应用任务 ……………………………………………………… 256
  7.3.1 任务要求 ……………………………………………………… 256
  7.3.2 学习目标 ……………………………………………………… 256
  7.3.3 用到的仪器及记录表格 ……………………………………… 257
  7.3.4 操作步骤 ……………………………………………………… 257
 7.4 地形图应用基础知识 ………………………………………………… 258
  7.4.1 地形图在工程建设勘测规划设计阶段的作用 ……………… 259
  7.4.2 建筑工程用地形图的特点 …………………………………… 264
  7.4.3 工业企业设计中测图比例尺的选择 ………………………… 266
 7.5 从地图到地理信息服务与思政点 …………………………………… 269
 本章小结 ……………………………………………………………………… 269
 思考题 ………………………………………………………………………… 270

第8章 建筑施工测量案例 …………………………………………… **271**

 8.1 对测量放线的基本要求 ……………………………………………… 271
 8.2 工程主轴线现场布控 ………………………………………………… 271
 8.3 基础施工测量 ………………………………………………………… 272
 8.4 主体结构施工测量 …………………………………………………… 273
 8.5 建筑物的沉降观测 …………………………………………………… 276
 8.6 验线工作 ……………………………………………………………… 276
 8.7 竣工测量 ……………………………………………………………… 276
 8.8 施测精度要求 ………………………………………………………… 276

参考文献 …………………………………………………………………… **279**

绪 论

"建筑"是建筑物（供人们生活居住、生产或进行其他活动的场所）和构筑物（人们一般不在其中生活、生产的结构物，如水池、烟囱、挡土墙等）的总称。建筑物的种类繁多、形式各异。通常按使用性质，建筑物可分为民用建筑和工业建筑两大类。

工程建设一般分为勘测设计、建筑施工和营运管理三个阶段。为工程建设所进行的各种测量工作称为工程测量。按工程建设的阶段和性质，工程测量工作又分为勘测设计阶段的测量工作、建筑施工阶段的测量工作和营运管理阶段的测量工作。

在建筑施工阶段所进行的测量工作称为建筑施工测量。建筑施工测量就是在工程施工阶段，建立施工控制网，在施工控制网点的基础上，根据施工的需要，将设计的建筑物和构筑物的位置、形状、尺寸和高程，按照设计和施工要求，以一定的精度测设到实地上，以指导施工，并在施工过程中进行一系列的测量工作，以指导和衔接各施工阶段和工种间的施工。工程竣工后，还要进行竣工测量和编绘竣工图。

因此，建筑施工测量是整个工程施工的先导性工作和基础性工作，它贯穿建筑施工的全过程，直接关系到工程建设的速度和工程质量。

建筑施工测量主要包括为建筑施工所进行的控制、放样和竣工验收等的测量工作。与一般的测图工作相反，施工放样是按照设计图纸将设计的建筑物位置、形状、大小及高程在地面上标定出来，以便根据这些标定的点线进行施工。

1. 建筑施工测量内容

建筑施工测量的主要任务是在施工阶段将设计在图纸上的建筑物的平面位置和高程，按设计与施工要求，以一定的精度测设（放样）到施工作业面上，作为施工的依据，并在施工过程中进行一系列的测量控制工作，以指导和保证施工按设计要求进行。

建筑施工测量是直接为工程施工服务的，它既是施工的先导，又贯穿整个施工过程。从场地平整、建（构）筑物定位、基础施工，到墙体施工、建（构）筑物构件安装等工序，都需要进行施工测量，这样才能使建（构）筑物各部分的尺寸、位置符合设计要求。其主要内容有以下四点：

① 建立施工控制网。
② 依据设计图纸要求进行建（构）筑物的放样。
③ 每道施工工序完成后，通过测量检查各部位的实际平面位置及高程是否符合设计要求。
④ 随着施工的进展，对一些大型、高层或特殊建（构）筑物进行变形观测，作为鉴定工程质量和验证工程设计、施工是否合理的依据。

2. 建筑施工测量原则

施工场地上有各种建（构）筑物，且分布面较广，往往又是分期、分批兴建的。为了保障其平面位置和高程都能满足设计精度要求，相互连成统一的整体，施工测量和地形图测绘必须遵循测绘工作的基本原则。

测绘工作的基本原则：在整体布局上"从整体到局部"；在步骤上"先控制后细部"；在精度上"从高级到低级"。也就是说，首先，在施工工地上建立统一的平面控制网和高程控制网；其次，以控制网为基础测设每个建（构）筑物的细部位置。

施工测量的检校也是非常重要的，测设出现错误，将会直接造成经济损失。测设过程中要按照"步步检校"的原则，对各种测设数据和外业测设结果进行校核。

3. 建筑施工测量特点

（1）测量精度要求较高

为了满足较高的施工测量精度要求，应使用经过检校的测量仪器和工具进行测量作业，测量作业的工作程序应符合"先整体后局部、先控制后细部"的一般原则。内业计算和外业测量时均应细心操作，注意复核，以防出错。测量方法和精度应符合相关的测量规范和施工规范的要求。对同类建（构）筑物来说，测设整个建（构）筑物的主轴线，以便确定其相对其他地物的位置关系时，其测量精度要求可相对低一些；而测设建（构）筑物内部有关联的轴线，以及在进行构件安装放样时，精度要求则相对高一些；如果对建（构）筑物进行变形观测，为了发现位置和高程的微小变化量，则测量精度要求更高。

（2）测量与施工进度关系密切

施工测量直接为工程的施工服务，一般每道工序施工前都要进行放样测量，为了不影响施工的正常进行，应按照施工进度及时完成相应的测量工作。特别是现代工程项目，其规模大、机械化程度高、施工进度快，对放样测量的密切配合提出了更高的要求。在施工现场，各工序经常交叉作业，运输频繁，并有大量土方填挖和材料堆放工作，会使测量作业的场地条件受到影响，视线被遮挡，测量桩点被损坏等。因此，各种测量标志必须埋设稳固，并设在不易被破坏和碰动的位置。除此之外，还应经常检查这些标志，如有损坏，应及时恢复，以满足施工现场测量的需要。

第1章 测绘基础内容

1.1 地球上点位表示方法任务

1.1.1 任务要求

能够用坐标表达地球上点的位置。

1.1.2 学习目标

◆ 能力目标

能用坐标准确表达地球上点的位置。

◆ 知识目标

① 理解地球的形状与大小。
② 熟悉平面坐标系统。
③ 熟悉高程与高程系统。
④ 理解误差的概念。

◆ 素质目标

① 测绘行业学习的自信心和良好的职业习惯。
② 团队合作精神。

◆ 思政目标

① 了解坐标系发展史,激发学生民族自豪感、专业自豪感。
② 当代青年要认真学习党的二十大报告,意识到当代青年是社会主义现代化的建设者。

1.1.3 用到的仪器及记录表格

◆ 仪器

无。

◆ 其他

无。

1.1.4 地球上点位表示方法

1. 确定地球的大小与形状

地球自然表面起伏很大,形状不规则,无法进行数学运算,确定地球大小与形状的思路如图1-1-1所示。静止的水面称为水准面,水准面是受地球表面重力场影响而形成的、特

建筑测量

别的、一个处处与重力方向垂直的连续曲面,也是一个重力场的等位面。大地水准面是指与平均海水面重合并延伸到大陆内部的水准面。测量工作均以大地水准面为依据。因为地球表面起伏不平和地球内部质量分布不匀,所以大地水准面是一个略有起伏的不规则曲面。该面包围的形体近似于一个旋转的椭球,称为大地体,常用来表示地球的物理形状。地面点沿铅垂线方向到大地水准面的距离称为绝对高程或海拔,简称高程。

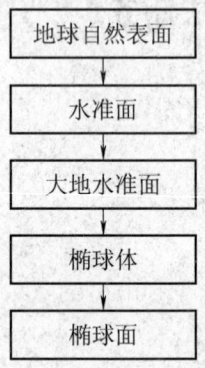

图 1-1-1 确定地球大小与形状的思路

由于大地水准面是一个略有起伏的不规则曲面,无法用数学公式表达,故需要寻找一个理想的几何体代表地球的形状和大小,如图 1-1-2 所示。该几何体必须满足两个条件:

① 形状接近地球自然形体(大地体)。
② 可以用简单的数学公式表示。

参考椭球体的外表面(简称椭球面)是球面坐标系的基准面,也是测量内业计算的基准面。

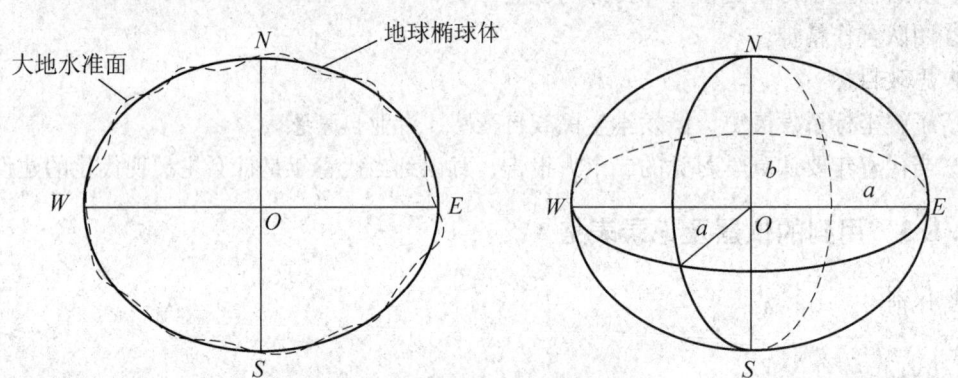

图 1-1-2 大地水准面和地球椭球体

2. 地理坐标系

以参考椭球面为基准面,以椭球面法线为基准线建立的坐标系称为地理坐标系。地球表面任意一点的经度和纬度,称为该点的地理坐标。大地水准面是高程的基准面。任意一点的坐标可以表示为 $A(L, B, H)$,L 为大地经度,即参考椭球面上某点的大地子午面与本初子午面间的二面角;B 为大地纬度,即参考椭球面上某点的法线与赤道平面的夹角,北纬为

4

正，南纬为负；H 为大地高，即从观测点沿椭球法线方向到椭球面的距离。例如，某点 A 的地理坐标为（116°28′36″，39°54′20″，110.241），如图 1-1-3 所示。

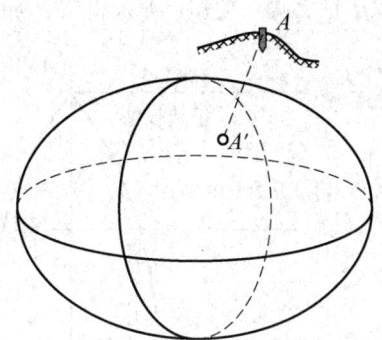

图 1-1-3　某点 A 的地理坐标

3. 高斯平面直角坐标系

高斯-克吕格投影是假想有一个椭圆柱与地球椭球体上某一经线相切，其椭圆柱的中心轴与赤道平面重合，将地球椭球面有条件地投影到椭球圆柱面上，如图 1-1-4 所示。高斯-克吕格投影的条件为：

① 中央经线和赤道投影为互相垂直的直线，且为投影的对称轴。

② 具有等角投影的性质。

③ 中央经线投影后保持长度不变。

如图 1-1-4 所示，可以按照经度的 6°或者 3°进行投影，高斯投影 3°带的中央子午线的一部分同 6°带的中央子午线重合，一部分同 6°带的分界子午线重合，N 和 n 分别表示 6°带和 3°带的带号。

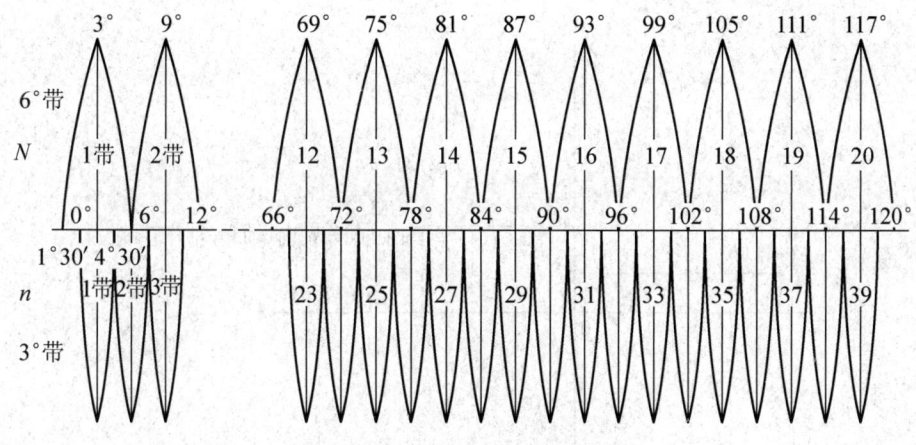

图 1-1-4　高斯-克吕格投影

高斯平面直角坐标系的构成：

① 中央子午线的投影为该坐标系的纵轴 x，向北为正。

5

② 赤道的投影为横轴 y，向东为正。

③ 两轴的交点为坐标原点 O；x 轴向左移动 500 km，B 点的高斯平面直角坐标为 B（272 440，227 560，H），其中 H 是高程，"20" 表示带号，如图 1-1-5 所示。

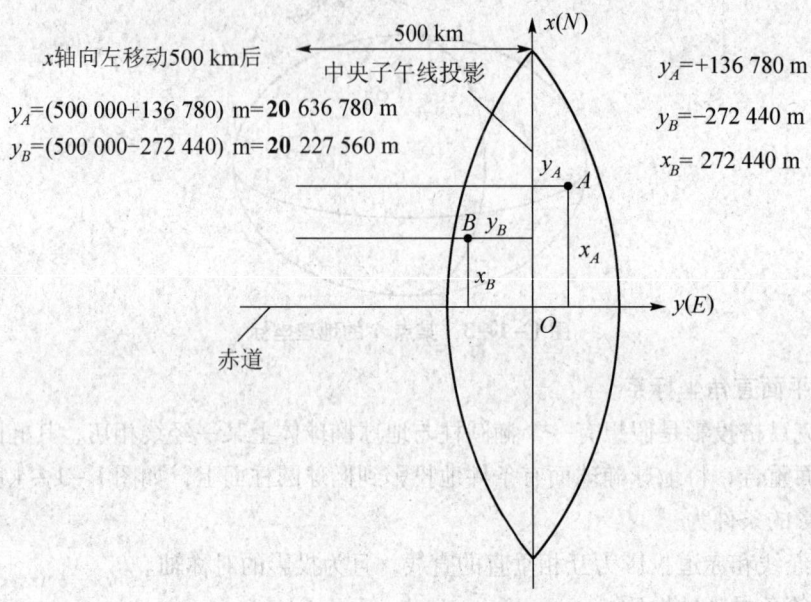

图 1-1-5 高斯平面直角坐标系

4. 笛卡尔直角坐标系

笛卡尔直角坐标系是二维的直角坐标系，是由两条相互垂直、原点重合的数轴构成的。在平面内，任何一点的坐标都是根据数轴上对应的点的坐标设定的。A 点直角坐标是 $A(3, 2)$，如图 1-1-6 所示。

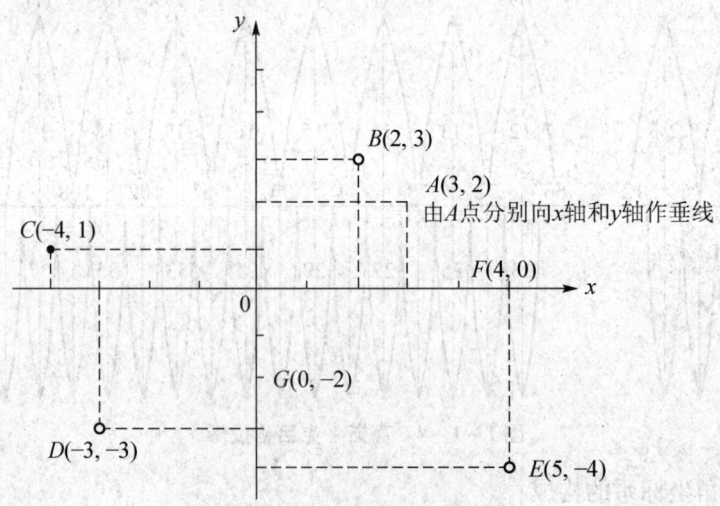

图 1-1-6 笛卡尔直角坐标系

1.2 地球上点位表示方法基础知识

1.2.1 地球的大小与形状

测量工作是在地球的自然表面上进行的,而地球的自然表面是极不平坦和不规则的,它有约71%面积的海洋、约29%面积的陆地,有高达 8 848.86 m(2020年最新观测成果)的珠穆朗玛峰,也有深达 11 034 m 的马里亚纳海沟。这样的高低起伏,相对于地球庞大的体积来说,还是很小的。人们把地球总的形状看作被海水包围的球体;也就是设想一个静止的海水面,向陆地延伸而形成一个封闭的曲面,这个静止的海水面称为水准面。水准面有无数个,而其中通过平均海水面的称为大地水准面。

水准面的特性是它处处与铅垂线垂直。由于地球在不停地旋转着,地球上每个点都受离心力和地心引力的作用,所以所谓的地球上物体的重力就是这两个力的合力,如图1-2-1所示,重力的作用线就是铅垂线。

测量工作的基准线就是铅垂线,也就是地面上一点的重力方向线。地面上任意一点悬挂一个垂球,其静止时垂球线所指的方向就是重力方向。测量工作的基准面就是大地水准面,如测量仪器的水准器气泡居中时,水准管圆弧顶点的法线与重力方向一致,因此利用水准器所测结果就是以过地面点的水准面为基准而获得的,如图1-2-2所示。

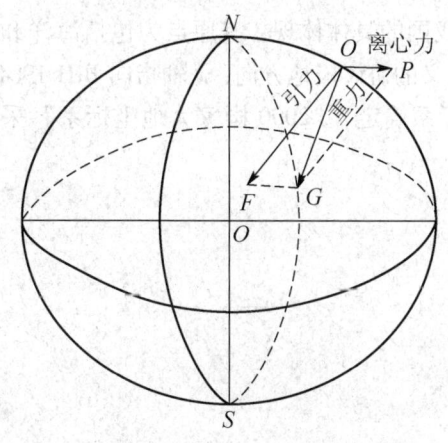

图 1-2-1 重力的方向

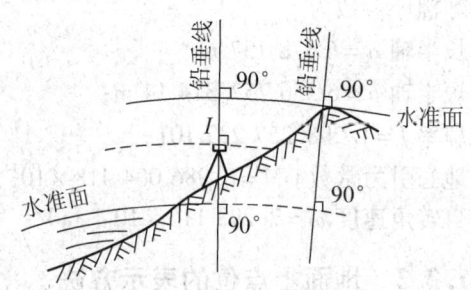

图 1-2-2 水准面

大地水准面是一个有起伏的不规则的曲面,这是地球内部质量分布不均匀致使各点铅垂线方向产生不规则变化的结果。因此,大地水准面不可能用一个解析的数学公式来表达,也无法在这个面上进行测量和计算工作。在测量工作中,通常用一个非常接近大地体的几何形体,即旋转椭球体作为测量计算的基准。该球体由一个椭圆绕其短轴旋转而成,如图1-2-3所示。

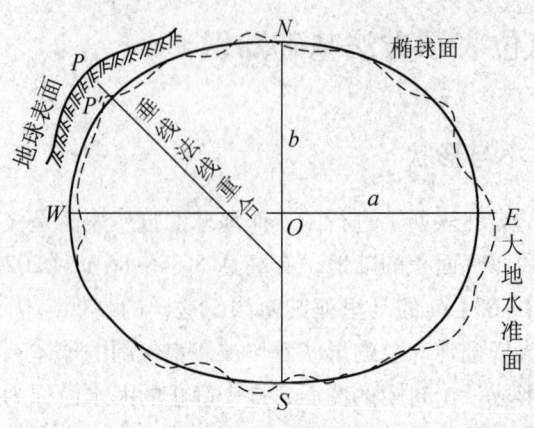

图 1-2-3 椭球面

根据1975年国际大地测量学与地球物理学联合会决议，推荐使用地球椭球的元素为

长半轴 $a = 6\ 378\ 140$ m；

短半轴 $b = 6\ 356\ 755$ m；

扁平率 $\alpha = 1 : 298.257$。

我国的"1980年国家大地坐标系"选用的就是上述推荐的椭球元素。由于地球椭球体的扁率很小，所以在地形测量的范围内可将地球大地体视为圆球体，其半径可以近似地取为 $6\ 371$ km。

"2000国家大地坐标系"是全球地心坐标系在我国的具体体现，其原点为包括海洋和大气的整个地球的质量中心。z 轴指向 BIH[①] 1984.0 定义的协议极地方向，x 轴指向 BIH 1984.0 定义的零子午面与协议赤道的交点，y 轴按右手坐标系确定。"2000国家大地坐标系"采用的地球椭球参数为

长半轴 $a = 6\ 378\ 137$ m；

短半轴 $b = 6\ 356\ 752.314\ 14$ m；

扁率 $f = 1/298.257\ 222\ 101$；

地心引力常数 $GM = 3.986\ 004\ 418 \times 10^{14}$ m^3/s^2；

自转角速度 $\omega = 7.292\ 115 \times 10^{-5}$ rad/s。

1.2.2 地面上点位的表示方法

测量工作的具体任务就是确定地面点的空间位置，也就是地面上的点在球面或平面上的位置（地理坐标或平面坐标），以及该点到大地水准面的垂直距离（高程）。

1. 地理坐标系

研究大范围的地面形状和大小是将投影面作为球面。在图1-2-4中，地球近似为一个

[①] BIH：Bureau International de l'Heure，国际时间局。

球体，N 和 S 是地球的北极和南极，连接两极且通过地心 O 的线称为地轴。过地轴的平面称为子午面，过地心 O 且垂直于地轴的平面称为赤道面，它与球面的交线称为赤道。通过英国格林尼治天文台的子午线称为初始子午线，即首子午线，而包括该子午线的子午面称为首子午面。

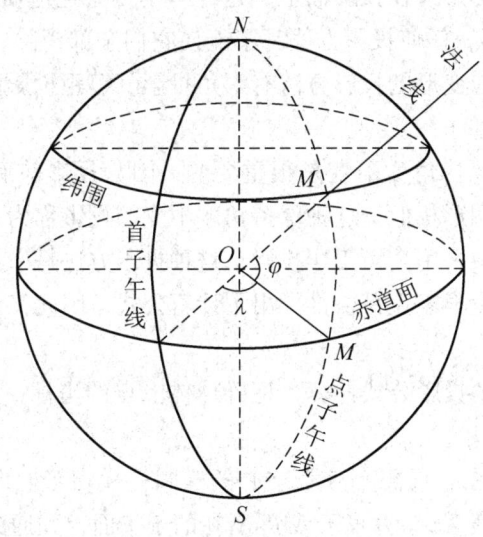

图 1-2-4　地理坐标系

地面上任一点 M 的地理坐标可以用该点的经度和纬度来表示。M 点的经度是过该点的子午线所在的子午面与首子午面的夹角，用 L 表示。从首子午线起向东 180° 称东经，向西 180° 称为西经。M 点的纬度就是该点的法线与赤道面的交角，以 B 表示。从赤道向北 0°~90° 称为北纬，向南 0°~90° 称为南纬。

2. 独立平面直角坐标系

地面点在椭球体上的投影位置可用地理坐标的经纬度来表示。但要测量和计算地面点的经纬度，工作是相当繁杂的。为了实用，在一定的范围内，把球面当作平面看待，用平面直角坐标来表示地面点的位置，无论是测量、计算或绘图都是很方便的。

测区较小时（如半径不大于 10 km 的范围），可用测区水平面代替水准面。既然把投影面看作平面，地面点在平面上的位置就可以用平面直角坐标来表示。这种平面直角坐标系如图 1-2-5 所示，规定南北方向为纵轴，记为 x 轴，x 轴向北为正，向南为负；东西方向为横轴，记为 y 轴，y 轴向东为正，向西为负。为了避免使坐标值出现负号，建立这种坐标系统时，可将其坐标原点选择

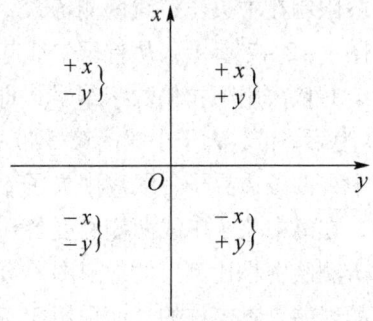

图 1-2-5　平面直角坐标系

在测区的西南角。

3. 高斯平面直角坐标系

椭球面是一个曲面，在几何上是不可展曲面。因此，要将椭球体上的图形绘于平面上，只有采用某种地图投影的方法来解决。用一个投影平面与椭球面相切，然后从球心向投影面发出光线，将球面上的图形影射在投影面上，这样将不可避免地使图形变形（角度、长度、面积变形）。对于这些变形，任何投影方法都不能使它们全部消除，但是人们可以根据用图需要来限制变形。控制相应变形的投影方法有等角投影、等距投影和等面积投影。

（1）高斯-克吕格投影

对于地形测量来说，保持角度不变是很重要的，因为投影前后角度相等，在一定范围内，可使投影前后的两种图形相似。这种保持角度不变的投影称为正形投影。目前，我国规定在大地测量和地形测量中采用高斯正形投影，这种投影方法是由德国数学家、天文学家高斯建立的，后来由大地测量学家克吕格推导出了计算公式，因此又称高斯-克吕格投影，简称高斯投影。

高斯投影是按照一定的投影公式计算，把椭球体上点的坐标（经度和纬度），换算为投影平面上的平面坐标 (x, y)。

如图 1-2-6（a）所示，设想有一个空心的椭圆柱横切于椭球体球面上的某一条子午线 NHS，此时，柱体的轴线 Z_1Z_2 垂直于 NHS 所在的子午面，并通过球心与赤道面重合。椭球体与椭圆柱相切的子午线称为中央子午线，若将中央子午线附近的椭球面上的图形元素，先按等角条件投影到横椭圆柱面上，再沿着过北极、南极的母线 K_1K_2 和 L_1L_2 剪开、展平，则椭球面上的经纬网转换为平面的经纬网，如图 1-2-6（b）所示。这种投影又称横圆柱正形投影。展开后的投影区域是一个以子午线为边界的带状长条，称为投影带，而该投影平面则称为高斯投影平面，简称高斯平面。

（2）投影带的划分

从图 1-2-6（b）上可以看出，中央子午线投影后为一条直线，且其长度不变，其余子午线均为凹向中央子午线的曲线，其长度大于投影前的长度，离中央子午线越远，其长度变形就越大。为了将长度变形限制在测图精度的允许范围内，对于测绘中小比例尺地形图，一般限制在中央子午线两侧各 3°，即经差为 6°的带状范围内，称为 6°投影带，简称 6°带。如图 1-2-7 所示，从首子午线起，每隔 6°为一带，将椭球体由西向东，等分为 60 个投影带，并依次用阿拉伯数字编号，即 0°~6°为一带，3°子午线为第 1 带的中央子午线；6°~12°第 2 带，9°子午线为第 2 带的中央子午线；依此类推。这样每一带单独进行投影。6°带中，两条边界子午线离中央子午线在赤道线上最远，但各自不超过 334 km。计算结果表明，在离中央子午线两侧经度各 3°的范围内，长度投影的变形不超过 1/1 000。这样的误差对于测绘中小比例尺的地形图不会产生实际影响，但是对于大比例尺的地形图测绘来说，这样的误差是不容许的。而采用 3°带就可以更有效地控制这种投影变形误差，满足大比例尺地形图的测绘要求。

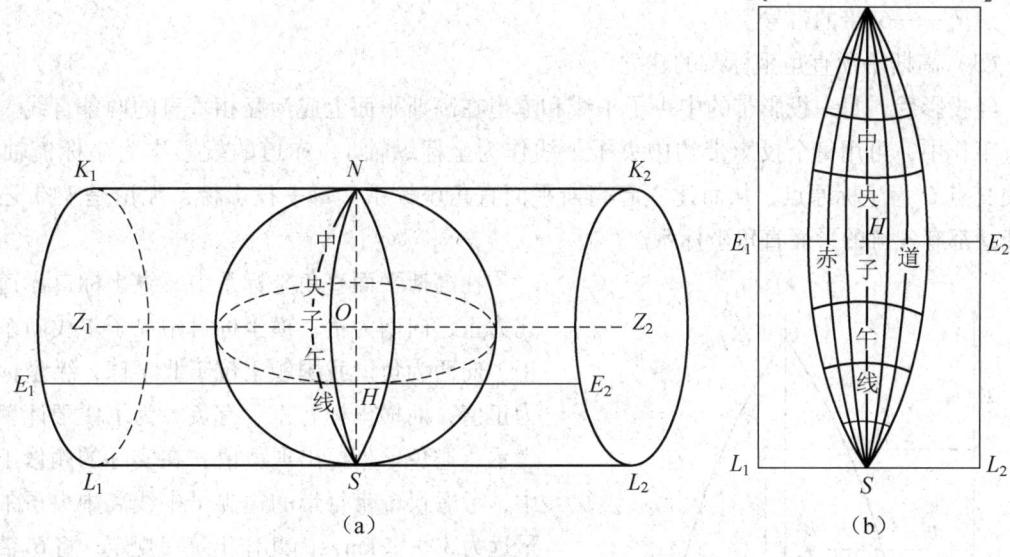

图 1-2-6 高斯投影与分带
(a) 高斯投影；(b) 高斯投影带

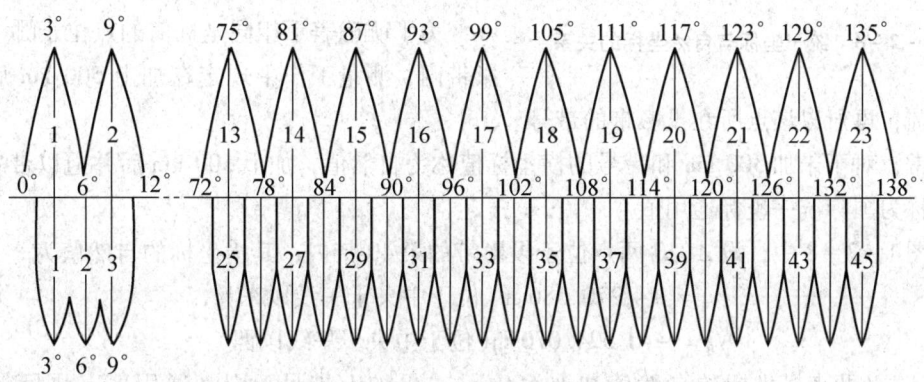

图 1-2-7 高斯投影 3°带与 6°带

3°带是从经度 1.5°的子午线开始，自西向东每隔 3°为一带，将整个椭球面划分成 120 个 3°投影带，并依次用阿拉伯数字编号。它与 6°带的关系如图 1-2-7 所示。从图中可以看出，3°带的奇数带的中央子午线与 6°带的中央子午线重合，而其偶数带的中央子午线与 6°带的边界子午线重合。3°带、6°带的带号与相应的中央子午线的经度关系为

$$L_3 = 3° \times N_3 \tag{1-2-2-1}$$
$$L_6 = 6° \times N_6 - 3° \tag{1-2-2-2}$$

式中：L_3——3°带的中央子午线经度；
L_6——6°带的中央子午线经度；

N_3——3°带的带号；

N_6——6°带的带号。

（3）高斯平面直角坐标系的建立

经投影后，每一投影带的中央子午线和赤道在高斯平面上成为互相垂直的两条直线。在测量工作中，可用每个投影带的中央子午线作为坐标纵轴 x，赤道的投影作为坐标横轴 y，两轴交点 O 为坐标原点，从而建立起高斯平面直角坐标系。每一投影带，无论是3°带还是6°带，都有各自的平面直角坐标系。

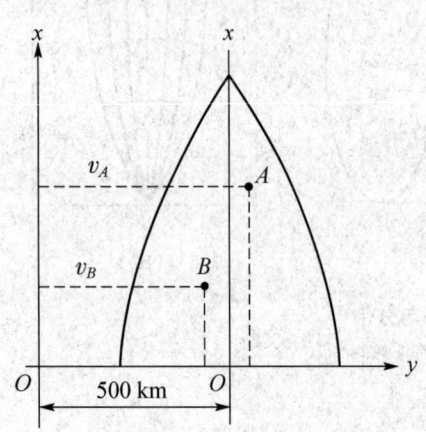

图 1-2-8 统一坐标与自然坐标的关系

在高斯平面直角坐标系中，纵坐标自赤道向北为正，向南为负；横坐标自中央子午线向东为正，向西为负。我国领土位于北半球，纵坐标均为正值，而横坐标有正、有负。为了便于计算和表示，避免 y 坐标出现负值，在实际的测量工作中，考虑到6°带每带的边界子午线离中央子午线最远为300多km，因此作出统一规定，将6°带及3°带中所有点的横坐标加上500 km，即将坐标原点向西移动500 km，这样每带中所有点的横坐标值都变成了正值，如图1-2-8所示。

为了明确表示相同坐标值的点位于哪一个投影带内，测量工作中规定在加上500 km 后的横坐标值前，再冠以该点所在投影带的带号。

通常，对于未加500 km 和带号的横坐标值称为自然值，加上500 km 后并冠以带号的横坐标值称为国际统一坐标通用值。

在图1-2-8中，设 A、B 两点位于投影带的第40带内，其横坐标的自然值为

$$y_A = +4\ 270.586\ \text{m}（位于中央子午线以东）$$

$$y_B = -41\ 524.070\ \text{m}（位于中央子午线以西）$$

将 A、B 两点横坐标的自然值加上500 km，再加上带号，则其通用值（国际统一坐标）为

$$y_A = \mathbf{40\ 504\ 270.586\ m}$$

$$y_B = \mathbf{40\ 458\ 475.930\ m}$$

4. 高程与高程系统

地面点的坐标只是表示地面点在投影面上的位置，要表示地面点的空间位置，还需要确定地面点的高程。大地水准面是高程的基准面。地面点沿铅垂线方向到大地水准面的距离称为绝对高程或海拔，简称高程，如图1-2-9所示的 H_A、H_B。我国过去采用青岛验潮站1950—1956年观测成果推算的黄海平均海水面作为高程零点，由此建立起来的高程系统称为"1956 黄海高程系统"，其为中国第一个国家高程系统。由于该系统中采用的验潮资料时

间过短,该高程基准存在一定的缺陷,所以在建立新的国家大地坐标系时,重新建立了新的高程基准。新的大地水准面命名为"1985 国家高程基准",位于青岛的中华人民共和国水准原点,新的基准起算的高程为 72.260 m。以前所用的"1956 黄海高程系统"中,青岛原点的高程为 72.289 m。全国范围内的国家高程控制点都以新的水准原点为准。利用旧的水准观测成果时要注意高程基准的统一和换算;若远离国家高程控制点或为施工方便,也可以采用假设(任意)水准面为基准,则该工地所得各点高程是以同一假设水准面为基准的相对高程。地面上两点高程之差称为高差 h。

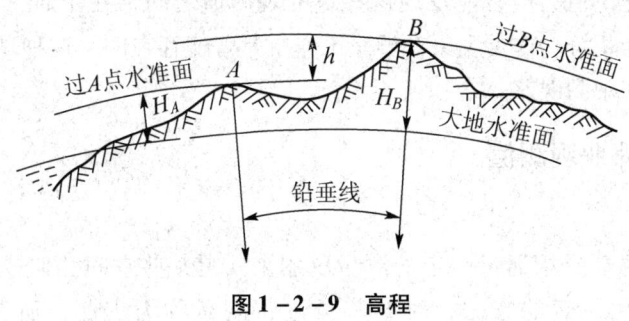

图 1-2-9　高程

水准测量的目的是根据水准测量的外业观测数据,通过测量内业计算出地面上一系列点的高程。

1.2.3　确定地面点位的三个要素

如图 1-2-10 所示,A'、B' 为地面点 A、B 在水平面上的投影,Ⅰ、Ⅱ 为两个已知坐标的地面点。在实际工作中,一般并不是直接测量它们的坐标和高程,而是通过外业观测得到水平角观测值 β_1、β_2,水平距离 D_1、D_2,Ⅰ、Ⅱ 两点之间与 A、B 两点之间的高差,再根据 Ⅰ、Ⅱ 两点的坐标、两点连线的坐标方位角和高程,推算出 A 和 B 的坐标和高程,从而确定它们在地球表面上的位置。

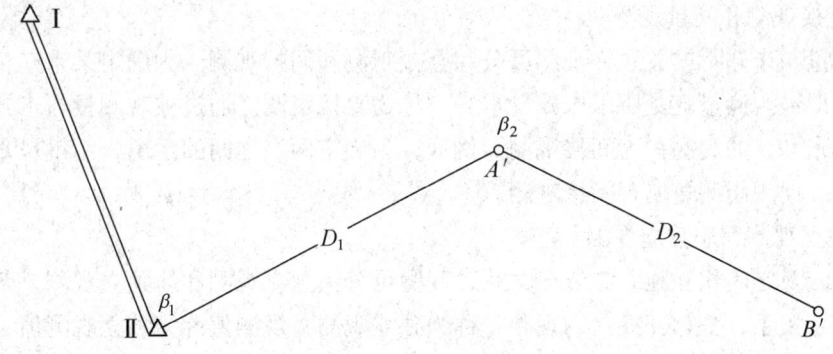

图 1-2-10　支导线求点位坐标

由此可见，地面点之间的位置关系是由水平距离、水平角和高程（或高差）三个要素来确定的。高程测量、水平角测量和水平距离测量是地形测量的基本工作内容。

1.3 误差基础知识

误差基础知识

测量结果中存在误差总是难免的。对某段距离进行多次重复测量时，每次测量的结果有可能都不相同。虽然某些观测量具有某种函数关系，且此函数对应于某一理论值，但可能发现这些量的观测值之间存在矛盾，且与函数关系并不完全相符。这类现象在测量工作中是普遍存在的。这种现象之所以产生，是因为观测成果中存在观测误差。

1.3.1 测量外业观测值

1. 观测的分类

本书中的测量主要是指通过一定的测量仪器来获得某些空间几何或物理数据。通过使用特定的仪器，采用一定的方法，对某些量进行测量称为观测，所获得的数据称为观测量。

（1）等精度观测和不等精度观测

观测误差来源于以下三个方面：

① 观测者的视觉鉴别能力和技术水平。

② 仪器、工具的精密程度。

③ 观测时外界条件的好坏。

我们把这三个方面合称为观测条件。观测条件会影响观测成果的精度。若观测条件好，则测量误差小，测量精度就高；反之，测量误差大，测量精度就低。

观测条件相同，则可认为精度相同，在相同观测条件下进行的一系列观测称为等精度观测；在不同观测条件下进行的一系列观测称为不等精度观测。

（2）直接观测和间接观测

按观测量与未知量的关系，观测可分为直接观测和间接观测。为确定某未知量而直接进行的观测，即被观测量就是所求未知量本身，称为直接观测。通过被观测量与未知量的函数关系来确定未知量的观测称为间接观测。例如，为确定两点之间的距离，用钢尺直接丈量属于直接观测，而视距测量属于间接观测。

（3）独立观测和非独立观测

按各观测量之间相互独立或依存关系，观测可分为独立观测和非独立观测。各观测量之间无任何依存关系，是相互独立的观测，称为独立观测，观测值称为独立观测值；各观测量之间存在一定的几何或物理条件的约束，称为非独立观测，观测值称为非独立观测值。例如，对某个未知量进行重复观测，各次观测是独立的，各观测值属于独立观测值；观测某平面三角形的三个内角,因三角形内角之和应满足180°,这个几何条件则属于非独立观测,三个内角的观测值属于非独立观测值。

由于测量结果中含有误差是不可避免的,所以误差理论的目的是对误差的来源、性质及其产生和传播的规律进行研究,以便解决测量工作中遇到的实际数据处理问题。例如,在一系列的观测值中,如何确定观测量的最可靠值,如何评定测量精度,以及如何确定误差的限度等。所有这些问题均可运用测量误差理论得到解决。

2. 观测成果存在观测误差的原因

(1) 观测者误差

观测者通过自己的眼睛进行观测,由于眼睛鉴别力的局限性,在进行仪器的安置、瞄准、读数等工作时,都会产生一定的误差。与此同时,观测者的专业技术水平、工作态度、敬业精神等因素也会对观测成果产生不同的影响。

(2) 仪器误差

由于观测时使用的仪器具有一定的精密度,其观测成果在精密度方面会受到相应的影响。例如,使用只有厘米刻划的普通钢尺量距,就难以保证估读厘米以下的尾数的准确性。而仪器本身也含有一定的误差,如水准仪的视准轴不平行于水准管轴、水准尺存在分划误差等。显然,测量仪器也会给观测成果带来一定的误差。

(3) 客观环境对观测成果的影响

在观测过程中所处的自然环境,如地形、温度、湿度、风力、大气透明度、大气折射等因素,都会给观测成果带来种种影响。而且这些自然环境随时会发生变化,对观测成果产生的影响也会随之变化,从而使观测成果带有误差。

观测者、仪器和客观环境这三个方面是引起观测误差的主要因素,总称为观测条件。无论观测条件如何,都会含有误差。但是各种因素引起的误差性质是各不相同的,表现在对观测值有不同的影响,影响量的数学规律也是各不相同的。因此,我们有必要将各种误差根据性质加以分类,以便采取不同的处理方法。

3. 误差性质及分类

(1) 系统误差

在相同观测条件下,对某一固定量所进行的一系列观测中,数值和符号固定不变,或按一定规律变化的误差,称为系统误差。

例如,用一支实际长度与名义长度的比是 S、误差是 ΔS 的钢卷尺去测量某两点之间距离,测量结果为 D',而其实际长度应该为 $D = D' + \dfrac{\Delta S}{S} \cdot D'$。这种误差的大小与所量直线的长度成正比,而正负号始终一致,属于系统误差。系统误差对观测成果的危害性很大,但由于它有规律性,所以可以采取有效措施将它消除或减弱,如可利用尺长方程式对观测成果进行尺长改正。在水准测量中,可以用前后视距相等的办法来减少视准轴与水准管轴不平行而造成的误差。

系统误差具有累积性,而且有些误差是不能够用几何或物理性质来消除,因此要尽量采用合适的仪器、合理的观测方法来消除或减弱其影响。

(2) 偶然误差

在相同的观测条件下，对某一观测量进行重复观测时，如果单个误差的出现没有一定的规律性，也就是说单个误差的大小和符号都不确定时，表现出偶然性，这种误差称为偶然误差，或称为随机误差。在观测过程中，系统误差和偶然误差总是同时产生的。当观测成果中有显著的系统误差时，偶然误差就处于次要地位，观测误差就呈现"系统"的性质。反之，当观测成果中系统误差处于次要地位时，观测误差就呈现"偶然"的性质。

由于系统误差在观测结果中具有积累的性质，对观测成果的影响尤为显著，所以在测量工作中总是采取各种办法削弱其影响，使其处于次要地位。研究偶然误差占主导地位的观测数据的科学处理方法是测量学科的重要课题之一。

在测量工作中，除不可避免的误差外，还可能发生人为差错。例如，由于观测者的疏忽大意，在观测时读错、记错读数引起观测数据错误。观测成果中是不允许存在错误的，一旦发现错误，必须及时加以更正。

1.3.2 偶然误差的特性

在观测成果中，可以通过查找规律和采取有效的观测措施来消除或削弱系统误差，使其在观测成果误差中处于次要地位。粗差是指超出误差允许的范围，即错误，需要剔除，那么测量数据需要处理的主要问题就是偶然误差了。因此，为了提高观测成果的质量，以及根据观测成果求出未知量的最或然值，就必须进一步研究偶然误差的性质。

在相同的观测条件下，独立地观测了 n 个三角形的全部内角。由于观测成果存在偶然误差，三角形的三个内角观测值之和不等于三角形内角和的理论值（也称其真值，即180°）。设三角形内角和的真值为 X，三角形内角和的观测值为 L_i，则三角形内角和的真误差（或简称误差，在这里，这个误差就是三角形的闭合差）为

$$\Delta_i = L_i - X (i = 1, 2, \cdots, n)$$

对于每个三角形来说，Δ_i 是每个三角形内角和的真误差，L_i 是每个三角形三个内角观测值之和，X 为 180°。

从三角形内角观测实测结果统计（见表1-3-1）中可以看出，小误差出现的百分数较大误差出现的百分数大；绝对值相等的正负误差出现的百分数基本相等；绝对值最大的误差不超过某一个定值（本例为2.7″）。其他测量结果中也显示上述同样的规律。统计大量工程实践观测成果，特别是当观测次数较多时，可以总结出偶然误差具有的特性。

第一，在一定的观测条件下，偶然误差有界，即绝对值不会超过一定的限度。

第二，绝对值小的误差比绝对值大的误差出现的概率要大。

第三，绝对值相等的正误差与负误差出现的概率基本相等。

第四，当观测次数无限增多时，偶然误差的算术平均值趋近于零。

第四个特性是由第三个特性导出的。从第三个特性可知，在大量的偶然误差中，正误差与

负误差出现的可能性相等,因此在求全部误差总和时,正的误差与负的误差就有互相抵消的可能。这个重要的特性对处理偶然误差有很重要的意义。实践表明,对于在相同条件下独立进行的一组观测来说,不论其观测条件如何,也不论是对一个量还是对多个量进行观测,这组观测误差必然具有上述四个特性。而且当观测的个数 n 越大时,这种特性就表现得越明显。

表 1-3-1 实测结果误差统计

误差区间	负误差		正误差	
	个数	相对个数	个数	相对个数
0.0″~0.3″	45	0.126	46	0.128
0.3″~0.6″	40	0.112	41	0.115
0.6″~0.9″	33	0.092	33	0.092
0.9″~1.2″	23	0.064	21	0.059
1.2″~1.5″	17	0.047	16	0.045
1.5″~1.8″	13	0.036	13	0.036
1.8″~2.1″	7	0.019	5	0.014
2.1″~2.4″	4	0.011	2	0.006
2.4″以上	0	0.000	0	0.000
总和	182	0.505	177	0.495

为了充分反映误差分布的情况,我们用直方图来表示上述实测结果统计的偶然误差分布情况:横坐标表示误差的大小,纵坐标表示各区间误差出现的相对个数,如图 1-3-1 所示。这样每个区间上方的长方形面积就代表误差出现在该区间的相对个数。例如,有斜线的长方形面积就代表误差出现在 +0.6″~+0.9″ 区间内的相对个数为 0.092。这种直方图的特点是能形象地反映误差的分布情况。

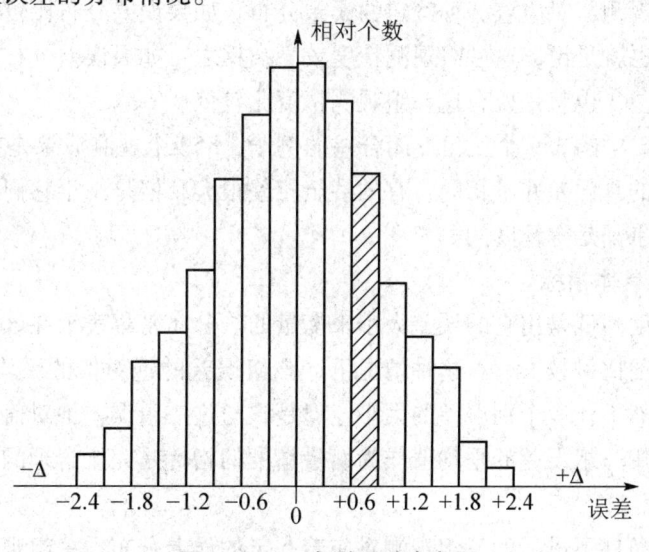

图 1-3-1 偶然误差直方图

当观测次数很多时,误差出现在各个区间的相对个数(百分数)的变动幅度就越来越小。当 n 足够大时,误差在各个区间出现的相对个数就趋于稳定。这就是说,一定的观测条件对应着一定的误差分布。可以想象,当观测次数足够多时,如果把误差的区间间隔无限缩小,则图 1-3-1 中各长方形边所形成的折线会变成一条光滑曲线,如图 1-3-2 所示,称为误差分布曲线。在概率论中,把这种误差分布称为正态分布。

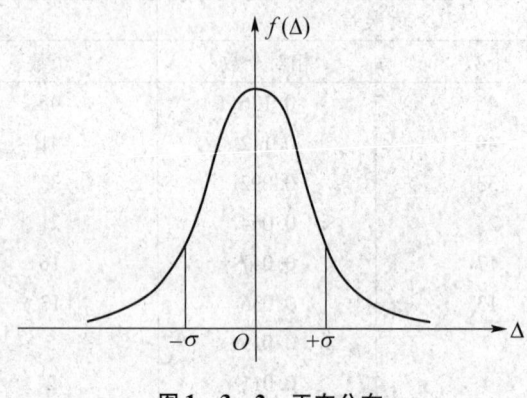

图 1-3-2 正态分布

1.3.3 衡量精度的指标

分析和确定衡量精度的指标是误差理论的重要内容之一。

1. 精度的含义

所谓精度,是指误差分布的密集程度或离散程度。若两组观测成果的误差分布相同,两组观测成果的精度便相同;反之,若误差分布不同,则精度也就不同。由实例可知,在一定条件下进行的一组观测,对应着一种确定的误差分布。如果误差分布比较密集,则表示该组观测质量比较好,也就是说,这一组观测精度较高;反之,如果误差分布比较离散,则表示该组观测质量比较差,也就是说,这一组观测精度比较低。

再看表 1-3-1 中的 359 个三角形闭合差的例子,359 个观测成果是在相同观测条件下得到的,各个结果的真误差并不相同,有的甚至相差很大,但是由于它们所对应的误差分布相同,因此这些结果都是等精度的。

2. 衡量精度的具体指标

观测成果的精度高低是用它的误差大小来衡量的。分布密集表示在该组误差中,绝对值比较小的误差所占的比例较大,在这种情况下,该组误差的绝对值的平均值就一定比较小。由此可见,精度虽然不代表个别误差的大小,但是它与这一组误差绝对值的平均值有着直接的关系。因此,采用一组误差的平均值作为衡量精度的指标是完全合理的。

3. 中误差

在一定的观测条件下进行的一组观测对应着一定的误差分布。一组观测误差所对应的正态分布可反映该组观测成果的精度。两条误差分布曲线如图1-3-3所示，显然服从曲线1的一组误差分布比较密集，精度比较高。

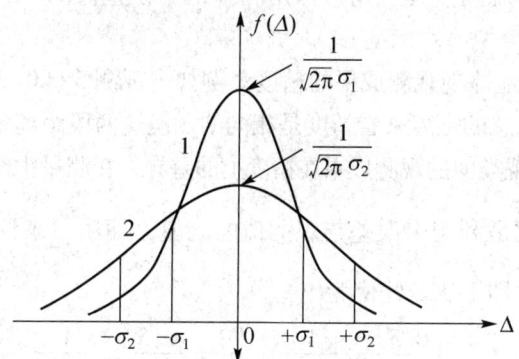

图1-3-3 两条误差分布曲线

用一组误差的平均大小作为衡量精度的指标，实用中有几种不同的定义。其中，常用的一种是取这组误差平方的总和的平均值的平方根作为评定这一组观测值的精度指标，即

$$m = \pm\sqrt{\frac{[\Delta_i \Delta_i]}{n}} \tag{1-3-3-1}$$

式中：m——中误差；

[ ]——总和；

Δ_i（$i = 1, 2, \cdots, n$）——一组同精度真误差。

必须注意，在相同的观测条件下进行的一组观测得出的每一个观测值都称为同精度观测值，即对应着同样分布的一组观测都是同精度的观测，也可以说是同精度观测值具有相同的中误差。

采用式（1-3-3-1）求一组同精度观测值的中误差 m 时，Δ_i 可以是同一个观测量的同精度观测值的真误差，也可以是不同观测量的同精度观测值的真误差。

例如，设对某个三角形用两种不同的精度分别进行10次观测，求得每次观测所得三角形内角和的真误差为

第一组：$+3''$，$-2''$，$-4''$，$+2''$，$0''$，$-4''$，$+3''$，$+2''$，$-3''$，$-1''$

第二组：$0''$，$-1''$，$-7''$，$+2''$，$+1''$，$+1''$，$-8''$，$0''$，$+3''$，$-1''$

这两组观测值的中误差（用三角形内角和的真误差而得到的中误差，也称为三角形内角和的中误差）为

$$m_1 = \sqrt{\frac{3^2+(-2)^2+(-4)^2+2^2+0^2+(-4)^2+3^2+2^2+(-3)^2+(-1)^2}{10}} \approx \pm 2.7''$$

$$m_2 = \sqrt{\frac{0^2+(-1)^2+(-7)^2+2^2+1^2+1^2+(-8)^2+0^2+3^2+(-1)^2}{10}} \approx \pm 3.6''$$

比较 m_1 和 m_2 的值可知，第一组的观测精度较第二组观测精度高。

显然，对多个三角形进行同精度观测（相同的观测条件）求得每个三角形内角和的真误差，也可按此办法求得观测值（三角形内角和）的中误差。

4. 相对中误差

有时中误差不能很好地体现观测成果的精度。例如，观测 5 000 m 和 1 000 m 的两段距离的中误差都是 ±0.5 m。从总的距离来看精度是相同的，但这两段距离单位长度的精度实际上是不相同的。为了更好地体现类似的观测成果在精度上的差异，在测量中经常采用相对中误差。

所谓相对中误差，就是利用中误差与观测值的比值，即用 $\dfrac{m_i}{L_i}$ 来评定精度。相对中误差要求写成分子为 1 的分式，即 $1/K$。此例为

$$\frac{m_1}{L_1}=\frac{0.5}{5\ 000}=\frac{1}{10\ 000}, \quad \frac{m_2}{L_2}=\frac{0.5}{1\ 000}=\frac{1}{2\ 000}$$

由 $\dfrac{m_1}{L_1}<\dfrac{m_2}{L_2}$ 可知，前者的精度比后者高。

有时，求得真误差和容许误差后，也用相对中误差来表示。例如，在导线测量中，假设起算数据没有误差时，求出的导线全长相对闭合差也就是相对真误差；而规范中规定全长相对闭合差不能超过 1/2 000 或 1/15 000，这就是相对容许误差。

与相对中误差对应，真误差、中误差、容许误差、平均误差都是绝对误差。

5. 容许误差（极限误差）

由偶然误差的第一个特性可知，在一定的观测条件下，偶然误差的绝对值不会超过一定的限值。这个限值就是容许误差。

通过分析知道，绝对值大于 1 倍、2 倍、3 倍中误差的偶然误差的概率分别为 31.7%、4.6%、0.3%。也就是说，大于 2 倍中误差的偶然误差出现的概率很小，大于 3 倍中误差的偶然误差出现的概率近乎零，属于小概率事件。由于实际测量工作中观测次数很有限，绝对值大于 3 倍中误差的偶然误差出现的次数会很少，所以通常取 2 倍或 3 倍中误差作为偶然误差的极限误差。

在实际测量工作中，以 3 倍中误差作为偶然误差的容许值，即

$$|\Delta_{容}|=3|m|$$

在精度要求较高时，以 2 倍中误差作为偶然误差的容许值，即

$$|\Delta_{容}|=2|m|$$

需要说明的是，在测量上将小概率的偶然误差（大于 2 倍或 3 倍中误差的偶然误差）作为粗差，即错误，来看待。

1.4 中国坐标系发展历程及思政点

党的二十大报告提到，党的十九大以来的五年，是极不寻常、极不平凡的五年。党团结

带领人民，攻克了许多长期没有解决的难题，办成了许多事关长远的大事要事。

纵观我国测绘地理坐标系统发展历史，可以看出测绘行业也经历了不平凡的发展历程。如今，经过几十年几代测绘人的艰苦奋斗，攻克技术难题，建立地心坐标系 2000 国家大地坐标系为我国测绘事业奠定基础。

党的二十大报告为我们测绘青年学子指明了方向，确立了目标，明确了思路，提供了方法。作为测绘专业的学生，应立志勤奋刻苦学习专业知识，深深抓住自主创新的"牛鼻子"，用科技测绘之笔描绘我们的祖国河山，为社会主义现代化强国做出一份贡献。

新中国成立后，被战争蹂躏的各行各业开始复苏，在全国范围内开展正规、全面的测绘工作成为了社会、经济发展的基础。我国采用了苏联的克拉索夫斯基椭球参数，并与苏联已有的 1942 年坐标系进行联测，通过计算快速建立了我国大地坐标系，定名为 1954 北京坐标系。因此，1954 北京坐标系可以认为是苏联 1942 年坐标系的延伸，起算点在苏联玻尔可夫天文台，而不是北京。1954 北京坐标系起算点在苏联，使用椭球跟我国境内地表形状相差较远，对后来我国的科学发展逐渐不适应。

1975 年始，我国对郑州、武汉、西安、兰州等地的地形、地质、重力、大地构造等因素进行了实地考察，并发现基于陕西省泾阳县来起算的椭球，与我国似大地水准面更为符合。于是，1980 年国家大地坐标系建立了，并将我国的首个大地原点设立在泾阳县境内，同时采用了国际大地测量与地球物理联合会第十六届大会推荐的 IAG 75 地球椭球体数据。这是我国测绘事业独立自主的象征，并实现了与国际化接轨，在经济建设和科学技术研究方面发挥着举足轻重的作用。该坐标系又称为 1980 西安坐标系。

随着航空航天事业的发展，及空间技术的成熟与广泛应用，1954 北京坐标系和 1980 西安坐标系在成果精度和适用范围方面越来越难满足国家需求。

历经艰苦奋斗，中国测绘、地震部门和科学院有关单位团结协作为新一代大地坐标系做了大量工作，20 世纪末先后建成国家 GPS A、B 级网、全国 GPS 一、二级网，中国地壳运动观测网和许多地壳形变网，为地心大地坐标系的实现奠定了较好的基础。2000 国家大地坐标系，作为一个高精度的、以地球质量中心为原点、动态、实用、统一的大地坐标系应运而生。2008 年 4 月，国务院批准自 2008 年 7 月 1 日起，启用 2000 国家大地坐标系。新坐标系实现了由地表原点到地心原点、由二维到三维、由低精度到高精度的转变，更加适应现代空间技术发展趋势；满足我国北斗全球定位系统、全球航天遥感、海洋监测及地方性测绘服务等对确定一个与国际衔接的全球性三维大地坐标参考基准的迫切需求。

本章小结

本章着重介绍了地球的形状和大小、地面点位的确定、测量坐标系、地面点的高程、用水平面代替水准面的限度、测量中误差的概念等知识。

学生通过对本章内容的学习主要掌握测量的基本概念，测量工作的基准面、基准线、大地坐标系、高斯-克吕格坐标系、地面点的高程及中误差相关概念。

思考题

1. 什么是大地水准面？它有什么特点和作用？
2. 什么是绝对高程、相对高程及高差？
3. 测量上的平面直角坐标系和数学上的平面直角坐标系有什么区别？
4. 为什么要进行分带投影？高斯平面直角坐标系是如何建立的？
5. 地面某点的大地经度为117°30′30″，试计算它所在的6°带和3°带的带号，相应的6°带和3°带的中央子午线的经度。
6. 横坐标的自然值与通用值有何不同？已知某点位于高斯投影6°带第19带，若该点在该投影带高斯平面直角坐标系中的横坐标 $y = -231\ 808.189$ m。试求出该点通用坐标 y 值及该带的中央子午线经度 L_0。

第 2 章 高程控制测量

2.1 高差测量任务

2.1.1 任务要求

能够用水准仪测量地面两点高差。

2.1.2 学习目标

◆ 能力目标
① 掌握水准仪操作。
② 掌握水准测量基本方法。
◆ 知识目标
① 理解水准测量原理。
② 熟悉水准仪结构。
◆ 素质目标
① 培养严谨求实的专业从业素养。
② 团队合作精神。
◆ 思政目标
认真学习党的二十大精神,增强学生爱国主义精神,更加坚定中国特色社会主义道路自信、理论自信、制度自信、文化自信。

测量点高差的
实际操作

2.1.3 用到的仪器及记录表格

◆ 仪器
水准仪、水准尺、尺垫。
◆ 其他
无。

2.1.4 操作步骤

1. 水准仪粗略整平

水准仪粗略整平的方法如图 2-1-1 所示。当气泡中心偏离圆点,如图 2-1-1(a)所示位于 a 处时,旋转1、2两个脚螺旋,使气泡移至 b 处。转动脚螺旋时,左、右两手应以相反的方向匀速旋转,并注意气泡移

电子水准仪测量
高差(实验)

建筑测量

动方向总是与左手大拇指移动方向一致。接着再转动另一个脚螺旋3，使气泡居中，如图2-1-1（b）所示。

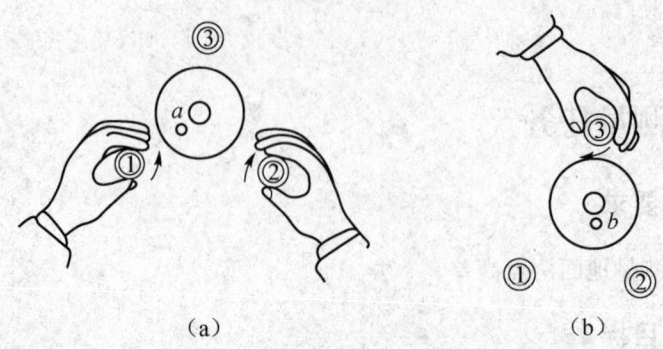

图2-1-1 粗略整平
(a) 旋转1、2两个脚螺旋；(b) 转动脚螺旋3

2. 照准标尺

① 目镜对光：照准前，根据观测者的视力，先将望远镜对向白色背景，旋转目镜对光螺旋，进行目镜对光，使十字丝清晰。

② 初瞄水准尺：松开制动螺旋，水平旋转望远镜，利用望远镜后部上方的照门（缺口）和望远镜物镜端上方的准星，瞄准水准尺，在望远镜视场内见到水准尺后，拧紧制动螺旋。

③ 物镜对光：首先用望远镜上面的瞄准器瞄准目标（水准尺），固定制动螺旋；其次从望远镜中观察，若目标不清晰，则转动望远镜上的物镜对光（调焦）螺旋，使目标影像落在十字丝板平面上，这时从目镜中可同时清晰稳定地看到十字丝和目标；最后转动水平微动螺旋使十字丝竖丝照准目标。

④ 对光与瞄准：转动对光螺旋，使尺子的影像十分清晰并消除视距差，用微动螺旋转动水准仪，使十字丝竖丝照准尺面中央。对光是否合乎要求，关键在于消除视距差。观测者可用十字丝交点Q对准目标上一点P，眼睛在目镜上下或左右移动，若十字丝交点Q始终对准目标P时，则合乎要求，如图2-1-2（a）所示；否则，眼睛从O_1移到O和O_2时，十字丝交点Q分别对准P_1点、P点、P_2点，即十字丝交点与目标点发生相对移动，则不合乎要求，这种现象称为视距差，如图2-1-2（b）所示。由此可见，视距差是由于目标物镜的像平面与十字丝平面不重合而产生的。视距差会使瞄准目标读数产生误差，因而对光就不符合要求。消除视距差的方法是重新仔细调节目镜和用望远镜对光螺旋进行对光，直至眼睛上下或左右移动观测时目标像平面与十字丝平面不发生移动为止。

3. 精平与读数

读数前转动微动螺旋，使水准管气泡居中，并使望远镜观察窗的气泡完全符合，这就达到了精平的要求；然后，立即根据十字丝横丝在水准尺上的位置进行读数，对于倒立的尺

第 2 章 高程控制测量

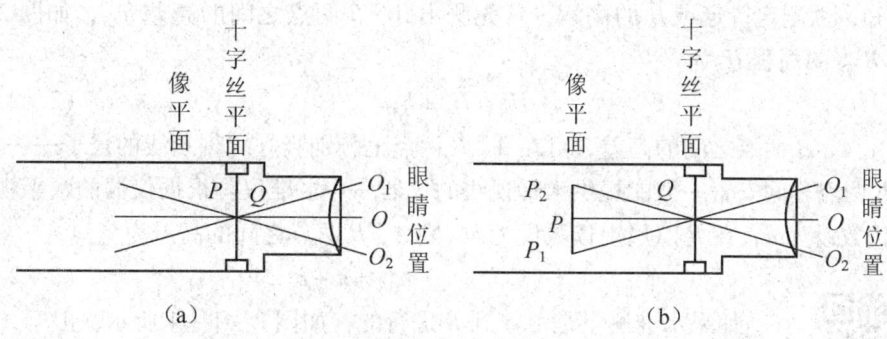

图 2-1-2 目镜对光
(a) 无视距差；(b) 有视距差

像，读数应由下而上，从小到大进行，要读出 m、dm、cm 并读至 mm，如图 2-1-3 所示的读数为 1 848 mm；读完后视尺读数后，仪器立即转向前视方向，仍要使气泡完全符合后，再读取前视尺读数。

精平与读数虽是两项不同的操作步骤，但是这两项操作是不可分割的整体，即精平后才能读数，读数后要检查精平。保证所读的标尺读数为视准轴水平时的读数。

4. 计算高差和高程

[例 2-1] 如图 2-1-4 所示，后视尺 A 点的读数为 $a=2.713$ m，前视尺 B 点的读数为 $b=1.401$ m，已知 A 点高程为 15.000 m，求 B 点高程。

解： 计算高差：$h_{AB}=a-b=2.713-1.401=1.312$ （m）

B 点高程：$H_B=H_A+h_{AB}=15.000+1.312=16.312$ （m）

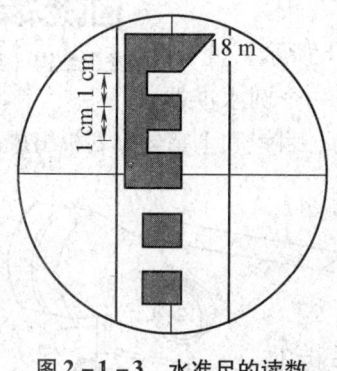

图 2-1-3 水准尺的读数

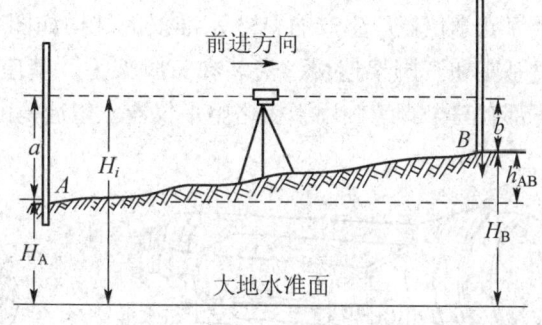

图 2-1-4 水准测量原理

2.2 高差测量基础知识

2.2.1 水准测量的原理

水准测量是测定地面点高程的最精确的一种方法，其基本测法：若 A

水准测量原理

点高程已知，欲测定待定点 B 的高程，首先测出 A、B 两点之间的高差 h_{AB}，如图 $2-1-4$ 所示，则 B 点的高程 H_B 为

$$H_B = H_A + h_{AB} \qquad (2-2-1-1)$$

为测出 A、B 两点之间的高差，可在 A、B 两点上分别竖立有刻划线的尺子——水准尺；并在 A、B 两点之间安置一架能提供水平视线的仪器——水准仪。根据仪器的水平视线，在 A 点尺上读数设为 a，在 B 点尺上读数设为 b，则 A、B 两点之间的高差为

$$h_{AB} = a - b \qquad (2-2-1-2)$$

水准测量工具

如果水准测量是由 A 到 B 进行的，如图 $2-1-4$ 所示，由于 A 点为已知高程点，故 A 点尺上读数 a 称为后视读数；B 点为欲求高程的点，则 B 点尺上读数 b 称为前视读数。高差等于后视读数减去前视读数。$a>b$，高差为正；反之，高差为负。直接利用高差 h_{AB} 计算 B 点高程的方法称为高差法。

还可通过仪器的视线高 H_i 计算 B 点的高程：

$$\left. \begin{array}{l} H_i = H_A + a \\ H_B = H_i - b \end{array} \right\} \qquad (2-2-1-3)$$

方程组（$2-2-1-3$）是利用仪器的视线高 H_i 计算 B 点高程的，这种方法称为仪高法。当安置一次仪器要求测出几个点的高程时，仪高法比高差法计算方便。

水准测量所使用的仪器是水准仪，辅助工具有水准尺和尺垫等。

2.2.2 光学水准仪

光学水准仪的种类很多，尽管它们在外形上有所不同，但基本结构都是望远镜、水准器和基座三部分。

水准仪结构（实验）

上海光学仪器厂生产的 DS3 水准仪的结构如图 $2-2-1$ 所示。整个仪器通过基座和三脚架连接，安装在三脚架上。基座上装有一个圆水准器，基座下部有三个脚螺旋用于粗略整平仪器。望远镜由物镜筒、目镜和十字丝分划板组成。望

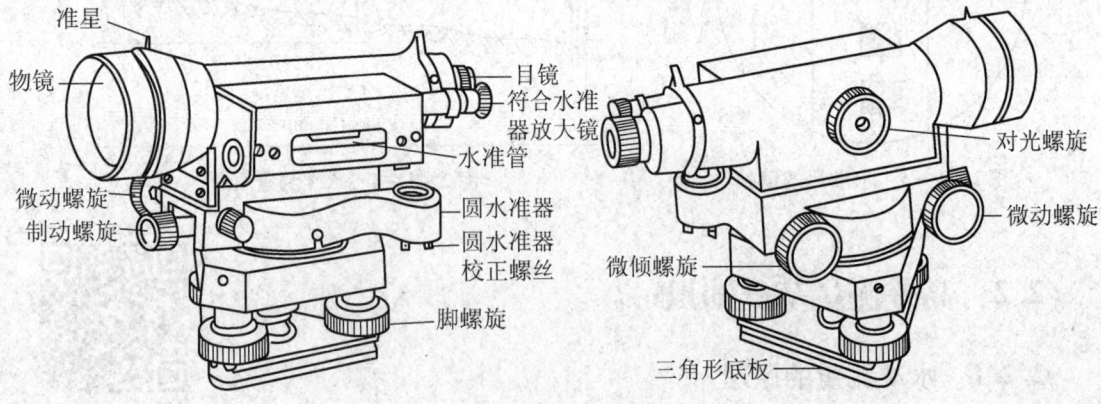

图 $2-2-1$　DS3 水准仪的结构

远镜旁装有一个水准管,转动微倾螺旋,水准管随望远镜上、下仰俯。当气泡居中时,望远镜视线便处于水平状态。仪器在水平方向的转动通过制动螺旋和微动螺旋来控制,当制动螺旋拧紧后,转动微动螺旋可使仪器在水平方向上做微小转动。

1. 望远镜

望远镜主要由物镜筒、十字丝分划板和目镜等组成,如图2-2-2所示。

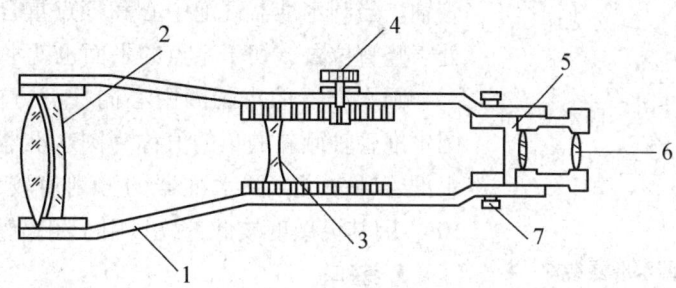

1—物镜筒;2—物镜;3—调焦透镜;4—调焦螺旋;5—十字丝分划板;
6—目镜;7—十字丝校正螺钉。

图2-2-2 望远镜的基本结构

物镜和十字丝分划板固定在望远镜物镜筒中,调焦透镜固定在望远镜内部一个调焦透镜筒内,它用齿轮与外部的调焦螺旋相连。目镜装在可以旋转的螺旋套筒上,转动目镜筒,可使目镜沿主光轴移动,调节目镜与十字丝分划板之间的距离,便于视力不同的人都能看清楚十字丝,这种操作称为目镜调焦,又称目镜对光。

十字丝分划板安装在物镜与目镜之间,板上有呈"十"字交叉的刻线,以其作为瞄准和读数的依据。一般测量仪器上有几种十字丝图形,如图2-2-3所示。它们都是在玻璃板上刻有两根垂直相交的十字细线。中间横向的一根称为横丝,竖直的一根(或双丝的对称中线)称为竖丝。横丝上、下还有两根对称的水平丝,称为视距丝,又称为上丝、下丝,用它可测量距离。

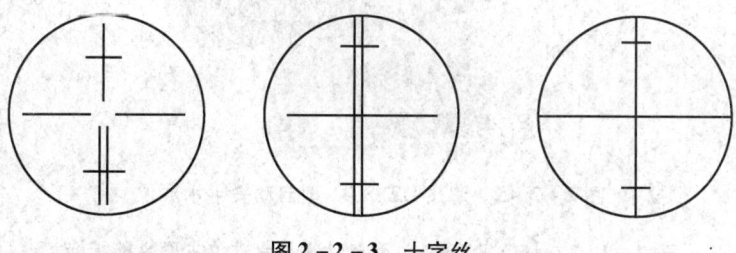

图2-2-3 十字丝

十字丝交点与物镜光心的连线称为望远镜的视准轴,望远镜照准目标就是指视准轴对准目标。望远镜提供的水平视线就是指视准轴呈水平状态时的视线。

2. 水准器

水准器是水准仪的重要部件,借助它才能使视准轴处于水平状态。水准器分管水准器

（又称水准管）和圆水准器两种。装在基座上的圆水准器，可供粗略整平仪器时使用；与望远镜连在一起的水准管，可供精确整平仪器时使用。

圆水准器结构如图2－2－4所示。圆水准器玻璃内壁是一个球面，球面中心是一个小圆圈，小圆圈的中点是水准器零点。通过球面上零点的法线LL'称为圆水准管轴。当圆水准器气泡中心和零点重合时，圆水准管轴处于竖直位置，切于零点的平面也就水平了。

圆水准器的小圆圈中心向任意方向偏移2 mm时，圆水准管轴倾斜的角的值称为圆水准器分划值。相对于水准管轴来说，圆水准器的分划值较大，一般为$8'\sim10'$，因其灵敏度较低，故只用于粗略整平。

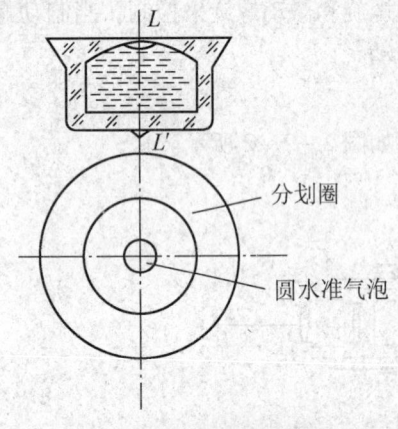

图2－2－4 圆水准器结构

3. 基座

基座的作用是支承仪器的上部，并与三脚架连接。基座主要由轴座、脚螺旋和连接板构成。三脚架的作用是支撑整个仪器，以便观测。

2.2.3 自动安平水准仪

自动安平水准仪是一种新型的水准仪，其结构特点是没有水准管和微倾螺旋，精确整平由自动安平装置（补偿器所代替）完成。仪器只要用圆水准器粗略整平后就可以进行读数，并开始测量工作。因此，使用自动安平水准仪可以简化操作，大大减少水准测量的外业时间，同时可减少仪器和标尺下沉及外界条件变化对观测成果的影响，有利于提高测量精度。

博飞DZS3－1型自动安平水准仪由北京博飞仪器股份有限公司生产（见图2－2－5），其主要性能指标见表2－2－1。

图2－2－5 博飞DZS3－1型自动安平水准仪

表2－2－1 博飞DZS3－1型自动安平水准仪主要性能指标

项目	标准偏差	望远镜成像	放大倍数	物镜有效孔径	视场角	视距加乘常数	最短视距	补偿器工作范围	长度	圆水准器格值
指标	±3 mm	正像	30	45 mm	1°	100	2 m	±5′	28 mm×160 mm×140 mm	8′/2 mm

自动安平水准仪的种类和型号很多,但是其操作使用方法基本一致,现以博飞 DZS3 – 1 型自动安平水准仪为例,说明其操作使用方法。

1. 仪器安置与粗略整平

在使用自动安平水准仪时,首先进行仪器的安置和粗略整平,DZS3 – 1 型自动安平水准仪的仪器安置和粗略整平方法与 DS3 型微倾式水准仪相同,望远镜调焦、目镜对光、消除视距差的方法和要求也一样。

2. 瞄准标尺

① 使望远镜对着亮处,逆时针旋转望远镜目镜调焦,这时十字丝分划板变得模糊,然后慢慢顺时针转动望远镜目镜调焦,十字丝分划板变得最清晰时停止转动。

② 用光学粗瞄准器粗略地瞄准目标。瞄准时用双眼同时观测,一只眼睛注视瞄准口内的十字线,另一只眼睛注视目标,转动望远镜,使十字线与目标重合。

③ 调焦后,用望远镜精确瞄准目标。拧紧制动螺旋,转动望远镜调焦螺旋,使目标清晰地成像在十字丝分划板上;这时眼睛做上、下、左、右移动,目标成像与十字丝影像应无任何相对位移,即无视距差存在(若有视距差应予以消除);然后转动微动螺旋,精确瞄准目标。

3. 读数

望远镜视场内的警告指示窗全部呈绿色时,方可进行标尺读数。

警告指示窗内上端或下端出现红色警告时,说明仪器粗略整平的精度不高或没有粗略整平仪器。若出现这种情况,则应重新进行仪器的粗略整平,使红色警告消失方可读数。

使用 DZS3 – 1 型自动安平水准仪进行水准测量时,要注意检查补偿器是否正常,方法是,可稍微转动一下脚螺旋(警告指示窗内不能出现红色),如尺上读数没有变化,说明补偿器起作用,仪器正常,否则应进行检查修理。

2.2.4 电子水准仪

电子水准仪粗略整平后,瞄准水准尺(应专用,也就是不同型号之间,标尺不能互换),按测量键,标尺横丝的中丝读数和仪器到标尺的距离应显示在液晶显示屏上。

电子水准仪(实验)

电子水准仪的专用标尺上的条码常作为参照信号存储在仪器内。测量时,测量信号与仪器的参考信号进行比较,便可以求得视线高和水平距离,就像普通光学水准仪一样,测量时标尺要立直、立稳,为了保证观测成果的精度,一般情况下立尺时均采用尺撑。

2.2.5 水准尺

按精度高低,水准尺可分为普通水准尺和精密水准尺。此外,还有条纹水准尺。

1. 普通水准尺

普通水准尺用木料、铝材和玻璃钢制成,如图 2 – 2 – 6 所示。尺长多为 3 m,两根为一副，且为双面（黑、红面）刻划的直尺，每隔 1 cm 印刷有黑白或红白相间的分划，每分米处注有数字。对一对水准尺而言，黑、红面注记的零点不同。黑面尺的尺底端从零开始注记读数，两尺的红面尺底端分别从常数 4 787 mm 和 4 687 mm 开始注记读数，此常数称为尺常数，记为 K，即 $K_1 = 4.787$ m，$K_2 = 4.687$ m。

2. 精密水准尺

精密水准尺的框架用木料制成，分划部分用镍铁合金做成带状。尺长多为 3 m，两根为一副。尺带上有左右两排线状分划，分别称为基本分划和辅助分划，格值为 1 cm。这种水准尺一般配合精密水准仪使用。

3. 条纹水准尺

条纹水准尺是指水准尺为伪随机条码，该条码图像已被存储在数字水准仪中作为参考信号。在条纹水准尺上，最窄的条码宽为 2.025 mm，称为基本码宽。尺上共有 2 000 个基本码，不同数量同颜色的基本码连在一起，就构成了宽窄不同的码条，如图 2-2-7 所示。

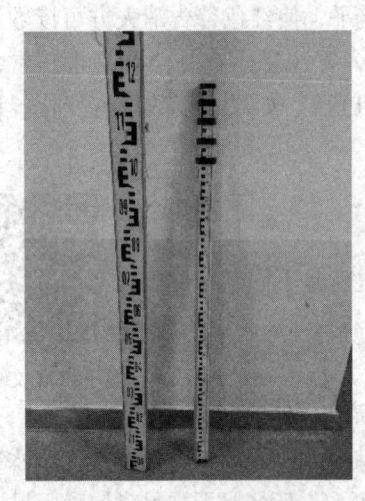

图 2-2-6　普通水准尺

图 2-2-7　条纹水准尺的读数原理

2.2.6　尺垫

尺垫亦称尺台，其作用是使水准尺竖立在非水准点上时，有一个稳固的立尺点，以防止水准尺下沉或水准尺转动时改变其高程。尺垫一般为三角形的铸铁块，中央有一个凸起的半圆球，水准尺立在半圆球的顶上，如图2-2-8所示。

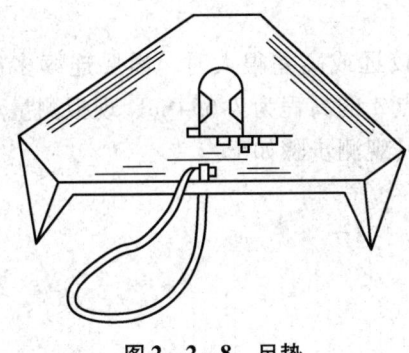

图2-2-8 尺垫

2.3 普通水准测量任务

2.3.1 任务要求

能够用水准仪测量和获取未知点高程。

普通水准测量

2.3.2 学习目标

◆ 能力目标
① 能够熟练操作 DS3 型微倾水准仪和自动安平水准仪。
② 掌握普通水准测量基本方法。
◆ 知识目标
① 理解水准路线布设。
② 理解普通水准测量原理及过程。
◆ 素质目标
① 专业敬业精神、吃苦耐劳精神。
② 团队合作精神。
◆ 思政目标
① 以"三有"青年为目标，激发青年使命感与责任感。
② 当代青年要认真学习党的二十大报告，意识到当代青年是社会主义现代化的建设者。

2.3.3 用到的仪器及记录表格

◆ 仪器
DS3 水准仪、水准尺、尺垫。
◆ 其他
普通水准测量手簿。

2.3.4 操作步骤

当高程点距已知水准点较远或高差很大时，需要连续多次安置仪器测出两点的高差。水准点 A 的高程为 7.654 m，现拟测量点 B 的高程，如图 2-3-1 所示，其观测步骤如下。

普通水准测量（实验）

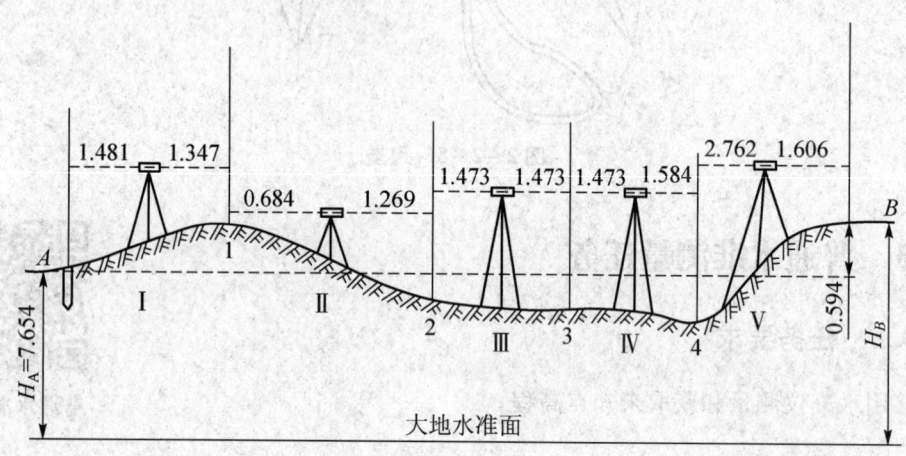

图 2-3-1 水准测量线路

① 在距点 A 100~200 m 处选定前视点 1，在点 A、点 1 上分别竖立水准尺。在距点 A 和点 1 大致等距的 I 处安置水准仪。用圆水准器将仪器粗略整平后，后视点 A 上的水准尺精平后读数为 1.481，记入表 2-3-1 中观测点 A 的后视读数栏内。旋转望远镜，前视点 1 上的水准尺同法读数为 1.347，记入表 2-3-1 中点 1 的前视读数栏内。后视读数减去前视读数得高差为 0.134，记入高差栏内。

② 完成上述一个测站上的工作后，点 1 上的水准尺不动，把点 A 上的水准尺移到点 2，仪器安置在点 1 和点 2 之间，按照上述方法观测和计算，逐站施测直至点 B。每安置一次仪器，便测得一个高差，即

$$h_1 = a_1 - b_1$$
$$h_2 = a_2 - b_2$$
$$\cdots$$
$$h_5 = a_5 - b_5$$

将各式相加，得

$$\sum h = \sum a - \sum b$$

则点 B 的高程为

$$H_B = H_A + \sum h$$

表 2-3-1　普通水准测量手簿

日期＿＿＿＿＿＿　　　　仪器＿＿＿＿＿＿　　　　观测＿＿＿＿＿＿
天气＿＿＿＿＿＿　　　　地点＿＿＿＿＿＿　　　　记录＿＿＿＿＿＿

测站	测点	水准尺读数 后视(a)	水准尺读数 前视(b)	高差/m +	高差/m −	高程/m	备注
Ⅰ	A	1.481		0.134		7.654	
Ⅱ	1	0.684	1.347		0.585		
Ⅲ	2	1.473	1.269	0			
Ⅳ	3	1.473	1.473		0.111		
Ⅴ	4	2.762	1.584	1.156			
	B		1.606			8.248	
计算检核		$\Sigma = 7.873$ $\Sigma a - \Sigma b = +0.594$	$\Sigma = 7.279$	1.290 $\Sigma h = 1.290 - 0.696$ $= +0.594$	0.696		

由上述可知，在观测过程中点 1、2、3、4 仅起传递高程的作用，这些点称为转点 (Turning Point)，常用 TP 表示。

2.4　普通水准测量基础知识

2.4.1　水准测量的概述

水准测量是测定地面点高程时最常用的、最基本的、精度最高的一种方法，在国家高程控制测量、工程勘测和施工测量中广泛应用。它是在地面两点之间安置水准仪，观测竖立在两点上的水准尺，按水准尺上读数求得两点之间的高差，最后推算出未知点的高程。这种测量方法适用于平坦地区或地面起伏不太大的地区。

水准测量通常可分为国家水准测量、图根水准测量和工程水准测量。

1. 国家水准测量

国家水准测量的目的是建立全国性的、统一的高程控制网，以满足国家经济建设和国防建设的需要。按控制次序和施测精度，国家水准测量分为一、二、三、四共四个等级。高精度的一、二等水准测量可以作为三、四等水准测量及其他高程测量的控制和依据，并为研究大地水准面的形状、平均海水面变化和地壳升降等提供精确的高程数据。三、四等水准测量可为工程建设和地形测图提供高程控制数据，它是一、二等水准测量的进一步加密。

2. 图根水准测量

图根水准测量是在地形测量时，为直接满足地形测图的需要，提供计算地形点高程的数据而进行的水准测量，有时也作为测区的基本高程控制。由于其精度低于四等水准测量，所以其也称为等外水准测量。

3. 工程水准测量

工程水准测量是为满足各种工程勘察、设计与施工需要而进行的水准测量。其精度依据工程要求而定，有的高于四等，有的低于四等。

本书着重介绍水准测量的原理、仪器和工具，以及普通水准测量的施测方法。另外，图根水准测量和三角高程测量等内容也是学生重点学习的基本技能。

2.4.2 水准点和水准路线

水准测量通常是从已知高程点出发，沿着预先选好的水准路线，逐站测定各点之间的高差，而后推算各点的高程。

水准测量通常是从水准点开始，引测其他点的高程。等级水准点是国家测绘部门为了统一全国的高程系统和满足各种需要，在全国各地埋设且已测定其高程的固定点，这些已知高程的固定点称为水准点（Bench Mark），简记为 BM。水准点有永久性（Permanent Bench Mark，PBM）和临时性（Temporary Bench Mark，TBM）两种。国家等级水准点的形式如图 2-4-1（a）所示，一般用整块的坚硬石料或混凝土制成，深埋在地面冻结线以下，在标石顶面设有用不锈钢或其他不易锈蚀的材料制成的半球状标志。有些水准点也可设置在稳定的墙脚上，称为墙上水准点，如图 2-4-1（b）所示。

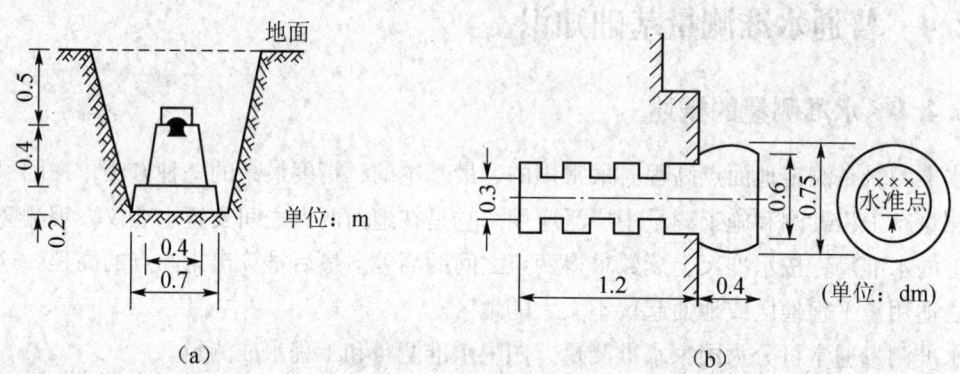

图 2-4-1 国家等级水准点

(a) 国家等级水准点的形式；(b) 墙上水准点

建筑工地上的永久性水准点一般用混凝土或钢筋混凝土制成，其式样如图 2-4-2（a）所示；临时性水准点可用地面上凸出的坚硬岩石或用大木桩打入地下，桩顶钉入半球形铁钉制成，如图 2-4-2（b）所示。

无论是永久性水准点，还是临时性水准点，均应埋设在便于引测和寻找的地方。埋设水准点后，应绘出水准点附近的草图，在图上还要写明水准点的编号和高程，称为点之记，以便日后寻找和使用。

水准测量所经过的路线称为水准路线。水准路线应尽量选择坡度小、设站少、土质坚硬且容易通过的线路。

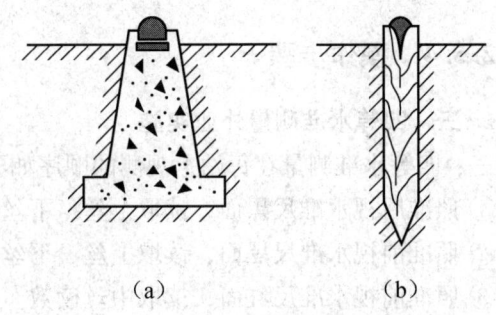

图2-4-2 永久性水准点和临时性水准点标志
（a）永久性水准点标志；（b）临时性水准点标志

2.5 三、四等水准测量任务

2.5.1 任务要求

能够进行三、四等水准测量，确定控制点高程。

2.5.2 学习目标

◆ 能力目标
① 掌握三、四等水准测量外业操作过程。
② 掌握三、四等水准测量内业计算。

◆ 知识目标
① 理解三、四等水准测量的技术指标。
② 理解三、四等水准路线闭合差限差。
③ 掌握三、四等水准测量的观测程序。

◆ 素质目标
① 测绘行业学习的自信心和良好的职业习惯。
② 团队合作精神。

◆ 思政目标
培养学生具有创新、协调、绿色、开放、共享的新发展理念。

2.5.3 用到的仪器及记录表格

◆ 仪器
DS3水准仪、水准尺、尺垫。

◆ 其他
三、四等水准测量观测手簿。

2.5.4 操作步骤

1. 三、四等水准测量外业实施

三、四等水准测量在每站上观测的顺序如下：

① 照准后视水准尺黑面，读取上丝、下丝和中丝读数。

② 照准前视水准尺黑面，读取上丝、下丝和中丝读数。

③ 照准前视水准尺红面，读取中丝读数。

④ 照准后视水准尺红面，读取中丝读数。

这样的顺序简称为"后前前后"（黑黑红红）。

四等水准测量在每站上观测的顺序也可为"后后前前"（黑红黑红）。无论何种顺序，视距丝和中丝的读数均应在水准管气泡居中时读取。

四等水准测量（实验）

三、四等水准测量的观测记录及计算可参见表 2-5-1。表内带括号的号码为观测读数和计算的顺序，（1）～（8）为观测数据，其余为计算所得。

表 2-5-1　三、四等水准测量观测手簿

测自　　　　至　　　　　　　　　　　　年　月　日
时刻始　时　分　　　　　　　　　　　　天气：晴
　　末　时　分　　　　　　　　　　　　成像：清晰

测站编号	后尺 下丝 上丝 后距 视距差 d	前尺 下丝 上丝 前距 ∑d	方向及尺号	水准尺读数 黑面	水准尺读数 红面	K+黑减红	高差中数	备注
数字编号	(1) (2) (12) (14)	(5) (6) (13) (15)	(3) (4) (16)	(8) (7) (17)	(10) (9) (11)			
1	1571 1197 37.4 -0.2	0739 0363 37.6 -0.2	后5 前6 后-前	1384 0551 +0833	6171 5239 0932	0 -1 +1	+0832.5	
2	2121 1747 37.4 -0.1	2196 1821 37.5 -0.3	后6 前5 后-前	1934 2008 -0074	6621 6796 -0175	0 -1 +1	-0074.5	

续表

测站编号	后尺 下丝 上丝 后距 视距差 d	前尺 下丝 上丝 前距 ∑d	方向及尺号	水准尺读数 黑面	水准尺读数 红面	K+黑减红	高差中数	备注
3	1914 1539 37.5 -0.2	2055 1678 37.7 -0.5	后5 前6 后-前	1726 1866 -0140	6513 6554 -0041	0 -1 +1	-0140.5	
4	1965 1700 26.5 -0.2	2141 1874 26.7 -0.7	后6 前5 后-前	1832 2007 -0175	6519 6793 -0274	0 +1 -1	-0174.5	
5	0089 0020 6.9 -0.5	0124 0050 7.4 -1.2	后5 前6 后-前	0054 0087 -0033	4842 4775 +0067	-1 -1 0	-0033.0	

（1）测站上的计算与校核

高差部分：

$$(9) = (4) + K - (7)$$
$$(10) = (3) + K - (8)$$
$$(11) = (10) - (9)$$

式中：（10）及（9）——后、前视水准尺的黑、红面读数之差；

（11）——黑、红面所测高差之差；

K——后、前视水准尺红、黑面零点的差数；5号尺的 $K = 4\,787$，6号尺的 $K = 4\,687$。

$$(16) = (3) - (4)$$
$$(17) = (8) - (7)$$

式中：（16）——黑面所算得的高差；

（17）——红面所算得的高差。

由于两根尺子红黑面零点差不同，所以（16）并不等于（17）［表2-5-1中的示例（16）与（17）应相差100］。

（11）尚可作一次检核计算，即

$$(11) = (16) \pm 100 - (17)$$

视距部分：

$$(12) = (1) - (2)$$
$$(13) = (5) - (6)$$
$$(14) = (12) - (13)$$

式中：（12）——后视距离；

（13）——前视距离；

（14）——前、后视距差；

（15）——前、后视距累积差。

（2）观测结束后的计算与校核

高差部分：

$$\sum(3) - \sum(4) = \sum(16) = h_\text{黑}$$
$$\sum[(3)+K] - \sum(8) = \sum(10)$$
$$\sum(8) - \sum(7) = \sum(17) = h_\text{红}$$
$$\sum[(4)+K] - \sum(7) = \sum(9)$$
$$h_\text{中} = \frac{1}{2}(h_\text{黑} + h_\text{红})$$

式中：$h_\text{黑}$、$h_\text{红}$——一测段黑、红面所得高差；

$h_\text{中}$——高差中数。

视距部分：

$$\text{末站}(15) = \sum(12) - \sum(13)$$
$$\text{总视距} = \sum(12) + \sum(13)$$

若测站上有关观测限差超限，则在本站检查发现后可立即重测；若迁站后才检查发现，则应从水准点或间歇点起重测。

2. 三、四等水准测量内业计算

（1）闭合水准路线内业计算

水准测量外业结束后，必须对外业水准测量记录手簿进行认真的检验，在每站计算的高程准确无误后，才能进一步做内业计算。

计算前应绘制一张水准路线略图。图上要注明水准路线起点、终点以及路线上各固定点的编号，标明观测方向，根据外业观测手簿，计算出水准路线上相邻固定点间的距离及高差。闭合水准路线略图如图 2-5-1 所示。水准路线起点为 A 水准点，终点也是 A 水准点。固定点间高差、距离均如图 2-5-1 所示。

① 高差闭合差的计算。闭合水准路线高差总和 $\sum h$ 应等于零，若不等于零，则其值为高差闭合差，即

第 2 章　高程控制测量

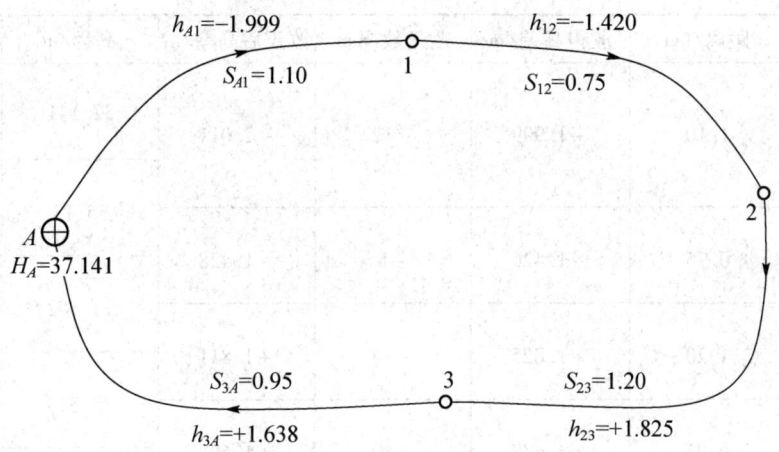

图 2-5-1　闭合水准路线略图

$$W_h = \sum h \quad (2-5-4-1)$$

高差闭合差如果不超过规定的限差，说明观测结果是合格的，否则应该进行外业重测。

等外水准路线高差闭合差的容许值（mm）为

$$W_容 = \pm 40\sqrt{S} \quad (2-5-4-2)$$

式中：S——水准路线总长度，km。

在山地，每千米超过 16 站时，高差闭合差的容许值（mm）为

$$W_容 = \pm 12\sqrt{n}$$

式中：n——测站数。

② 高差改正数的计算。若 $W_h \leqslant W_容$，则 W_h 取反号，按与水准路线各固定点间距离或测站数成反比进行调整。

各固定点间测站数大致相等时，按距离进行调整。其改正数为

$$V_i = -\frac{W_h}{S}S_i \quad (2-5-4-3)$$

式中：V_i——第 i 段高差改正数；
　　　S_i——第 i 段的距离。

各固定点间的测站数相差较大时，按测站数进行调整，其改正数为

$$V_i = -\frac{W_h}{n}n_i \quad (2-5-4-4)$$

式中：n_i——第 i 段的测站数；
　　　n——水准路线总站数。

③ 高程计算。从已知高程点开始，求出逐点高程，最后沿水准路线，推出起始点高程，其值应与已知高程相等。计算实例见图 2-5-1 和表 2-5-2。

表2-5-2 闭合水准路线内业计算

点号	距离/km	测得高差/m	改正数/mm	改正后高差/m	高程/m	备注
A					37.141	已知高程
	1.10	-1.999	-12	-2.011		
1					35.13	
	0.75	-1.420	-8	-1.428		
2					33.702	
	1.20	+1.825	-14	+1.811		
3					35.513	
	0.95	+1.638	-10	+1.628		
A					37.141	已知高程
Σ	4.0	0.044	-44	0		

在闭合水准路线的内业计算中有几项检核应该注意：

a. 高差闭合差不得超过规定的容许值。

b. 高差改正数之和与高差闭合差大小相等，符号相反。

c. 改正后的高差之和应该等于零。

d. 最终推算出的起始点高程应该等于已知的高程值。

其中，后面三项属于计算检核，如果这三项不能满足上述要求，说明计算中存在错误，这时必须进行仔细的检查、核对，待查找到原因并予以纠正后再进行后面的计算工作。手工计算时，为了避免发生多次返工的现象，可以采用两人或两人以上对算的方式。

（2）附合水准路线内业计算

附合水准路线外业观测工作结束后，要对外业观测手簿进行认真的检验，对每站观测的记录与计算进行全面的检查核对，确认无误后，才能进一步做内业计算。

对外业观测手簿进行检查的同时，应绘制一张水准路线略图，图上要注明水准路线起点、终点以及路线上各固定点的编号，并标明观测方向，根据外业观测手簿，计算出路线上相邻固定点间的距离及高差。附合水准路线略图如图2-5-2所示。该水准路线起点为A泉河水准点，终点为B大泉水准点。固定点间高差、距离均如图2-5-2所示，其中S_1、h_1是通过外业观测手簿中的观测数据计算求得。

① 高差闭合差的计算与调整。附合水准路线测得的高差总和$\sum h = h_1 + h_2 + \cdots$应等于起点A和终点B的已知高差$H_B - H_A$，如不相等，则其差值为高差闭合差，即

$$W_h = \sum h - (H_B - H_A) \qquad (2-5-4-5)$$

等外水准路线高差闭合差的容许值（mm）为

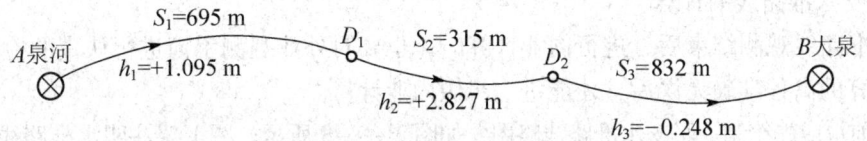

图 2-5-2　附合水准路线略图

$$W_{容} = \pm 40\sqrt{S} \qquad (2-5-4-6)$$

式中：S——水准路线总长度，km。

在山地，每千米超过 16 站时，高差闭合差的容许值（mm）为

$$W_{容} = \pm 12\sqrt{n}$$

式中：n——测站数。

若 $W_h \leqslant W_{容}$，则 W_h 取反号，按与水准路线各固定点间距离或测站数成反比进行调整。当各固定点间测站数大致相等时，按距离进行调整。其改正数为

$$V_i = -\frac{W_h}{S}S_i \qquad (2-5-4-7)$$

式中：V_i——第 i 段高差改正数；
　　　　S_i——第 i 段的距离。

当各固定点间的测站数相差较大时，按测站数进行调整，其改正数为

$$V_i = -\frac{W_h}{n}n_i \qquad (2-5-4-8)$$

式中：n_i——第 i 段的测站数；
　　　　n——水准路线总站数。

② 高程计算。由水准路线起始点的高程开始，加上经改正的高差，逐点计算出高程，最后计算出的终点高程，应与已知值相等。计算实例见图 2-5-2 和表 2-5-3。

表 2-5-3　附合水准路线内业计算

点号	距离/m	高差/m	改正数/mm	改正后高差/m	高程/m	备注
A 泉河					42.120	已知高程
	695	+1.095	-11	+1.084		
D_1					43.204	
	315	+2.827	-5	+2.822		
D_2					46.026	
	832	-0.248	-14	-0.262		
B 大泉					45.764	已知高程
Σ	1 842	+3.674	-30	+3.644		

（3）支水准路线的计算

支水准路线观测结束后，进行内业计算时，也要对外业观测手簿进行认真的检验，在确认每站计算的高程准确无误后，才能进一步做内业计算。

计算前也应先绘制一张支水准路线略图，如图2-5-3所示。图上要注明水准路线起点、终点以及路线上各固定点的编号，并标明观测方向；根据外业观测手簿，计算出路线上相邻固定点间的距离及高差。例如，支水准路线起点为A水准点，固定点间高差、距离均如图2-5-3所示。

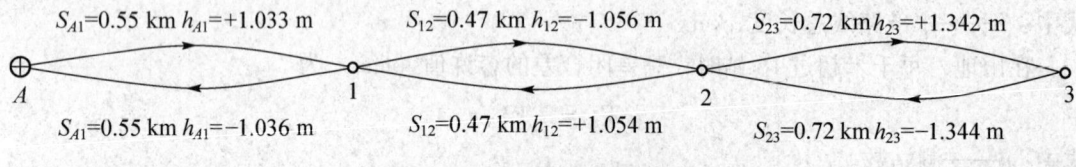

图 2-5-3 支水准路线略图

① 高差闭合差的计算。由于支水准路线采用往返测，故往返测高差的代数和应为零；如不为零，则其值为高差闭合差，即

$$W_h = \sum h_{往} + \sum h_{返} \quad (2-5-4-9)$$

若高差闭合差不超过规范规定的限差，以等外水准测量为例，则限差（mm）应为

$$W_{h容} = \pm 40\sqrt{L} \quad (2-5-4-10)$$

式中：L——水准点间路线长度，km。

② 高差计算。对于支水准路线，如果闭合差不超过限差，各固定点间的往返测高差的平均值就是改正后的高差，即

$$h = \frac{1}{2}(h_{往} - h_{返}) \quad (2-5-4-11)$$

③ 高程计算。由已知高程的起点开始，逐点计算高程。由于支水准路线只有一个已知高程的点，最后无检核条件，故计算要特别谨慎。计算实例见图2-5-3和表2-5-4。

表 2-5-4 支水准路线内业计算

点号	距离/km	高差/m 往	高差/m 返	改正后高差/m	高程/m	备注
A					42.120	已知高程
	0.55	+1.033	-1.036	+1.034		
1					43.154	
	0.47	-1.056	+1.054	-1.055		
2					42.099	
	0.72	+1.342	-1.344	+1.343		
3					43.442	
Σ	1.842	+1.319	-1.326	+1.322（检核）	43.442（检核结果）	

2.6 三、四等水准测量基础知识

2.6.1 三、四等水准测量技术指标

四等水准测量

在三、四等水准测量路线上,每隔 2~6 km 应埋设一个水准标石。为了便于工程上使用,工程建设区域范围内至少应埋设两座或两座以上的水准标石。水准标石埋设地点应距铁路 50 m、公路 20 m 以上,且避免选在土质松软、易受破坏或踩动影响区域内,以便使标石长期保存。水准路线的形式有闭合路线、附合路线等。

国家三、四等水准测量的精度较普通水准测量的精度高,其技术指标见表 2-6-1。三、四等水准测量的水准尺通常采用木质,两面有刻划的红、黑面双面水准尺。表 2-6-1 中的黑、红面读数差是指一根水准尺的两面读数去掉常数之后所容许的差值。

表 2-6-1 国家三、四等水准测量技术指标

等级	仪器类型	标准视线长度/m	后、前视距差/m	后、前视距差累计/mm	黑、红面读数差/mm	黑、红面所测高差之差/mm	检测间歇点高差之差/mm
三等	DS3	75	2.0	5.0	2.0	3.0	3.0
四等	DS3	100	3.0	10.0	3.0	5.0	5.0

三、四等水准测量要求水准仪的 i 角不得大于 20″。

三、四等水准测量路线闭合差技术指标应满足表 2-6-2 的规定。

表 2-6-2 三、四等水准测量路线闭合差技术指标

等级	路线往返不符值限差	附合路线闭合差限差	闭合路线闭合差限差
三等	$\pm 12\sqrt{K}$	$\pm 12\sqrt{L}$	$\pm 12\sqrt{F}$
四等	$\pm 20\sqrt{K}$	$\pm 20\sqrt{L}$	$\pm 20\sqrt{F}$

注:K、L、F 分别是水准路线长度,单位是 km。

2.6.2 三、四等水准测量的检核

1. 计算检核

由式 $\sum h = \sum a - \sum b$ 可知,B 点对 A 点的高差等于各转点之间高差的代数和,也等于后视读数之和减去前视读数之和,故此式可作为计算的检核。

计算检核只能检查计算是否正确,并不能检核观测和记录的错误。

2. 测站检核

如上所述,B 点的高程是根据 A 点的已知高程和转点之间的高差计算出来的。若测错或

记错任何一个高差,则计算出来的 B 点高程就不正确。因此,对每一站的高差均需进行检核,这种检核称为测站检核。测站检核常采用两次仪器高法或双面尺法。

(1) 两次仪器高法

两次仪器高法是在同一个测站上变更仪器高度(一般将仪器升高或降低 0.1 m 左右)进行两次高差测量,用测得的两次高差进行检核。如果两次测得的高差之差不超过容许值,则取其平均值作为最后结果,否则需重测。

(2) 双面尺法

双面尺法是保持仪器高度不变,用水准尺的黑、红面两次测量高差进行检核。两次高差之差的容许值和两次仪器高法测得的两个高差之差的限差应相同。

3. 成果检核

测站检核只能检核一个测站上是否存在错误或误差超限。对于整条水准路线来讲,其还不足以说明所求水准点的高程精度符合要求。例如,由于温度、风力、大气折光和立尺点变动等外界条件引起的误差,水准尺倾斜、估读误差、水准仪本身的误差、其他系统误差等,虽然在一个测站上反映不是很明显,但整条水准路线累积的结果可能超过容许的限差。因此,还需进行整条水准路线的成果检核。成果检核的方法随着水准路线布设形式的不同而不同。

(1) 附合水准路线的成果检核

由图 2-6-1 可知,在附合水准路线中,各待定高程点间高差的代数和应等于两个水准点间的高差。如果不相等,则两者之差称为高差闭合差 f_h,其值不应超过容许值,计算公式为

$$f_h = \sum h_{测} - (H_{终} - H_{始}) \qquad (2-6-2-1)$$

式中:$H_{终}$——终点水准点 B 的高程;

$H_{始}$——始点水准点 A 的高程。

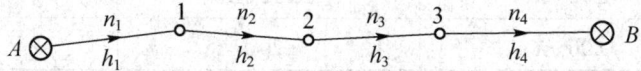

图 2-6-1 附合水准路线计算略图

各种测量规范对不同等级的水准测量规定了高差闭合差的容许值。例如,《工程测量通用规范》(GB 55018—2021)中规定三等水准测量路线高差闭合差不得超过 $\pm 12\sqrt{L}$ mm,四等水准测量路线高差闭合差不得超过 $\pm 20\sqrt{L}$ mm,在起伏地区则不应超过 $\pm 6\sqrt{n}$ mm,普通水准测量路线高差闭合差不得超过 $\pm 40\sqrt{L}$ mm。这里的 L 为水准路线的长度,以 km 为单位,n 为测站数。

当 $|f_h| \leq |f_{h容}|$ 时,则成果检核合格,否则须重测。

(2) 闭合水准路线的成果检核

在闭合水准路线中,各待定高程点之间的高差的代数和应等于零,如图 2-6-2 所示,即

$$\sum h_{理} = 0$$

由于测量误差的影响,实测高差总和 $\sum h_{测}$ 不等于零,它与理论高差总和的差数即为高差闭合差,计算公式为

$$f_h = \sum h_{测} - \sum h_{理} = \sum h_{测}$$

其高差闭合差亦不应超过容许值。

(3) 支水准路线的成果检核

在支水准路线中,理论上往测与返测高差的绝对值应相等,如图 2-6-3 所示,即

$$|\sum h_{返}| = |\sum h_{往}|$$

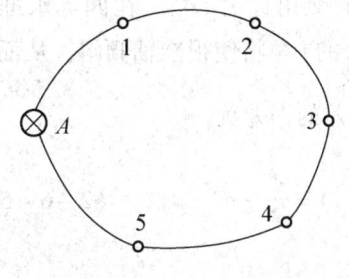

图 2-6-2 闭合水准路线

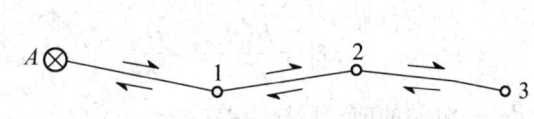

图 2-6-3 支水准路线

两者如不相等,则其差值即为高差闭合差,故可通过往返测进行成果检核。

2.6.3 水准测量观测的注意事项

① 水准测量所用的水准仪、水准尺应按规定进行检验和校正。

② 除路线拐弯处外,每一测站的仪器和前后尺的位置应尽量在一条直线上,视线还要高出地面一定距离。

③ 同一测站不得两次调焦。

④ 每一测段的往返测站数均应为偶数,否则应加水准尺零点差改正数。

⑤ 在高差很大的地区进行三、四等水准测量时,应尽可能使用钢钢水准尺。

2.6.4 超限成果的处理与分析

① 在本站检查发现测站观测超限后,可立即重测;若迁站后才发现,则应从水准点或间歇点重测。

② 测段往返测高差不符值超限,应分析原因,先对可靠程度小的往测或返测进行整测段重测。若重测的高差与同方向原测高差的不符值不超过限差,且其中数与另一单程原测高差的不符值也不超过限差,则取此数作为该单程的高差结果;若重测的高差与同方向原测高

差的不符值不超过限差,则取重测结果;若重测结果与另一单程之间仍超限,则重测另一单程。如果出现同向不超限而异向超限的分群现象时,要进行具体分析,找出系统误差的原因,采取适当的措施,进行重测。

③ 路线或环线闭合差超限时,应先在路线可靠程度较小的个别测段进行重测。

④ 由往返高差不符值计算的每千米高差中数的偶然误差超限时,要分析原因,重测有关测段。

2.6.5 水准测量误差分析

水准测量误差按其来源可分为仪器误差、外界因素引起的误差和观测误差。研究这些误差影响规律的目的是找出减弱或消除误差影响的方法,以提高观测精度。

1. 视准轴与水准管轴不平行的误差

视准轴与水准管轴在垂直面上的投影不平行而产生的交角称为 i 角。在四等水准观测中,要求把 i 角校正到 $20''$ 之内。当水准管轴水平时,残余的 i 角将使视准轴倾斜,从而产生前、后视水准尺读数误差 $\frac{D_{后}}{\rho''} \cdot i''$ 和 $\frac{D_{前}}{\rho''} \cdot i''$。于是,测站高差的误差为

$$\delta_{h_i} = \frac{D_{后}}{\rho''} \cdot i'' - \frac{D_{前}}{\rho''} \cdot i'' = \frac{i''}{\rho''}(D_{后} - D_{前}) = \frac{i''}{\rho''} \cdot d \quad (2-6-5-1)$$

式中:d——测站的前、后视距差;

i''——仪器 i 角值;

ρ''——常数 206 265″。

由式(2-6-5-1)可知,各测站前、后视距差积累值引起的测段高差误差为

$$\sum_1^n \delta_{h_i} = \frac{i''}{\rho''} \sum_1^n d_i \quad (2-6-5-2)$$

要减弱 i 角误差引起的高差误差,首先应定期检校 i 角,以减小 i 角的数值;其次,在外业观测时,要做到测站前、后视距完全相等是困难的,但可以将各测站的前、后视距差和前、后视距累积差限制在一定的范围内。因此在作业中,要注意及时调整前、后视距长度,以保证 $\sum d_i$ 不超过限差规定的范围。

2. 观测误差

(1) 读数误差

在普通水准测量中,在水准尺上所读数值的毫米是估读得到的。这样观测者的视觉误差和估读时的判断误差就会反映到读数中。估读误差的大小与水准尺分格影像的宽度及十字丝的粗细有关,而这两者又是与望远镜的放大倍率及观测视线的长度有关。因此,为削弱估读误差的影响,在各级水准测量中,要求望远镜具有一定的分辨率,并规定视线长度不超过一定限值,以保证估读的正确性。此外,在观测中要仔细进行物镜和目镜对光,以便消除视距差给读数带来的影响。

（2）水准尺倾斜误差

在水准测量中，竖立水准尺时常常出现前后或左右倾斜的现象，使横丝在水准尺上截取的数值总是比水准尺竖直时的读数要大，而且视线越高，水准尺倾斜引起的读数误差就越大。因此，在进行水准测量时，立尺员应将水准尺扶直。有的水准尺上装有水准器，在立尺时应使水准器气泡居中，这样可以使水准尺倾斜误差的影响减弱。

（3）水准器气泡不居中的误差

在水准测量时，水平视线是通过气泡居中来实现的，而气泡居中又是由观测者目测估计判断的。在实际观测时，要求在进行前、后视读数时，注意观测气泡居中的情况，并及时加以调整，同时注意避免强烈阳光直射仪器，在必要时给仪器打伞。这样就可以有效地减弱气泡居中误差的影响。

3. 水准尺的误差

（1）水准尺每米真长的误差

水准尺分划的正确程度直接影响观测成果的精度。（四等以上）水准测量前必须做好水准尺分划线每米分划间隔真长的测定。当一对水准尺 1 m 间隔平均真长与 1 m 之差大于 0.02 mm 时，必须对观测成果施加水准尺 1 m 间隔真长的改正。

（2）水准尺零点不等的误差

水准尺出厂时，水准尺底面与水准尺第一个分格的起始线（黑面为零，红面为 4 687 或 4 787）应当一致，但由于磨损等，有时不能完全一致。水准尺的底面与第一分格的差数称为水准尺零点误差。在两个测站的情况下，甲水准尺在第一站时为后视尺，第二站时转为前视尺，而乙水准尺（第一站时的前视水准尺，也就是第二站时的后视水准尺）的位置没有变动，这时求两站的高差和，就可以消除两水准尺零点差不相等的影响。水准尺零点误差的影响对于测站数为偶数站的水准路线可以自行抵消。规范要求每一测段的往测或返测，测站数均应为偶数，否则应加入水准尺零点误差改正（四等以上）。

4. 大气垂直折光误差影响

由于近地面大气层的密度分布一般随高度而变化，所以视线通过时就会在垂直方向上产生弯曲，并且弯向密度大的一方，这种现象称为大气垂直折光。如果在平坦地区进行水准测量，前、后视距相等，则前、后视线弯曲的程度相同，折光影响就相同，在高差计算中就可以消除这种影响；但是如果前、后视线距离地面的高度不同，则视线所经大气层的密度也不相同，其弯曲程度也就不同，因此前、后视距相减所得高差就要受到垂直折光的影响。尤其是当水准路线经过一个较长的斜坡时，前视超出地面的高度总是大于（或小于）后视超出地面的高度，这时折光误差影响就呈现系统性。为减弱垂直折光的影响，视线离开地面应有一定的高度，一般要求三丝均能读数，同时前、后视距应尽量相等，因此在坡度较大的地段可以适当缩短视线。此外，应尽量选择大气密度较稳定的时间段观测，每一测段的往测和返测分别在上午与下午进行，以便在往返高差的平均值中减弱垂直折光的影响。

2.7 三角高程测量任务

2.7.1 任务要求

能够观测高差较大两点之前的高差。

2.7.2 学习目标

◆ 能力目标
① 掌握三角高程测量方法。
② 能够进行三角高程计算。
◆ 知识目标
理解三角高程测量原理。
◆ 素质目标
① 测绘行业学习的自信心和良好的职业习惯。
② 团队合作精神。
◆ 思政目标
① 了解坐标系发展史,激发学生民族自豪感、专业自豪感。
② 当代青年要认真学习党的二十大报告,意识到当代青年是社会主义现代化的建设者。

2.7.3 用到的仪器及记录表格

◆ 仪器
经纬仪、花杆、盒尺。
◆ 其他
无。

2.7.4 操作步骤

用水准测量方法测定图根点的高程,其精度较高,但将其应用在地形起伏变化较大的山区、丘陵地区会十分困难。在这种情况下,通常要采用三角高程测量的方法。

三角高程测量外业观测主要是观测竖直角,还要量出仪器高和目标高。为防止测量差错和提高观测精度,凡组成三角高程路线的各边,应进行直觇和反觇,即对向观测,如图 2-7-1 所示。

1. 直觇

从已知高程点 A,观测未知高程点 B,测定竖直角 α_{AB}、仪器高 i_A 和目标高 v_B,如图 2-7-1(a)所示,其高差 h_{AB} 计算公式为

$$h_{AB} = S \cdot \tan\alpha_{AB} + i_A - v_B + f$$

2. 反觇

从未知高程点 B，观测已知高程点 A，测定竖直角 α_{BA}、仪器高 i_B 和目标高 v_A，如图 2-7-1 (b) 所示，其高差计算公式为

$$h_{BA} = S \cdot \tan\alpha_{BA} + i_B - v_A + f$$

由直觇、反觇求得同一条边的高差不符值一般不得超过表 2-7-1 的规定。当符合要求后，平均高差计算公式为

$$h'_{AB} = \frac{1}{2}(h_{AB} - h_{BA}) \qquad (2-7-4-1)$$

亦得

$$h'_{AB} = \frac{1}{2}\left[(S \cdot \tan\alpha_{AB} - S \cdot \tan\alpha_{BA}) + (i_A - i_B) + (v_A - v_B) + (f - f) \right]$$

可以看出，对向观测可以使球气差的影响基本抵消。但为了检核对向观测的高差是否符合限差要求，在分别计算 h_{AB} 和 h_{BA} 时，仍需要加入两差改正数。

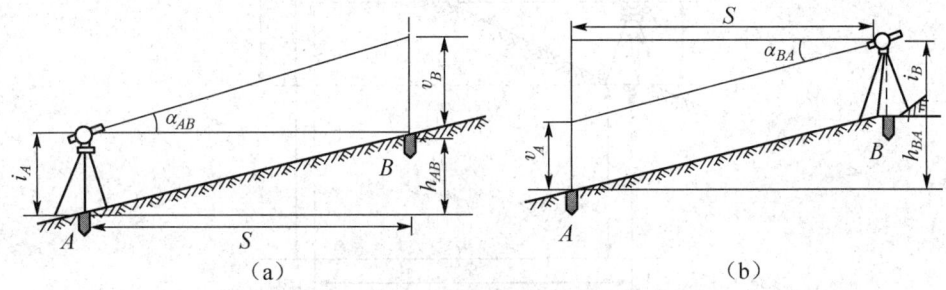

图 2-7-1 三角高程测量直觇和反觇观测
(a) 直觇；(b) 反觇

独立交会点的高程可由 3 个已知点的单觇（仅做直觇或反觇）观测测定。例如，后方交会点可由 3 个反觇测定，前方交会点可由 3 个直觇测定。侧方交会高程点的高程也可由一个已知点的单觇与另一个已知点的直觇和反觇测定。

图根三角高程测量的主要技术要求应符合表 2-7-1 的规定。

表 2-7-1 图根三角高程测量的主要技术要求

仪器类型	测回数	垂直角较差、指标差较差	对向观测高差、单向两次高差较差/m	各方向推算的高程较差/m	附合或闭合路线闭合差/m
DJ6	1	≤25″	≤0.4S	≤0.2H_c	≤±0.1$H_c\sqrt{n_S}$

注：S 为边长 (km)，H_c 为基本等高距 (m)，n_S 为边数；仪器高和觇标高应量至 mm；高差较差或高程较差在限差内时，取其中数。

按照直觇和反觇分别计算出未知点的高程，由于观测误差的存在和其他因素的影响，得到的未知点的高程实际上不一致，如果其互差不超过表 2-7-1 中的规定，可以取其平均值

作为最终结果。

2.8 三角高程测量基础知识

2.8.1 三角高程测量方法的基本原理

三角高程测量

三角高程测量方法是在相邻两点之间观测竖直角,再根据这两点之间的水平距离,应用三角学的原理计算出两点之间的高差,进而推算出点的高程,如图2-8-1所示。

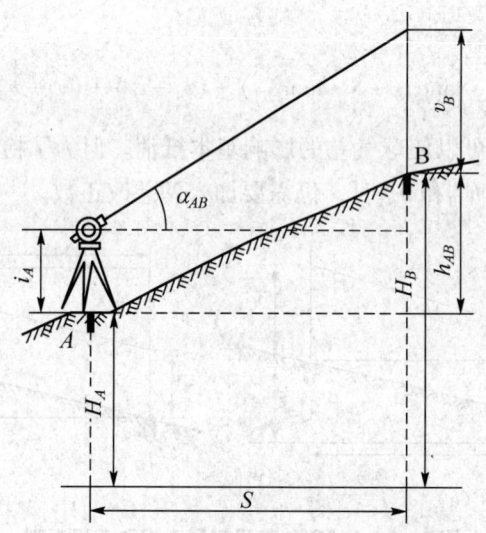

图2-8-1 三角高程测量的基本原理图

设A、B为相邻两图根点,欲求出B点对于A点的高差h_{AB}。应将经纬仪安置于A点,量出望远镜旋转轴至标石中心的高度i_A(称仪器高),用望远镜十字丝横丝切准B点上花杆的顶端,量取目标高v_B,从竖直度盘上测出竖直角α_{AB},若A、B间已知水平距离为S,则A、B点的高差为

$$h_{AB} = S \cdot \tan\alpha_{AB} + i_A - v_B$$

式中,α_{AB}为竖直角,仰角时取正号,相应的$S \cdot \tan\alpha_{AB}$也为正;俯角时,取负号,其相应的$S \cdot \tan\alpha_{AB}$也为负。若观测时,用十字丝横丝切花杆处与仪器同高,则$i_A = v_B$。这时,$h_{AB} = S \cdot \tan\alpha_{AB}$。

α_{AB}、i_A、v_B的测定往往与水平角观测同时进行。若已知A点高程为H_A,则B点高程为$H_B = H_A + h_{AB}$。

2.8.2 地球曲率和大气垂直折光对高差的影响

大地水准面并不是平面而是曲面,如图2-8-2所示,AF为过A点的水准面,AE为过

A 点的水平面,而 EF 为水平面代替水准面对高差的影响,称为球差,若不改正,则会使高差变小。

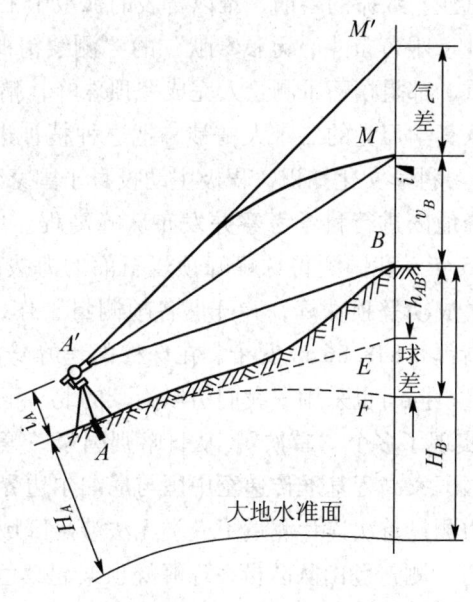

图 2-8-2 球气差的影响

大气层的密度随高度而变化,离地面越近,大气密度越大。光线通过不同密度的大气层所产生的大气垂直折光的轨迹是一条凸起向上的曲线。在图 2-8-2 中,从 A' 点观测 M 点时,视准轴应是 $A'M$ 方向,但由于存在大气垂直折光的影响,使视线位于 $A'M$ 的切线方向 $A'M'$ 上,这样就会使测得的竖直角偏大,依此算出的高差会多 MM'。这种由于大气垂直折光所产生的影响,称为气差,若不改正,就会使测得的高差增大。

综上所述,在进行三角高程测量的内业计算时,应当考虑球差和气差的影响。若考虑这两项影响,则高差的计算公式为

$$h_{AB} = FE + EB + BM' - M'M - MB$$
$$= S \cdot \tan\alpha_{AB} + i_A - v_B + (FE - M'M)$$
$$= S \cdot \tan\alpha_{AB} + i_A - v_B + f$$

其中,$f = FE - MM'$,称为球气差改正,其值可参照式 $f = 0.43 \dfrac{S^2}{R}$ 算出,R 为地球半径,可取 6 371 km。f 恒为正值。

2.9 珠穆朗玛峰身高与思政点

珠穆朗玛峰(简称珠峰)是世界第一高峰,气候多变、高寒缺氧、环境复杂,其高程

不仅对人体是严酷考验，对测量装备和测绘技术也有很高的要求。因此，精确测量珠峰高程也是一个国家测绘技术水平和能力的综合体现。

珠峰测绘队在漫天的风沙、致命的雪崩、难以言表的孤寂中工作，他们用热血和生命凝铸了"热爱祖国、忠诚事业、艰苦奋斗、无私奉献"的"测绘精神"。不论珠峰攀登的道路上多么艰辛，多么危险重重，都阻挡不了测绘人完成登顶珠峰，精确测量珠峰高度的信念和脚步。青年一代测绘人应认真学习党的二十大精神，把这种精神进行传承，厚植家国情怀，坚定"四个自信"，努力学习科学文化知识，积极主动投身于国家建设。

我国在不同时期对珠峰地区进行科学考察并发布珠峰高程。1975年，我国测得珠峰海拔高程为8 848.13 m；2005年，我国测得珠峰峰顶岩石面的海拔高程为8 844.43 m；2020年我国测量登山队队员再次成功登顶珠峰，并开展各项测量工作，12月8日，基于全球高程基准的珠穆朗玛峰雪面高程8 848.86 m发布。在珠穆朗玛峰身高的测量过程中使用了传统水准路线、三角高程测量，同时也采用了我们引以为豪的北斗卫星导航系统。

2020年珠峰高程测量实现了多个"首次"。从日喀则国家一等水准点向珠峰脚下布测了数条水准线路，首次将我国国家高程基准传递至中国与尼泊尔边界，人类还首次实现了实测珠峰峰顶重力值，航空重力测量首次连片测量了人类无法涉足区域的重力值。

2020年5月27日11时，测量登山队队员在珠峰峰顶架起红色觇标，珠峰脚下6个交会点的测量队员，实测了交会点到峰顶觇标点的斜边距离及垂直角度，由此可以计算出峰顶觇标点相对交会点的高度差，加上已知交会点的大地高，就得到珠峰雪面大地高。与此同时，峰顶GNSS接收机接收以北斗卫星为主的各卫星导航系统数据，再用专业数据处理软件获得峰顶平面位置和大地高，并与传统交会测量取得的成果进行校验与融合。

利用多种技术手段，科研人员收集了珠峰及邻近地区100多万平方公里最新地形数据，总量达1.44亿条。

2020珠峰高程测量，将我国自主研制的北斗卫星导航系统首次应用于珠峰峰顶大地高的计算，获取了更长观测时间、更多卫星观测数量的数据；GNSS接收机、长测程全站仪、重力仪等国产仪器全面担纲，指标精度达到了世界先进水平。

本章小结

本章主要内容是通过高程控制测量获取控制点高程，采用水准仪完成普通水准测量、三四等水准测量实施及内业检核。通过本章学习，能够根据实际工程需求，完成四等水准路线布设、外业观测及内业核算。

思考题

1. 简述水准测量的基本原理，并绘图说明。

2. 用水准仪测定A、B两点之间的高差，已知A点高程为$H_A = 12.658$ m，A点尺上读数为1 526 mm，B点尺上读数为1 182 mm，求A、B两点之间的高差？B点高程H_B？

3. 何谓视距差？产生视距差的原因是什么？视距差应如何消除？
4. 水准测量中设置转点有何作用？在转点立尺时为什么要放置尺垫？什么点不能放置尺垫？
5. 什么是高差闭合差？如何分配高差闭合差？
6. 影响水准观测成果的主要因素有哪些？如何减少或消除？

第3章 平面控制测量

3.1 水平角观测任务

3.1.1 任务要求

能够观测两条线之间的水平角。

3.1.2 学习目标

◆ 能力目标
① 掌握经纬仪的望远镜瞄准目标,进行望远镜的调节及读数。
② 能够用经纬仪进行水平角观测。
◆ 知识目标
① 理解水平角概念。
② 熟悉经纬仪的构造、主要部件的名称和作用。
③ 理解水平角观测原理。
◆ 素质目标
① 测绘行业学习的自信心和良好的职业习惯。
② 团队合作精神。
◆ 思政目标
① 讲解测量仪器发展史,激发学生民族自豪感,专业自豪感。
② 培养学生不怕苦、不怕累的劳动精神。

3.1.3 用到的仪器及记录表格

◆ 仪器
DJ6 型经纬仪。
◆ 其他
测回法水平角观测手簿、方向观测法水平角观测手簿。

经纬仪测量水平角的操作过程

3.1.4 操作步骤

1. 经纬仪的安置和瞄准

用经纬仪观测水平角时,必须首先在欲测的水平角顶点安置经纬仪。安置仪器包括对中和整平两项内容。仪器安置好后,即可进行瞄准。

(1) 对中

使经纬仪水平度盘中心与角顶点置于同一铅垂线上，这种工作称为对中。欲观测的水平角的顶点称为测站。对中时，先将三脚架放在测站点上，架头大致水平，高度适中，再在连接中心螺旋的钩上悬挂垂球。若垂球尖偏离测站点较大，则需平移三脚架，使垂球尖大致对准测站点，将三脚架的脚稳固地踩入地中；若偏离较小，可略松连接中心螺旋，然后将经纬仪安装在三脚架上，在三脚架头上的圆孔范围内移动经纬仪，使垂球尖端精确地对准测站点，再拧紧连接中心螺旋。在地形测量中，对中误差一般应小于 3 mm。

光学对中时，固定三脚架的一条腿在适当位置，两手分别握住另外两条腿。在移动这两条腿的同时，从光学对中器中观察，使对中器对准标志中心。此时，三脚架顶部并不水平，应调节三脚架的伸缩连接处，使三脚架顶部大致水平（若经纬仪带有圆水准器，可使其气泡居中）。

对中需要注意，打开三脚架后，应拧紧架腿固定螺旋，三脚架的架腿应成等边三角形；安置三脚架前要了解所观测的方向，避免观测时跨在架腿上。在地面坚硬的地区观测时，三脚架应用绳子绑住或用石头等物顶住，防止三脚架滑动。对中后，必须重新检查中心螺旋和三脚架固定螺旋是否拧紧。三脚架高度要适当，三脚架跨度也不要太大，以便观测和仪器安全。

(2) 整平

整平的目的是使仪器的竖轴竖直，使水平度盘处于水平位置。首先，使照准部水准管平行于任意两个脚螺旋连线方向，如图 3 - 1 - 1（a）所示。两手同时向内或向外旋转脚螺旋 1 和 2，使气泡居中。然后，将照准部旋转 90°，使水准管垂直于脚螺旋 1 和 2 的连线方向，如图 3 - 1 - 1（b）所示，再旋转脚螺旋 3 使气泡居中。依上述步骤反复多次，直至照准部转到任意位置，气泡偏离中央均不超半格为止。

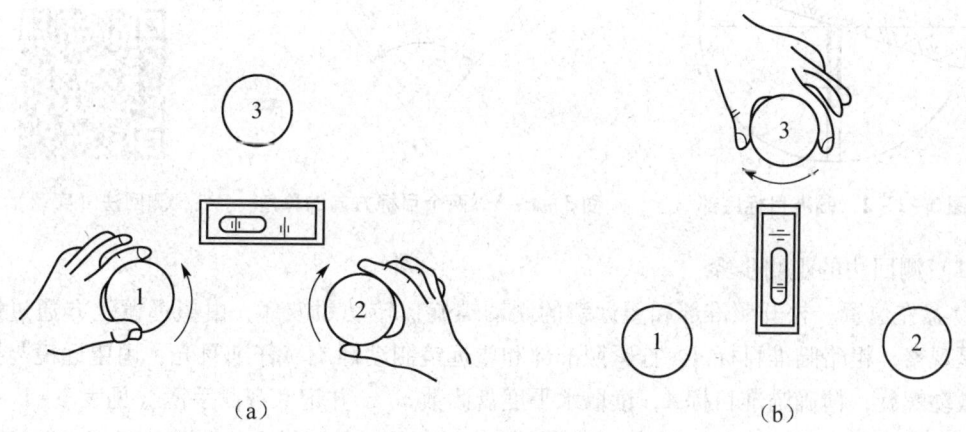

图 3 - 1 - 1　经纬仪精确整平

(a) 旋转脚螺旋 1、2；(b) 旋转脚螺旋 3

整平时应注意：三个脚螺旋高低不能相差太大，如脚螺旋因高低相差太大而移动不灵，或已经旋转到极限而气泡仍然无法居中时，不得用力转动，应重新调整架头的水平，再进行对中、整平。当仪器转动90°后，只能转动第三个脚螺旋使气泡居中，不能同时转动第三个和前两个脚螺旋中的一个。对中和整平往往会互相影响，尤其是使用光学仪器时，必须反复进行，直至两个目的同时达到为止。

（3）瞄准

调节目镜使十字丝最清晰，然后用望远镜上的准星和照门（或用粗瞄准器）。应先从镜外找到目标，当在望远镜内看到目标的像后，再拧紧水平制动螺旋，消除视距差，最后调节水平微动螺旋，用十字丝精确瞄准目标。

进行水平角观测时，应尽量瞄准目标底部，如图3-1-2所示。当目标较近，成像较大时，用十字丝竖丝单丝平分目标；当目标较远，成像较小时，可用十字丝竖丝与目标重合或将目标夹在双竖丝中央。

水平角观测法

2. 测回法水平角观测

一般根据目标的多少确定水平角的观测方法。常用的方法有测回法和方向观测法两种，这里重点介绍测回法。为了消除经纬仪的某些误差，一般需用盘左及盘右两个位置进行观测。所谓盘左，是指观测者对着望远镜的目镜时，竖直度盘处于望远镜左侧时的位置，盘左又称正镜。所谓盘右，是指观测者对着望远镜的目镜时，竖直度盘处于望远镜右侧时的位置，盘右又称倒镜。两个目标方向的单角如图3-1-3所示。

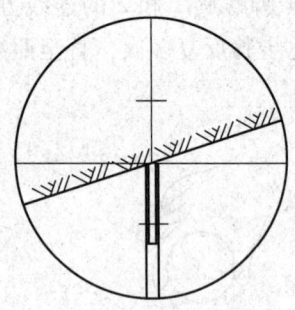   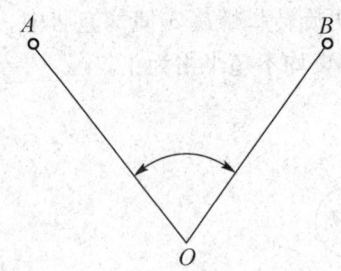   

图3-1-2 瞄准目标底部　　图3-1-3 两个目标方向的单角　　测回法（实验）

（1）测回法的观测步骤

① 盘左位置。松开照准部和望远镜的制动螺旋，转动照准部，由望远镜上方通过照门和准星观察，粗略瞄准目标A，拧紧照准部和望远镜制动螺旋。仔细对光，用望远镜与照准部的微动螺旋，精确瞄准目标A，读取水平度盘读数$a_{左}$，并记入观测手簿（见表3-1-1）。

松开照准部和望远镜制动螺旋，顺时针转动照准部，用同样方法瞄准目标B，读取水平度盘读数$b_{左}$，并记入观测手簿。

以上称上半测回，测得的角值为

$$\beta_{左} = b_{左} - a_{左} = 84°26'36'' - 0°00'12'' = 84°26'24''$$

第3章 平面控制测量

表 3-1-1 测回法水平角观测手簿

测站	盘位	目标	水平度盘读数	半测回角值	平均角值	各测回平均方向值	备注
O	盘左	A	0° 00′ 12″	84° 26′ 24″	84° 26′ 27″		一测回
		B	84° 26′ 36″				
	盘右	A	180° 00′ 30″	84° 26′ 30″		84° 26′ 18″	
		B	264° 27′ 00″				
O	盘左	A	90° 00′ 18″	84° 26′ 06″	84° 26′ 09″		二测回
		B	174° 26′ 24″				
	盘右	A	270° 00′ 24″	84° 26′ 12″			
		B	354° 26′ 36″				

② 盘右位置。松开照准部和望远镜制动螺旋，倒转望远镜，逆时针方向转动照准部，瞄准 B 点，读取水平度盘读数 $b_右$，并记入观测手簿。

再松开照准部和望远镜制动螺旋，逆时针方向转动照准部，瞄准 A 点，读、记水平度盘读数 $a_右$。

以上称下半测回，又测得的角值为

$$\beta_右 = b_右 - a_右 = 264°27′00″ - 180°00′30″ = 84°26′30″$$

上、下两个半测回构成一个测回。当两个半测回角值之差不超过规定时，则取它们的平均值作为一测回的最后角值，即 $\beta = (\beta_左 + \beta_右)/2$。测角精度要求较高时，需要观测几个测回，为减小水平度盘刻划不均匀误差的影响，在每一测回观测之后，要根据测回数 n，将度盘读数改变 $180°/n$，再开始下一回的观测。为便于记录和计算，通常在瞄准第一个方向时，把度盘配置在 0°00′ 或稍大于 0°00′ 的位置。如果需要观测两测回，即 $n=2$，每一测回第一个方向（又称起始方向）之差为 $180°/2 = 90°$，即两个测回的起始方向读数应依次配置在 0°00′、90°00′ 或稍大的读数处。测回法两测回观测水平角的记录格式见表 3-1-1。

（2）测回法水平角观测限差

用测回法观测时，通常有两项限差：一是两个半测回角值之差；二是各测回角值之差。这两项限差在测量的有关规范中，根据不同要求，都有其明确规定。用 DJ6 型光学经纬仪进行图根点水平角观测时，第一项限差为 ±35″，第二项限差为 ±25″。

3. 方向观测法水平角观测

方向观测法适用于在一个测站上，有两个以上的观测方向，需要测量多个角的情况，如图 3-1-4 所示。测站 O 上有四个方向，即 OA、OB、OC、OD。其观测步骤、记录与计算方法如下。

（1）观测步骤

① 盘左位置观测（上半测回）。在测站 O 上安置仪器并对中、整平。

用电子经纬仪测角度（四个）（实验）

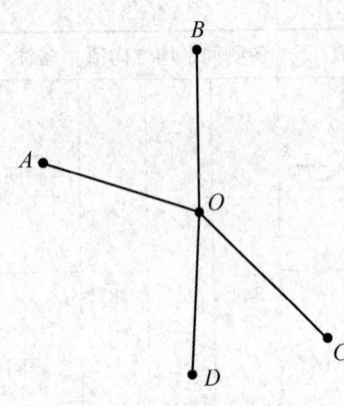

图 3-1-4 方向观测法

将水平度盘安置在 0°01′左右读数处。先选择一个明显的目标作为起始方向，如以 A 为起始方向。再按顺时针方向依次观测 B、C、D 各方向，并将各方向的水平度盘读数依次记入观测手簿（见表 3-1-2）中。若方向数超过 3 个，则还要继续按顺时针方向转动经纬仪照准部，照准起始方向 A，再读一次水平度盘读数并记入观测手簿。该次观测称为"归零"。归零的目的是检查观测过程中水平度盘是否发生变动。上述全部工作称为上半测回。

② 盘右位置观测（下半测回）。倒转经纬仪望远镜，使其变成盘右位置，逆时针方向照准 A、D、C、B、A，读数并记录，这称为下半测回。上、下两半测回合起来称为一测回。当一测回不能满足测量精度的要求时，应进行多个测回的观测，最后取多个测回观测成果的平均值作为最终成果。两个半测回的方向观测法手簿的记录和计算实例见表 3-1-2。

表 3-1-2 方向观测法水平角观测手簿

测站：O　　观测日期：　　　　观测者：　　　　记录者：

照准目标	读数 盘左	读数 盘右	左-右	$\frac{左+右}{2}$	方向值	各测回平均方向值
A	0°02′36″	180°02′42″	-06″	39″	0°00′00″	0°00′00″
B	70°23′36″	250°23′42″	-06″	39″	70°21′05″	70°21′00″
C	228°19′24″	48°19′30″	-06″	27″	228°16′53″	228°16′48″
D	254°17′54″	74°17′54″	00″	54″	254°15′20″	254°15′16″
A	0°02′30″	180°02′30″	-00″	30″		
	归零差：	△左 = -06″	△右 = -12″			
A	90°03′12″	270°03′18″	00″	15″	0°00′00″	
B	60°24′06″	340°24′12″	-06″	09″	70°20′55″	
C	318°20′00″	138°19′54″	+06″	57″	228°16′43″	
D	344°18′30″	164°18′24″	+06″	27″	254°15′13″	
A	90°03′18″	270°03′06″	+06″	12″		
	归零差：	△左 = +06″	△右 = -12″			

（2）外业观测手簿的记录与计算

① 2C 值的计算：盘左读数 -（盘右读数 ±180°）。2C 值是指盘左与盘右读数之差（不含 180°）。

② 一测回平均方向值的计算：（盘左读数 + 盘右读数）/2。

③ 归零后方向值的计算：零方向平均方向值有两个，取其平均值作为最后平均值。设起始方向值为0°00′00″，其他平均方向值减去零方向最后平均值作为归零后方向值。

（3）方向观测法限差

① 半测回归零差：在半测回中两次瞄准起始方向的读数之差。用 DJ6 型经纬仪进行图根控制测量的水平角观测时，半测回归零差一般不得大于 ±25″。

② 2C 互差：用 DJ6 型经纬仪进行图根控制测量的水平角观测时，2C 变动范围（最大值与最小值之差）不得大于 ±35″。

③ 各测回平均方向值之差：各测回中同一方向归零后的平均方向值之差。用 DJ6 型经纬仪进行水平角观测时，若需观测两测回，则两测回方向值之差不得超过 ±25″。

上述 3 项限差在有关规程中均有规定，在观测时可以按照规程中的限差值检查、核对观测成果，超限时应重测或补测。

4. 水平角观测时的注意事项

测回法、方向法水平角观测有时候需要采用几个测回观测，各测回要在度盘的不同位置上进行，其度盘变换数值按 $180°/n$ 计算。例如，观测三个测回，度盘起始读数应为 0°、60°、120°。

用经纬仪观测水平角时，必须注意以下几点：

① 仪器高度要适中，三脚架要踩稳，仪器要牢固，观测时不要用手扶三脚架；转动仪器和使用仪器时用力要小。

② 在观测高低相差比较大的两个目标时，要特别注意整平。

③ 对中要正确，这与测角精度、边长有关。测角精度要求越高，边长越短，对中要求越严格。例如，若对中偏差为 5 mm，当边长为 100 m 时，则对观测方向的影响约为 10″；当边长为 20 m 时，则对观测方向的影响增大为 50″。

④ 照准目标时，要尽量用十字丝交点瞄准花杆或桩顶小钉。

⑤ 用方向观测法正、倒镜观测同一角度时，由于先以正镜观测左目标 A，再按顺时针方向观测右目标 B；倒镜时则先观测右目标 B，再按逆时针方向观测左目标 A，所以记录时正镜位置要由上往下记，倒镜位置要由下往上记。

⑥ 记录要清晰、端正，不允许涂改。如发现错误或超限，则应重新测量。

⑦ 水平角观测过程中，不得再调整仪器的水平度盘、水准管。如发现气泡偏离中央超过了 1 格，则应停止观测，重新整平仪器，再进行观测。

3.2 角度观测基础知识

角度测量是确定地面点位置的基本测量工作之一。测量中常用的测角仪器是经纬仪，它既可以测量水平角，也可以测量竖直角。因此，角度测量包括水平角测量和竖直角测量。

3.2.1 水平角测量原理

平面控制测量

所谓水平角，是指空间两条相交直线在水平面上投影的夹角，如图3-2-1所示，地面上有高低不同的 A、B、C 三点。直线 BA、BC 在水平面 H 上的投影为 B_1A_1 与 B_1C_1，其水平角 $\angle A_1B_1C_1 = \beta$，即为 BA、BC 两相交直线的水平角。

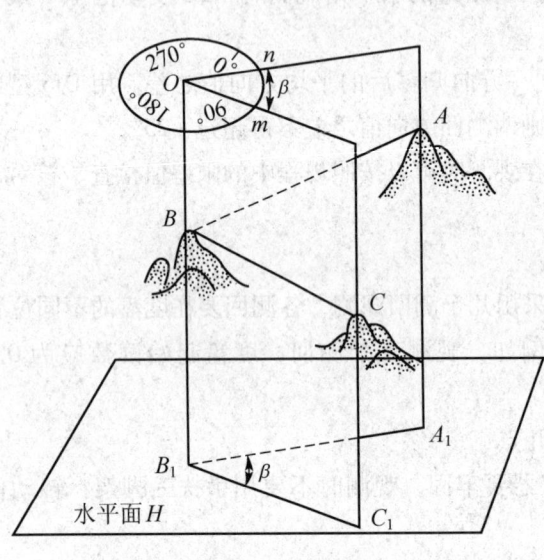

图3-2-1 水平角

为测量出水平角 β，可在过角顶 B 的铅垂线上任选一点 O，水平安置一度盘，通过 BA 和 BC 两竖直面与度盘水平面交线为 Om 和 On，$\angle mOn$ 就是水平角 β。

水平角的度量是按照顺时针方向由角的起始边量至终边，水平角值的取值范围为 $0° \sim 360°$。

3.2.2 竖直角测量原理

竖直角又称为倾斜角，是指在目标方向所在的竖直面内，目标方向与水平方向之间的夹角。目标方向在水平方向以上，竖直角为正，称为仰角；目标方向在水平方向以下，竖直角为负，称为俯角。竖直角的度量是从水平视线向上或向下量到照准方向线，角值为 $0° \sim 90°$ 或 $-90° \sim 0°$。

3.2.3 经纬仪

1. 经纬仪的分类

按照不同标准可以对经纬仪进行分类。按读数系统区，经纬仪可分为光学经纬仪（见图3-2-2）、游标经纬仪、电子经纬仪（见图3-2-3）。按精度标准，经纬仪可分为DJ07、DJ1、DJ2、DJ6、DJ15 及 DJ60 等。

2. 光学经纬仪的一般结构

如图3-2-4所示为北京光学仪器厂生产的一种DJ6型光学经纬仪的结构，仪器的最底部是基座。观测时基座固定在三脚架上，不能转动。基座上面能够转动的部分称为照准部，望远镜是照准部的主要部件，与横轴固连在一起，而横轴安置在支架上。为了瞄准高低不同的目标，横轴可在支架上转动，同时望远镜也可随横轴做上、下转动。整个仪器照准部由竖轴轴系与基座部分连接，可绕竖轴在水平方向内转动。在横轴与竖轴的转动部分各装有一对制动螺旋和微动螺旋，以控制照准部和望远镜的转动。

第3章 平面控制测量

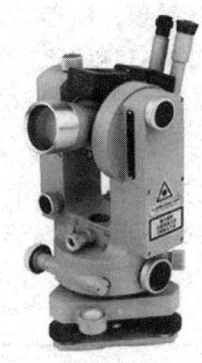

图 3-2-2 光学经纬仪

图 3-2-3 电子经纬仪

（1）照准部分

照准部分主要由望远镜、水准管、带尺显微镜装置和竖轴等组成。望远镜是用来精确瞄准目标的，它和仪器的横轴固连在一起，安放在支架上。在测角过程中，望远镜绕横轴转动时，望远镜视准轴运行的轨迹是一个竖直面。照准部下面的竖轴插入筒状的外轴坐套内，可以使整个照准部绕仪器竖轴做水平转动。为控制照准部水平方向的转动，设有水平制动螺旋和微动螺旋。另外，为观测竖直角，在仪器横轴的一端安装竖直度盘。

（2）水平度盘部分

水平度盘是用光学玻璃制成的精密刻度盘，度盘边缘顺时针有 0°～360°的分刻度。水平度盘安装在照准部的金属罩内，但它可以不与照准部一起做水平运动。在进行水平角观测时，若需要换度盘位置，可拨开度盘变换手轮下的保险手柄，转动变换手轮，将度盘转到所需的位置上。

（3）基座部分

基座是支撑仪器的底座。其下部装有 3 个脚螺旋，转动脚螺旋可将度盘置于水平位置。基座和三脚架的中心螺旋相连接，将整个仪器固定在三脚架上。

（4）度盘及读数方法

在读数显微镜内看到的水平度盘和竖直度盘的情况，如图 3-2-5 所示。图中左侧部分为水平度

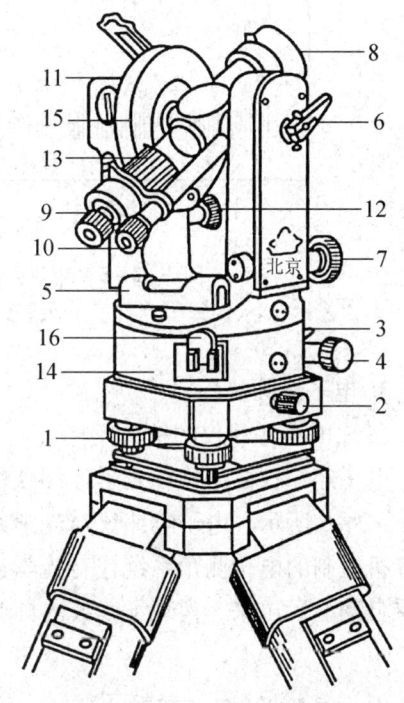

1—脚螺旋；2—固定螺旋；3—水平制动扳钮；
4—水平微动螺旋；5—照准部水准管；
6—望远镜制动扳钮；7—望远镜微动螺旋；
8—望远镜物镜；9—望远镜目镜；
10—读数目镜；11—竖直度盘水准管；
12—竖直度盘水准管微动螺旋；
13—对光螺旋；14—水平度盘外罩；
15—竖直度盘外壳；16—复测扳钮。

图 3-2-4 DJ6 型光学经纬仪的结构

61

盘读数窗，标有"水平"二字；右侧部分为竖直度盘读数窗，标有"竖直"二字。上部的207及208，下部的85与86，分别表示207°和208°，以及85°和86°。数字0~6的分划线部分称为带尺，带尺0~6的长度恰与度盘1°的长度相等。带尺共分为60个小格，每小格为1′。度盘不满1°的角值，可用带尺直读到1′，估读到0.1′，即6″。带尺上0线又是指标线。读数时，先读出落在带尺上度盘分划的读数，然后读出这根分划线在带尺位置上的分数和估读的秒数，度、分、秒读数相加可得全读数。图3-2-5中水平度盘读数为208°05′06″，竖直度盘读数为85°56′12″。

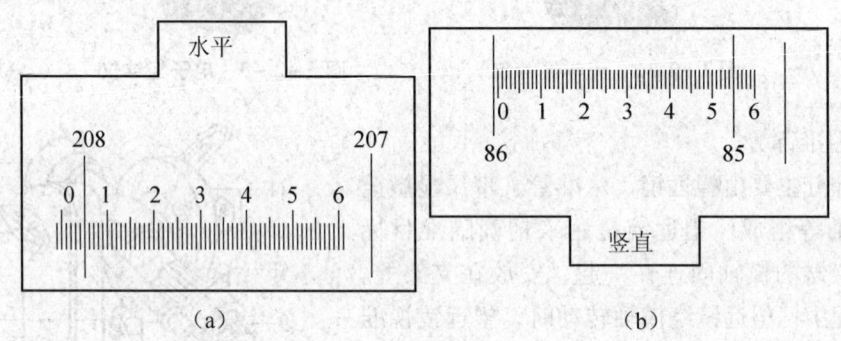

图3-2-5 带尺显微镜装置的水平度盘和竖直度盘读数窗
(a) 水平度盘读数窗；(b) 竖直度盘读数窗

3. 电子经纬仪

(1) 电子经纬仪的结构及特点

电子经纬仪的结构和光学经纬仪的结构类似，包括照准部和基座，如图3-2-6所示。电子经纬仪与光学经纬仪的根本区别在于电子经纬仪用计算机控制的电子测角系统代替光学读数系统。其电子测角系统能将测量结果自动显示出来，实现了读数的自动化和数字化。

电子经纬仪（实验）

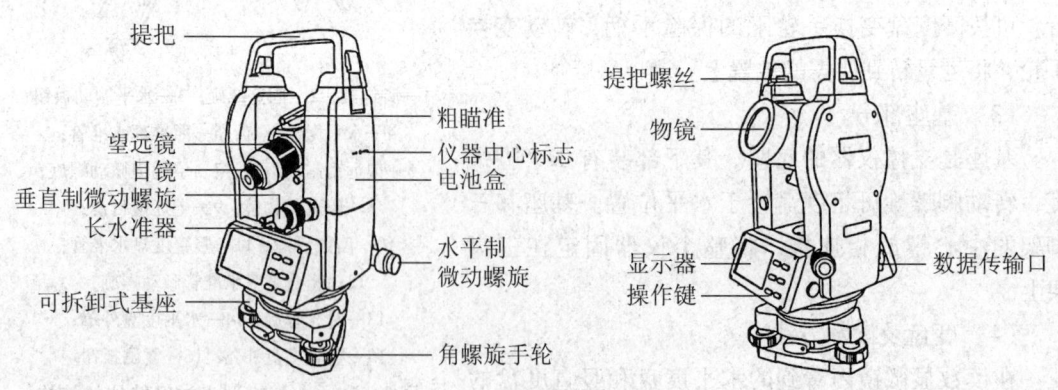

图3-2-6 电子经纬仪的结构

(2) 电子经纬仪水平角测量操作步骤

电子经纬仪对中、整平步骤和光学经纬仪相同。电子经纬仪具有显示器及操作键盘,如图 3-2-7 所示。

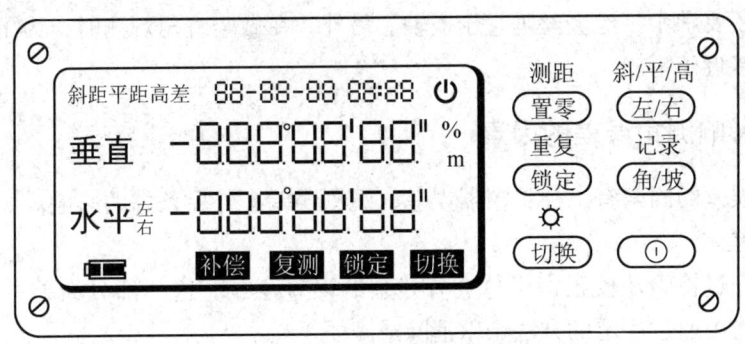

图 3-2-7 电子经纬仪显示器及操作键盘

① 对中、整平后,按开关键（[◎]）开机,上、下转动望远镜几周,然后使仪器水平度盘转动几周,完成仪器初始化工作,直至显示水平度盘角值、竖直度盘角值为止。

② 用盘左瞄准左边目标 A,若要配置度盘为 $0°00'00''$,则按"置零"键,显示屏第三行水平角度值显示 $000°00'00''$,记下此读数。顺时针旋转瞄准右边的目标 B,记下水平读数。倒镜用盘右瞄准右边的目标 B,记下读数;逆时针旋转瞄准左边的目标 A,记下水平读数。

③ 若要配置度盘为 $0°02'00''$,则旋转固定仪器,用水平微动螺旋使读数为 $0°02'00''$,再按"锁定"键锁定此读数,瞄准目标 A 后,再按"锁定"键解除锁定。

4. 经纬仪的主要轴线

经纬仪各个主要部件的轴线（视准轴、水准管轴、横轴、竖轴）之间,必须满足一定的几何关系,才能保证测得的结果精确。一般仪器出厂时,这些部件经过检校,几何关系已得到满足。但是仪器在使用过程中受磨损、震动等因素的影响,这些几何关系可能产生变化,因此在使用前必须进行仪器的检验和校正。

(1) 经纬仪的主要几何轴线

经纬仪的主要几何轴线及其相互关系如图 3-2-8 所示。

水准管轴:照准部水准管轴,以 LL 表示。

竖轴:仪器旋转轴,以 VV 表示。

视准轴:望远镜视准轴,以 CC 表示。

横轴:望远镜旋转轴,以 HH 表示。

(2) 经纬仪各主要几何轴线应满足的相互关系

水准管轴应垂直于竖轴（$LL \perp VV$）。

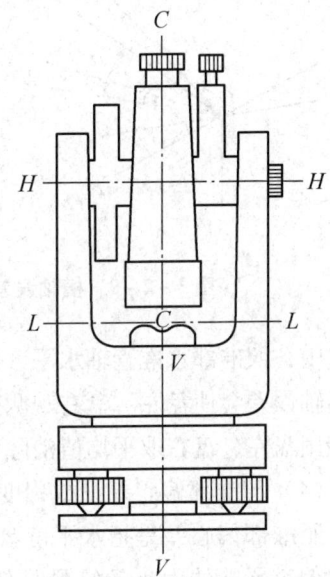

图 3-2-8 经纬仪的主要几何轴线及其相互关系

视准轴应垂直于横轴（$CC \perp HH$）。

横轴应垂直于竖轴（$HH \perp VV$）。

DJ6型光学经纬仪除主要几何轴线应满足上述要求外，为了便于在观测水平角时用竖丝去瞄准目标，还要求十字丝竖丝垂直于横轴。另外，在做竖直角观测时，为了计算方便，应使竖盘指标差接近于零。

3.2.4 影响测角误差的因素

影响测角误差的因素有三类：仪器误差、观测误差、外界条件的影响。

1. 仪器误差

虽然仪器经过检验及校正，但总会有残余的误差存在。这一部分误差一般都是系统性的，可以在工作中通过一定的方法予以消除或减弱。

（1）视准轴误差

视准轴误差是指视准轴不垂直于仪器横轴时而产生的误差。盘左及盘右读数之差（不含180°）为2C值。存在视准轴误差，用盘左、盘右观测同一目标时，水平度盘的读数都会存在误差，并且大小相等，符号相反，因此取盘左、盘右观测值的平均值可以消除这项误差。

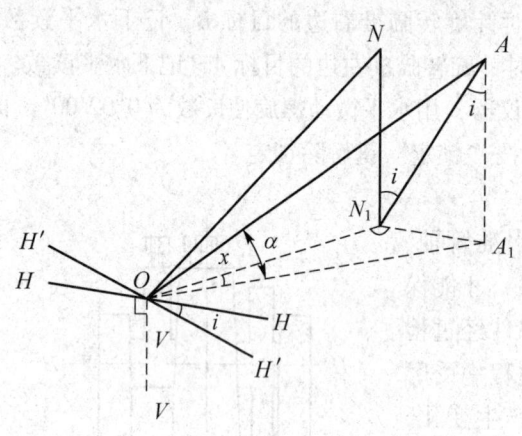

图 3-2-9　横轴误差

（2）横轴误差

横轴不垂直竖轴时，会出现横轴误差，如图3-2-9所示。横轴HH与竖轴VV不垂直的夹角为i，即倾斜后的横轴与原来横轴之间的夹角为i。若没有横轴误差，当视线水平时瞄准目标N_1，然后将望远镜抬起就会瞄准N，ON_1N形成了竖直面。若有横轴误差，将望远镜抬起就会瞄准A。取盘左、盘右观测值的平均值可以消除此误差。

（3）竖轴误差

仪器的竖轴不铅垂会产生竖轴误差。照准部的水准管轴不垂直于竖轴，当水准管气泡居中，照准部水准管轴水平，但竖轴不铅垂。因为竖轴倾斜的方向与盘左、盘右无关，所以竖轴误差会使盘左、盘右观测同一目标时的水平角读数误差大小相等、符号相同。因此，不能用盘左、盘右取平均值消除竖轴误差，只能用严格整平仪器的方法来削弱它的影响。

（4）照准部偏心差（或称度盘偏心差）

照准部偏心差是指水平度盘的分划中心与照准部的旋转中心不重合而产生的误差。照准部偏心影响的大小及符号是依偏心方向与照准方向的关系而变化的。当用盘左、盘右观测同一方向时，取对径读数，其影响值大小相等而符号相反，因此当取读数平均值时，可以抵消此误差。

(5) 竖盘指标差

竖盘指标差是仪器的系统误差,当瞄准同一目标时,盘左及盘右产生的竖盘指标差大小接近相同,而符号相反,因此取盘左、盘右读数的平均值可消除竖盘指标差的影响。

(6) 度盘分划误差

度盘分划误差是指度盘分划不均匀所产生的误差。可以采用测回法按 $180°/n$ 配置度盘的方法,设置起始读数来削减度盘分划误差的影响。

2. 观测误差

观测者工作时不够细心,人的器官及仪器性能的限制等都会造成观测误差。观测误差主要有对中误差、目标偏心误差、照准误差及读数误差。

(1) 对中误差

对中误差是指对中不准确,仪器中心与测站点不在同一铅垂线上,如图 3-2-10 所示。设测站点为 B 点,实际对中的点(仪器中心点)为 B',应测水平角 $\angle ABC$,实测水平角 $\angle AB'C$。因为对中误差对测角影响较大,所以在短边测量时要严格对中。

(2) 目标偏心误差

目标偏心误差是指瞄准的目标位置偏离了实际的地面点,通常是由于瞄准的时候没有瞄准目标杆或立杆不直。在短边测角时,尽可能用垂球作为观测标志。目标(如花杆、测钎等)要竖直,尽量瞄准杆的底部。

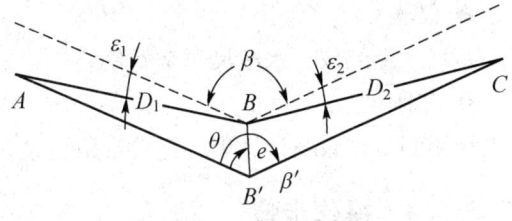

图 3-2-10 对中误差

(3) 照准误差及读数误差

照准误差及读数误差的大小是由人眼的分辨能力、望远镜的放大率、目标的形状及大小和操作的仔细程度决定的。减少误差的方法:仔细瞄准,消除视差;对于粗的目标用双丝照准,对于细的目标用单丝照准;认真读数或改进读数方法。

3. 外界条件的影响

土质松软、大风会影响仪器的稳定;日晒、温度变化会影响气泡的稳定;大气辐射会影响目标成像的稳定。因此,要选择合适的天气、时间段稳定架设仪器,进行测量,最好是在阴天、无风的天气,强光下要打伞。

3.3 距离测量任务

3.3.1 任务要求

能够测量地面两点的水平距离。

3.3.2 学习目标

◆ 能力目标

① 掌握直线定线、直线定向的方法。

距离测量

② 熟练使用钢尺测距。

③ 熟练使用全站仪测距。

◆ 知识目标

① 熟悉距离测量的常用方法和原理。

② 掌握直线定线、直线定向的方法和原理。

③ 理解视距测量原理。

◆ 素质目标

① 一丝不苟的工匠精神。

② 团队合作精神。

◆ 思政目标

距离测绘不同方法不同效率，激发学生爱岗敬业勇于创新的精神。

3.3.3 用到的仪器及记录表格

◆ 仪器

钢尺、经纬仪、水准尺、全站仪。

◆ 其他

视距测量记录与计算表、钢尺量距记录表。

3.3.4 操作步骤

1. 钢尺量距

丈量前，先将待测的两个端点 A、B 用木桩（桩上钉一个小钉）标定出来，然后在端点竖定一测杆，用于定向，如图 3-3-1 所示，清除直线上的障碍物后，可以开始量距。量距时采用先定线后丈量或边定线边丈量的方式。

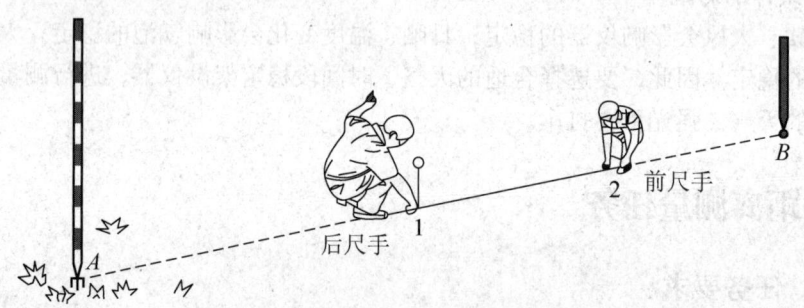

图 3-3-1 平坦地区一般钢尺量距示意图

（1）整尺法丈量直线距离

整尺法丈量直线距离如图 3-3-2 所示。A、B 为直线两端点，因地势平坦，所以可沿直线在地面直接丈量水平距离。丈量前若 A、B 间已定好线，则用钢尺依次丈量各中间点间的距离；若未定线，也可采用边定线边丈量的方法量距。

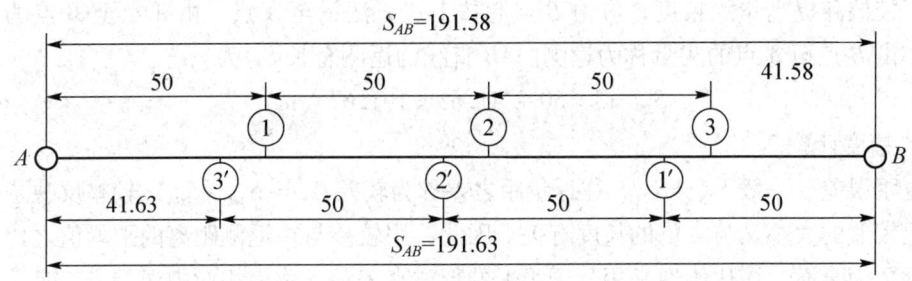

图 3-3-2 整尺法丈量直线距离

整尺法丈量直线距离具体步骤：后拉尺人（简称后尺手）站在 A 点后面，手持钢尺的零端。前拉尺人（简称前尺手）手持钢尺的末端并携带一束测钎和一根花杆，沿 AB 方向前进，走到一整尺段长时，后尺手和前尺手都蹲下，后尺手将钢尺零点对准起点 A 的标志，前尺手将钢尺贴靠定线时的中间点，两人同时将尺拉紧、拉平和拉直。当钢尺稳定后，前尺手对准钢尺终点刻划，在地上竖直插一根测钎（见图 3-3-1 中的 1 点），并喊"好"，这样就丈量完一整尺段。

前、后尺手抬尺前进，后尺手走到 1 点，然后一起重复上述操作，量得第二个整尺段，并标出 2 点，如图 3-3-1 所示。后尺手拔起 1 点测钎继续往前丈量，最后丈量至 B 点时，已不足一整尺段，此时，仍由后尺手对准钢尺零刻划，前尺手读出余尺段读数（读至 cm）。全长计算公式为

$$全长 = n \times 整段尺长 + 余段尺长$$

钢尺量距记录计算见表 3-3-1，表中 AB 全长 S_{AB} 为

$$S_{AB} = 3 \times 50 + 41.58 = 191.58 \text{（m）}$$

表 3-3-1 钢尺量距记录表

日期： 天气： 班级： 小组：
仪器型号： 观测者： 记录者：

测线	往测长度/m	返测长度/m	往返测之差/m	往返测平均值/m	相对中误差
AB	50	50			
	50	50			
	50	50			
	41.58	41.63			
	191.58	191.63	0.05	191.605	

为了校核和提高量距精度，应由 B 点起按上述方法量至 A 点。由 A 点至 B 点的丈量称为往测，由 B 点至 A 点的丈量称为返测。AB 直线的返测全长 S_{BA} 为

$$S_{BA} = 3 \times 50 + 41.63 = 191.63 \text{（m）}$$

（2）精度计算

因量距误差，一般 $S_{AB} \neq S_{BA}$，往返量距之差称为较差 $\Delta_S = S_{AB} - S_{BA}$，较差反映了量距的精度。但较差的大小又与丈量的长度有关。因此，用较差与往返测距离的平均值之比来衡量测距精度更为全面。该比值通常用分子为 1 的形式来表示，称为相对中误差 K，即

$$K = \frac{1}{\dfrac{S}{\Delta_S}}$$

式中：S——往返测距离的平均值。

各级测量都对 K 规定了相应的限差，对于地形测量而言，一般地区不超过 1/3 000，较困难地区不超过 1/2 000，特殊困难地区不超过 1/1 000。若相对中误差在限度之内，则取往返测距离的平均值作为量距的最后结果。

2. 经纬仪用于视距测量

经纬仪用于视距测量的观测和计算步骤如下：

① 在已知点上安置经纬仪作为测站点，量取仪器高度 i（量至 cm）。

② 将标尺立于待测点上，尽量让标尺竖直，尺面朝向测站。

③ 用盘左位置进行视距测量观测时，望远镜瞄准标尺后读取下、上、中三丝读数；再使竖盘指标——水准管气泡居中，读取竖盘读数，并计算出竖直角 α。

④ 当用计算器计算时，计算出平距后，用下面两公式计算平距和高差，即

$$D = Kl\cos^2\alpha \tag{3-3-4-1}$$
$$h = D\tan\alpha + i - v \tag{3-3-4-2}$$

⑤ 所有数据应填写在视距测量记录与计算表中，如表 3-3-2 所示。

表 3-3-2 视距测量记录与计算表

测站：IC004　　测站高程：108.739 m　　仪器：DJ6 型光学经纬仪　　仪器高：1.542 m
日期：2014 年 5 月 21 日　　观测员：　　记录员：

点号	下丝读数/m	上丝读数/m	中丝读数/m	视距间隔/m	竖盘读数（L）	竖直角 α	水平距离/m	高差/m	高程/m	备注
1	1.718	1.192	1.455	0.526	85°32′	+4°28′	52.28	+4.06	112.799	
2	1.944	1.346	1.645	0.598	83°45′	+6°15′	59.09	+6.26	114.999	$\alpha = 90° - L$
3	2.153	1.627	1.890	0.526	92°13′	-2°13′	52.52	-2.49	106.259	
4	2.262	1.684	1.955	0.542	84°36′	+5°24′	53.72	+4.56	113.299	

3. 光电测距

这里采用苏州一光 RTS632H 全站仪进行距离测量。

(1) 测距设置

① 大气改正值：先按 EDM 键进入测距设置界面，再按 F3 大气改正键显示现有的设置值，然后按 F1 输入键开始输入新的温度气压值，最后按 F4 确认键保存设置。

② 回光信号查看：先按两次 EDM 键进入测距设置界面第 2 页，照准棱镜后再按 F1 键显示当前的回光信号强度，正常的回光信号值应该大于 10，这时仪器才能得出测距结果。

③ 测距次数设置：先按两次 EDM 键进入测距设置界面第 2 页，这时按 F2 测距次数键显示当前的设置，然后按 F1 键输入需要的测距次数（1 次），最后按 F4 键，进行确认。

(2) 斜距模式测量距离

确认在角度测量模式下，先按 DISP 切换键，进入斜距模式界面，再照准棱镜中心，按 F1 键（当电子测距正在进行时，*号会出现在显示屏上）进行测距，测距完成后显示测量结果，如图 3-3-3 所示。

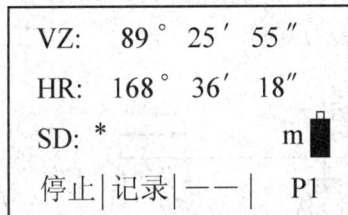 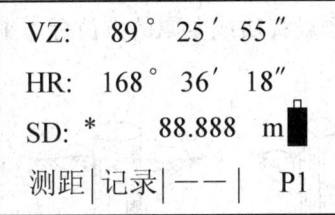

图 3-3-3　斜距模式测量距离

(3) 平距、高差模式测量距离

确认在角度测量模式下，先按两次 DISP 切换键，进入平距、高差模式界面，再照准棱镜中心，按 F1 测距键，显示测量结果，如图 3-3-4 所示。

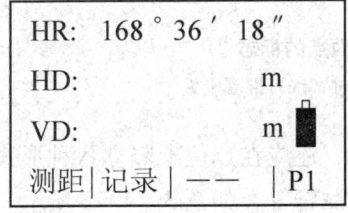 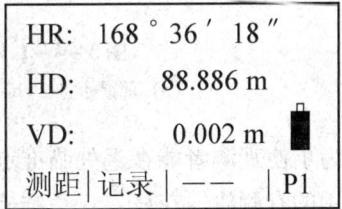

图 3-3-4　平距、高差模式测量距离

3.4 距离测量基础知识

距离测量工作是测量地面两点之间的水平距离，这是测量工作的重要内容之一。水平距离是指通过这两点的铅垂线分别将两点投影到参考椭球面（在半径小于10 km范围内可视为平面）上的距离。

测量距离可根据不同的要求、不同的条件（仪器及地形）采用不同的方法。可以用尺子直接测量的距离称为距离丈量，也可利用光学仪器的几何关系间接测量距离。随着近代电子技术的发展，应用光电测距技术来测量距离的方法越来越广泛。

3.4.1 钢尺测距

1. 地面点的标志和直线定线

（1）地面点的标志

要测量地面上两点之间的距离，就需要用标志先将地面点标示在地面上。固定点位的标志种类很多，根据用途不同，可用不同的材料加工而成，如图3-4-1所示。标志的选择应根据对点位稳定性、使用年限的要求以及土壤性质等决定，并以节约的原则，尽量做到就地取材。临时性的标志可以用长30 cm、顶面4~6 cm见方的木桩打入地下，并在桩顶钉以小钉或划一个十字表示点的位置，桩上还要进行编号。如果标志需要长期保存，可用石桩或混凝土桩，在桩顶预设瓷质或金属的点位标志来表示点位。

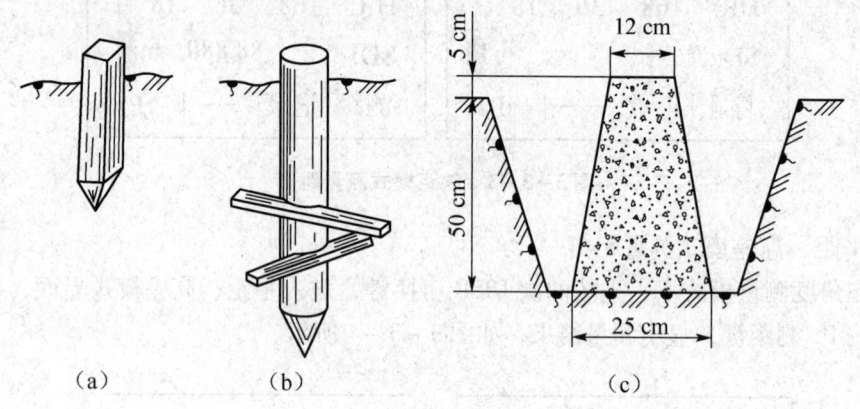

图3-4-1 地面点的标志
(a) 简易水桩；(b) 水桩；(c) 混凝土桩

在测量时，为了使观测者能在远处瞄准点位，还应在点位上竖立各种形式的觇标。觇标的种类很多，常用的有测旗、花杆、三角锥标、测钎等，如图3-4-2所示。

（2）直线定线

在某直线段的方向上确定一系列中间点的工作，称为直线定线，在精度要求比较高的量距工作中，应采用经纬仪定线。仪器安置在B点后，瞄准A点，然后固定仪器照准部，在望远镜的视线上，用花杆、测钎或支架垂球线定出1、2……n点，如图3-4-3所示。

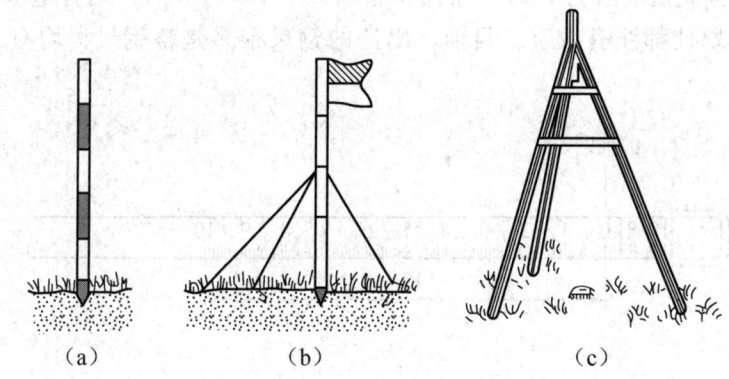

图 3-4-2 觇标的类型
(a) 花杆;(b) 测旗;(c) 觇标

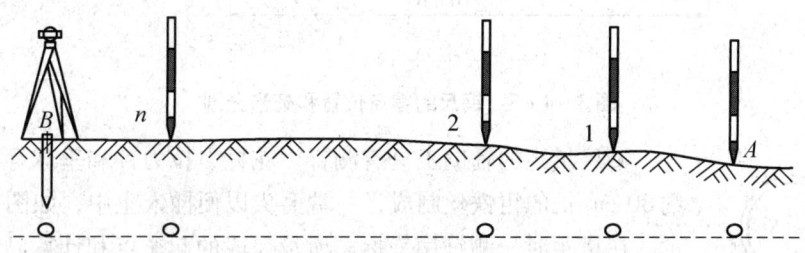

图 3-4-3 经纬仪定线

2. 测距工具

用于直接丈量距离的工具有钢尺、皮尺等,如图 3-4-4 所示。钢尺宽度 1~1.5 cm,整钢尺长有 20 m、30 m、50 m 等几种。钢尺依零点位置的不同,有端点尺和刻线尺两类。端点尺是以尺端扣环作为零点,如图 3-4-4(a)所示。刻线尺则是以钢尺始端附近的零分划线作为零点,如图 3-4-4(b)所示。

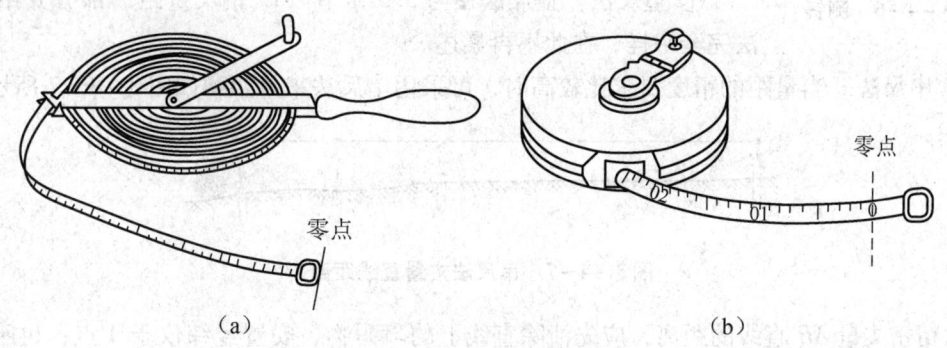

图 3-4-4 钢尺与皮尺
(a) 端点尺;(b) 刻线尺

钢尺上最小分划值一般为1 cm，而在零点端第一个10 cm内，刻有毫米分划。在每米和每十厘米的分划处都注有数字。目前，出厂的钢尺很多是整钢尺，均有毫米刻划，如图3－4－5所示。

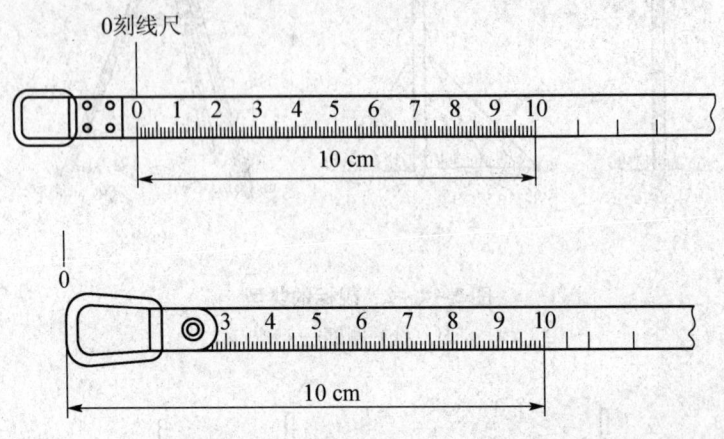

图3－4－5　钢尺的零点位置和毫米分划

钢尺量距的辅助工具有测钎、花杆、拉力计和垂球等。测钎是用约30 cm长的粗铁丝制成，一端磨尖以便插入土中，如图3－4－6所示。在量距时，测钎用来标志所量尺段的起止点和计算已量过的整尺段数。在进行比较精确的钢尺量距时，还需使用拉力计和温度计。

3. 钢尺量距和距离改正

直线丈量的目的是获得直线的水平距离，也就是直线在水平面上的投影的长度。根据测区地面坡度的大小，直线丈量可分为平坦地区地面丈量和倾斜地面丈量两种。

（1）平坦地区地面丈量

① 整尺法。整尺法在与3.3.4节"1. 钢尺量距"部分介绍的方法完全一样，在此不再累述。

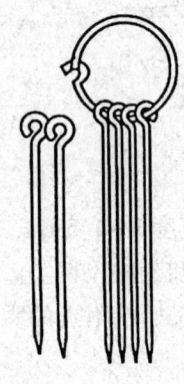

图3－4－6　测钎

② 串尺法。当量距的精度要求比较高时，可采用串尺法来量距，如图3－4－7所示。

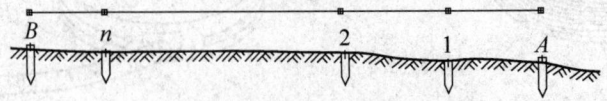

图3－4－7　串尺法丈量直线距离

欲精密丈量AB直线的距离，应先清除直线上的障碍物，安置经纬仪于A点；再瞄准B点，用经纬仪进行定线，用钢尺进行测量，在视线上依次定出比钢尺一整尺略短的尺段A1、12、23……；然后在各尺段端点打下木桩，桩顶高出地面10～20 cm，并在桩顶做出标志，

72

使其中的各个标志在一条直线上。

一般钢尺量距常用的方法是悬空丈量，其定线方法是用经纬仪在直线 AB 的方向线上，定出用垂球线表示的各个结点的位置，然后用经纬仪在各个垂球线上定出各同高点的位置（可用大头针等作为标志），定线最大偏差应不超过 5 cm，如图 3-4-8 所示。

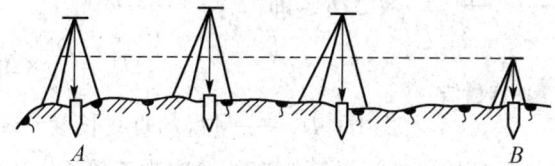

图 3-4-8　定线

例如，用检定过的钢尺丈量相邻的两木桩之间的距离。丈量一般由 5 人组成，2 人拉尺，2 人读数，1 人记录并指挥。丈量时，将钢尺放在相邻两木桩顶上，并使钢尺有刻划的一侧贴近标志，后尺手将拉力计挂在钢尺的零点端，并施以标准拉力。前尺手以尺上某一整刻划对准标志时，发出读数口令，两端的人员同时读数，读至毫米，并记入手簿。每一尺段需移动钢尺丈量 3 次，3 次结果的较差不得超过 2 mm（悬空丈量时不得超过 3 mm）。取 3 次结果的平均值作为此尺段的观测结果。如此对各个尺段进行丈量，每个尺段都应记录温度，往测完成后，立即进行返测。

测量桩顶高程并计算各尺段的长度，最终计算出全长。

（2）倾斜地面丈量

① 平量法。当地势起伏不大时，可将钢尺拉平丈量，量距方法与沿平坦地区的量距方法相似，只不过是把钢尺一端抬高，并要注意在钢尺中间扶起钢尺以防其下垂，要进行往、返测距，如图 3-4-9 所示。

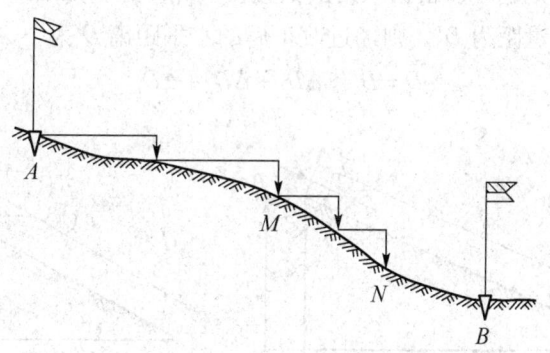

图 3-4-9　倾斜地面量距平量法

② 斜量法。若地面坡度比较均匀，沿斜面量出 AB 的斜长 L，再用经纬仪的测绘仪器测出倾斜角 α（或用水准仪测出高差 h），依 $D = L \cdot \cos\alpha$ 或 $D = \sqrt{L^2 - h^2}$ 求得平距。沿倾斜地面量距时，以 $\dfrac{|D_{往} - D_{返}|}{D} \leqslant \dfrac{1}{1\,000}$ 即可，如图 3-4-10 所示。

（3）量距的成果整理

用检定过的钢尺量距，量距结果要经过尺长改正、温度改正和倾斜改正才能得到实际距离。

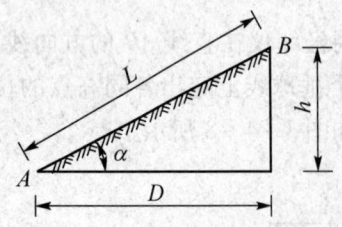

图 3-4-10 倾斜地面量距斜量法

① 尺长改正。根据尺长改正数 Δl 可计算距离改正数 ΔD_l，即

$$\Delta D_l = \frac{D'}{l_0} \times \Delta l$$

式中：D'——量得的直线长度，mm。

② 温度改正。利用量距时的温度可计算距离的温度改正数 ΔD_t，即

$$\Delta D_t = \alpha(t - t_0)D'$$

当量距的温度高于检定钢尺时的温度时，钢尺因膨胀而变长，量距值变小，温度改正数为正，这与公式算出的 ΔD_t 正负号一致。

③ 倾斜改正。若沿地面量出斜距为 D'，用水准仪测得桩顶高差为 h，则由图 3-4-11（a）可知：

$$\Delta D_h = D - D' = (D'^2 - h^2)^{\frac{1}{2}} - D' = D'\left[\left(1 - \frac{h^2}{D'^2}\right)^{\frac{1}{2}} - 1\right]$$

按级数展开：

$$\Delta D_h = D'\left[\left(1 - \frac{h^2}{2D'^2} - \frac{1}{8}\frac{h^4}{D'^4}\cdots\right) - 1\right] = -\frac{h^2}{2D'} - \frac{1}{8}\frac{h^3}{D'^3}\cdots$$

当高差不大时可取第一项，即 $\Delta D_h = -\frac{h^2}{2D'}$。

若观测了竖直角，则也可以根据三角函数直接换算平距，如图 3-4-11（b）所示。

综上所述，若实际量距为 D'，则经过改正后的水平距离 D 为

$$D = D' + \Delta D_l + \Delta D_t + \Delta D_h$$

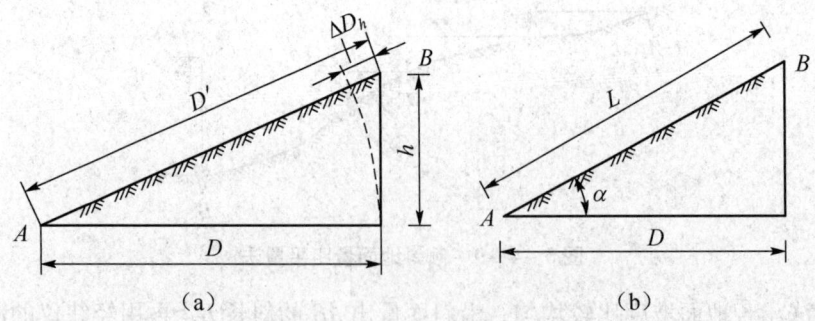

图 3-4-11 倾斜改正
(a) 按高差计算改正数；(b) 按倾角换算平距

4. 钢尺量距的精度和注意事项

(1) 钢尺量距的精度

影响钢尺量距精度的因素有很多，主要有定线误差、拉力误差、钢尺未展平误差、插测钎及对点误差、丈量读数误差、温度变化误差、钢尺检定的残余误差、地形起伏不平的影响等。为了提高钢尺量距的精度，可以用经纬仪定线，施加标准拉力以及进行尺长改正、温度改正和倾斜改正的计算，从而保证量距精度达到一定的要求。在直线丈量中，要求往返各丈量一次。直线往返丈量的较差可以反映量距的精度。为了更全面地衡量精度，在距离测量中一般以往返（或两次）丈量的较差 ΔS 与其平均长度的比值来衡量，即用相对中误差来衡量精度，以 $1/K$ 的形式表示，即

$$\frac{1}{K} = \frac{\Delta S}{S} = \frac{1}{\dfrac{S}{\Delta S}}$$

钢尺量距精度与测区的地形和工作条件有关。对于地面图根导线，一般地区钢尺量距的相对中误差不得大于 1/3 000，困难地区也不得大于 1/2 000。当丈量结果加上各项改正数时，对于 5″级导线，其相对中误差不得大于 1/6 000；10″级导线不得大于 1/4 000。

(2) 钢尺量距的注意事项

使用钢尺前应认清尺子的零点、终点和刻划；丈量时定线要准，尺子要拉平、拉直，拉力要均匀，测钎要垂直插下，并插在钢尺的同一侧；读数应细心，不要读错，并且读数时不要只注意读准毫米，把米和分米疏忽了；记录时应复诵，以检查是否读错或记错。

3.4.2 视距测量原理

视准轴水平时的视距测量，如图 3-4-12 所示，欲测定 A、B 两点之间的水平距离 S 及高差 h，在 A 点安置仪器，B 点竖立水准尺望远镜，视准轴水平时，照准 B 点的水准

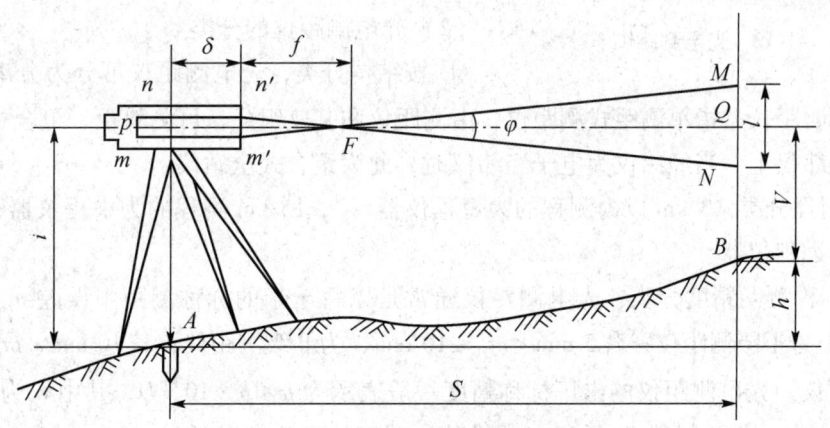

图 3-4-12 视准轴水平时的视距测量

尺，视线与标尺垂直交于 Q 点。若尺上 M、N 两点成像在十字丝分划板上的两根视距丝 m、n 处，则标尺上 MN 长度可由上、下视距丝读数之差求得。上、下视距丝读数之差称为尺间隔。

目前，常用的测量望远镜，在设计制造时已使 $K = 100$。对于常用的内对光测量望远镜来说有

$$S = Kl = 100 \cdot l \qquad (3-4-2-1)$$

3.4.3 电磁波测距技术

1. 电磁波测距原理

测定 A、B 两点之间的距离，光线由 A 到 B 经反射再回到 A，所用时间为 t，光速为 v，则 A、B 两点之间的距离可计算为

$$D = \frac{1}{2}vt \qquad (3-4-3-1)$$

2. 光电测距仪的结构及分类

（1）光电测距仪的结构

光电测距仪如图 3-4-13 所示，由以下各部分组成。

图 3-4-13 光电测距仪

① 主机头：光电测距仪的核心部分，含发射、接收、测相、微处理器、显示等。

② 反光镜：由基座、觇牌、反光镜组成，有单棱镜、三棱镜和对中杆棱镜。其作用是将主机发射的光波反射回去，并作为瞄准的目标。短测程时用单棱镜，长测程时用三块以上棱镜。

③ 电池及充电器：为仪器提供电源。

④ 附件：温度计、干湿度计、气压盒等。

（2）光电测距仪的分类

① 按结构分类，光电测距仪可分为分离式和组合式。分离式测距仪是指单测距式测距仪，由测距仪和基座组成，可测斜距。组合式是指将测距仪架在经纬仪上，当经纬仪为电子经纬仪时，此为组合式全站仪。

② 按测程分类，3 km 以内测程的为短程仪器，3~15 km 测程的为中程仪器，15 km 以上测程的为远程仪器。

③ 按标称测距精度分类，光电测距仪通常是以每千米的标称测距中误差 m_D 分类，若 $m_D \leqslant 5$ mm，为 I 级测距仪；若 5 mm $< m_D \leqslant 10$ mm，为 II 级测距仪；若 10 mm $< m_D \leqslant 20$ mm，为 III 级测距仪。光电测距仪的出厂标称精度一般表示为 $a + b \cdot 10^{-6}D$，其中 a 为固定误差，以 mm 为单位；b 为与测程 D（以 km 为单位）成正比的比例误差。

④ 按光源分类光电测距仪可以分为普通光源、红外光源和激光光源测距仪。

3.5 导线测量任务

3.5.1 任务要求

导线的外业测量
（实验）

能够进行导线布设，完成导线外业测量及内业计算，获取控制点平面坐标。

3.5.2 学习目标

◆ 能力目标
① 能够完成附合导线、闭合导线的导线外业测量。
② 会附合导线、闭合导线的内业计算。
◆ 知识目标
① 理解坐标方位角的概念。
② 理解坐标正反算原理。
③ 理解导线测量原理和目的。
◆ 素质目标
① 测绘行业学习的自信心和良好的职业习惯。
② 团队合作精神。
◆ 思政目标
理解测绘仪器发展史，培养不怕苦、不畏难、不惧牺牲，用臂膀扛起如山的责任使命感。

3.5.3 用到的仪器及记录表格

◆ 仪器
经纬仪、钢尺、全站仪、棱镜。
◆ 其他
导线测量外业记录表格。

3.5.4 操作步骤

1. 经纬仪导线测量的外业工作

（1）选点

选点工作一般先从设计开始。不同比例尺的图根控制对导线的总长、平均边长等都作了相应的规定。为满足上述要求，应先在已有的旧地形图上进行导线点的设计。为此，首先，需要在图上画出测区范围，标出已知控制点的位置；其次，根据地形条件，在图上拟定导线的路线、形式和点位；最后，带着设计图到测区实地考察，同时依据实际情况，对图上设计进行必要的修改。若测区没有旧的地形图，或测区范围较小，也可直接到测区进行实地考察，依实际情况，直接拟定导线的路线、形式和点位。

当选定点位后，应立即建立和埋设标志。标志可以是临时性的，如图 3-5-1 所示，即在点位上打入木桩，在桩顶钉一颗钉子或刻画"十"字，以示点位。如果需要长期保存点位，可以制成永久性标志，如图 3-5-2 所示，即埋设混凝土桩，在桩中心的钢筋顶面刻"十"字，以示点位。

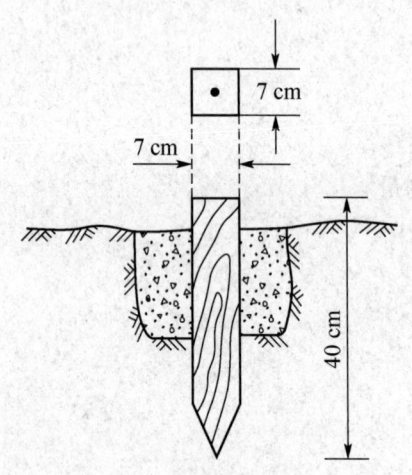

图 3-5-1 临时图根导线点标志

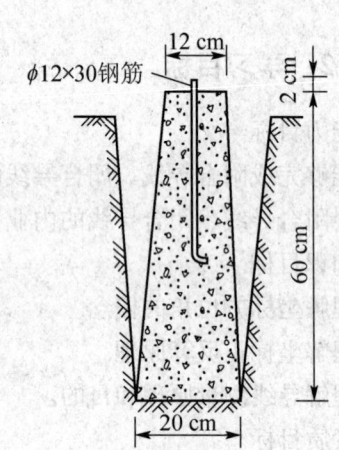

图 3-5-2 永久图根导线点标志

埋设好标志后，对作为导线点的标志要进行统一编号，并绘制导线点与周围固定地物的相关位置图，称为点之记，如图 3-5-3 所示，以此作为今后找点的依据。

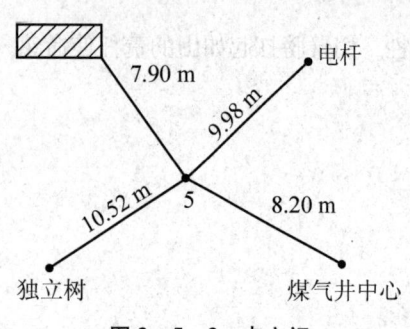

图 3-5-3 点之记

导线点应选在土质坚硬、视野开阔、便于安置经纬仪和施测地形图的地方。相邻导线点间应通视良好，地面比较平坦，便于钢尺测距；若用光电测距仪测距，则地形条件不限，但要求在导线点之间的视线上避开发热体、高压线等。导线边长最好大致相等，以减少望远镜调焦而引起的误差，尤其要避免从短边突然转向长边而引起的误差。导线点位选定后，应根据要求埋设导线点标志并进行统一编号。为便于测角时寻找目标和瞄准，应在导线点上竖立带有测旗的标杆或其他标志。

（2）测角

测角前应对经纬仪进行检验与校正。导线折角可用 DJ6 型或 DJ2 型经纬仪进行观测。为防止差错和便于计算，应观测导线前进方向同一侧的水平夹角。前进方向左侧的水平角称为左角；前进方向右侧的水平角称为右角。测量人员一般习惯观测左角。对于闭合导线来说，若导线点按逆时针方向顺序编号，这样所观测的角既是多边形内角，又是导线的左角。

经纬仪导线边长一般较短,对中、照准都应特别仔细,观测目标应尽量照准标杆底部。经纬仪导线点水平角观测的技术要求应符合技术规定。

(3) 量边

用光电测距仪测量边长时,应加入气象、倾斜改正等内容(目前,大多数测距设备只要设置好参数,均可以自动完成)。用钢尺直接量边时,要用经过比长的钢尺进行往返丈量。每尺段在不同的位置读数 2 次,2 次读数之差不应超过 1 cm,并在下述情况下进行有关改正。

① 尺长改正数大于尺长的 1/10 000 时,应加尺长改正。

② 量距时的平均尺温超过检定温度 10 ℃ 以上时,应加温度改正。

③ 尺子两端的高差,当 50 m 尺段大于 1 m、30 m 尺段大于 0.5 m 时,应加倾斜改正。

(4) 导线定向

经纬仪导线起止于已知控制点上,但为了控制导线方向,必须测定连接角,该项测量称为导线定向。

导线定向就是在导线与高级已知点连接的点上直接观测连接角,如图 3 – 5 – 4 (a) 所示的 β_A、β'_A 和如图 3 – 5 – 4 (b) 所示的 β_A、β'_A 及 β_B、β'_B。附合导线与结点导线各端均有连接角,故它们的检验比较充分。

为了防止在连接时可能产生的错误(如瞄准目标等),在已知点上若能看见两个点,则应观测两个连接角,如图 3 – 5 – 4 (b) 所示的 β_A、β'_A 及 β_B、β'_B。连接角的正确与否可根据 $\beta'_A - \beta_A$ 与 $\alpha_{AM} - \alpha_{AN}$ 比较,$\beta'_B - \beta_B$ 与 $\alpha_{BC} - \alpha_{BD}$ 比较。

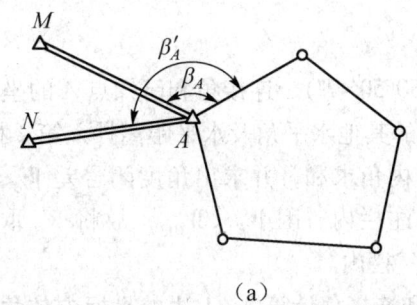

(a)

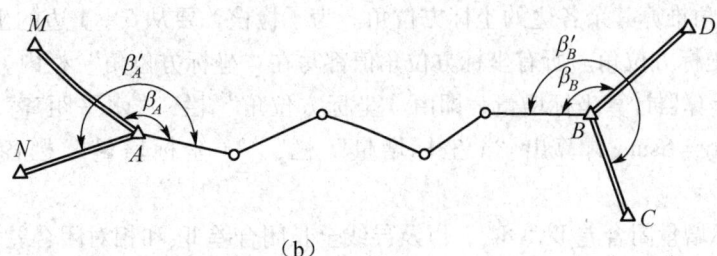

(b)

图 3 – 5 – 4　导线及其定向角

(a) 闭合导线定向;(b) 附合导线定向

2. 导线内业计算

（1）闭合导线的内业计算

根据已知点的坐标和改正后的坐标增量，按坐标正算（坐标计算的基本原理在3.6节有详细介绍），依次推算各点坐标，并推算闭合导线的起始点，该值应与已知值一致，否则计算有错误。

图根闭合导线，如图3-5-5所示。已知数据和整理好的观测角值及边长，见表3-5-1，试计算各导线点坐标。全部计算均在表3-5-1中进行。

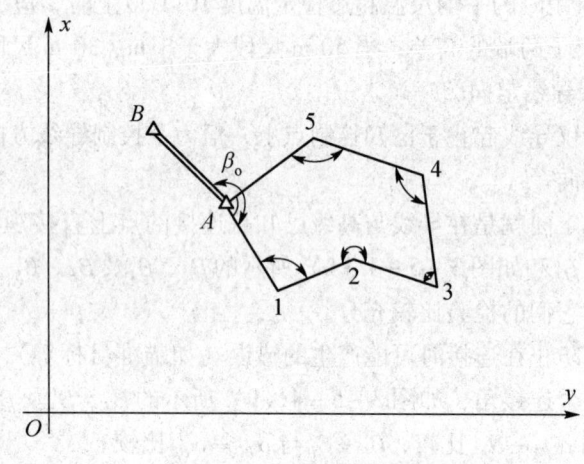

导线测量内业　　　　　　　　图3-5-5　图根闭合导线

计算步骤如下：

① 将起算边 BA 的坐标方位角（150°50′47″）、连接角和已知点 A 的坐标填入表3-5-1。

② 将经过整理的外业工作成果中的其他水平角及水平距离抄入第2栏和第5栏。

③ 将"观测角"栏内的闭合导线内角求和，并求出角度闭合差 $W_\beta = +01′16″$，再计算 $W_{\beta允} = ±01′38″$，然后将它们表示在备注栏内。因 $W_\beta < W_{\beta允}$，故将 W_β 取反号平均调整给闭合导线各内角，写在"观测角改正数"栏内。

④ 根据起算边 BA 的坐标方位角和连接角计算 $A-1$ 边的坐标方位角（164°32′59″），再由改正后的各折角推算其余各边的坐标方位角。为了检核，要从 $5-A$ 边的坐标方位角再推算出 $A-1$ 边的坐标方位角。所有坐标方位角值都写在"坐标方位角"栏内。

⑤ 用电子计算器计算坐标增量，即由"坐标方位角"栏、"水平距离"栏的数值按公式 $\Delta x = S\cos\alpha$、$\Delta y = S\sin\alpha$ 计算出"x 坐标增量"栏、"y 坐标增量"栏各相应坐标增量数值。

⑥ 计算坐标增量闭合差 W_x、W_y，以及导线全长闭合差 W_S 和相对闭合差 $1/T$，并写入备注栏内。

⑦ 因相对闭合差合乎要求，故据 W_x、W_y 计算坐标增量改正数，并将其写入"x 坐标增量改正数"栏、"y 坐标增量改正数"栏内。

⑧ 根据 A 点已知坐标和改正后的坐标增量依次计算导线各点坐标并写入坐标 x 栏、坐标 y 栏内。

表 3-5-1 闭合导线坐标计算表

点名	观测角	观测角改正数	坐标方位角	水平距离 /m	x 坐标增量 /m	x 坐标增量改正数 /mm	y 坐标增量 /m	y 坐标增量改正数 /mm	坐标 x/m	坐标 y/m
	连接角 193°42′12″	−12″	150°50′47″							
A			164°32′59″	65.365	−66.858	+16	+18.479	+11	11 024.142	3 491.577
1	75°52′30″	−13″							10 957.300	3 510.067
			60°25′17″	54.671	+26.987	+13	+47.546	+9		
2	202°04′27″	−13″							10 984.300	3 557.622
			82°29′31″	73.266	+9.573	+17	+72.638	+11		
3	82°02′12″	−13″							10 993.890	3 630.271
			344°31′30″	71.263	68.679	+17	−19.014	+11		
4	101°53′45″	−13″							11 062.586	3 611.268
			266°25′02″	70.678	−4.417	+17	−70.540	+11		
5	148°52′40″	−13″							11 058.186	3 540.739
			235°17′29″	59.814	−34.058	+14	−49.171	+9		
A	109°15′42″	−12″							11 024.142	3 491.577
			164°32′59″							
Σ	720°01′16″	−76″	(检核)						(检核)	(检核)

辅助计算

角度闭合差：$W_\beta = +01′16″$　　　　角度闭合差允许值：$W_{\beta允} = \pm 01′38″$

x 增量闭合差：$W_x = -94$ mm

y 增量闭合差：$W_y = -62$ mm

导线全长闭合差：$W_S = 112.6$ mm　　　　导线相对闭合差：$1/T = 1/3\,544$

(2) 附合导线的内业计算

附合导线示意图如图 3-5-6 所示。已知数据、观测成果和各项计算的数值见表 3-5-2。

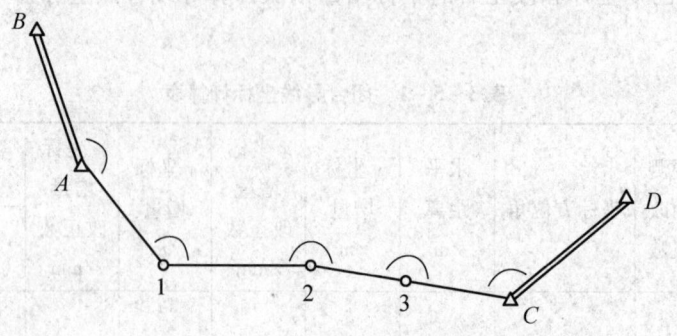

图 3-5-6 附合导线示意图

3. 全站仪导线测量的外业工作

这里采用苏州一光 RTS632H 全站仪（见图 3-5-7）进行导线测量。

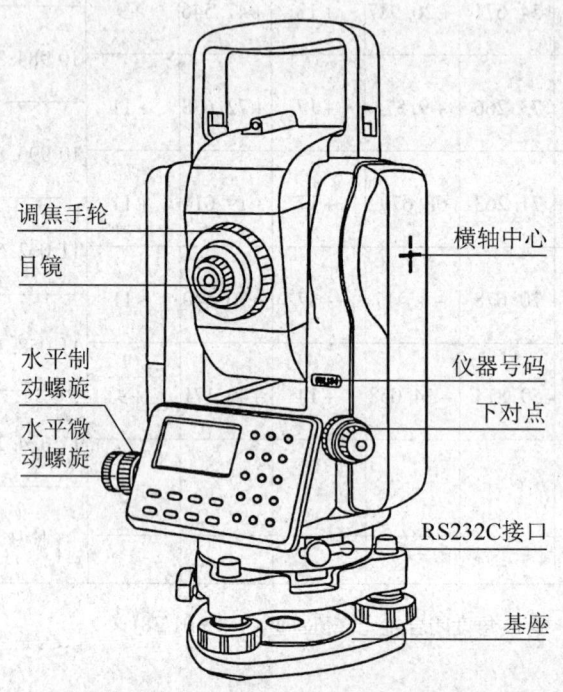

图 3-5-7 苏州一光 RTS632H 全站仪　　　　全站仪导线测量

（1）准备工作

① 对中、整平后，按开关键（🔘）开机后，上、下转动望远镜几周，然后使仪器水平盘转动几周，完成仪器初始化工作。

② 参数设置：进入距离测量或坐标测量模式，进行参数设置。

③ 棱镜常数 PRISM 的设置：一般原配棱镜设置为 0，国产棱镜设置为 -30 mm。

82

表3-5-2 附合导线坐标计算表

点名	观测角	观测角改正数	坐标方位角	水平距离/m	x坐标增量/m	y坐标增量/m	x坐标增量改正数/mm	y坐标增量改正数/mm	坐标 x/m	坐标 y/m	备注
B	167°45′36″		157°00′36″								
A	123°11′24″	+6″	144°46′18″	138.902	−113.463	+80.124	+26	−12	2 299.824	1 303.802	
1	189°20′30″	+6″	87°57′48″	172.569	+6.133	+172.460	+32	−15	2 186.387	1 383.914	
2	179°59′24″	+6″	97°18′24″	100.094	−12.730	+99.281	+19	−8	2 192.552	1 556.359	
3	129°27′24″	+6″	97°17′54″	102.478	−13.018	101.648	+19	−9	2 179.841	1 655.632	
C		+6″	46°45′24″						2 166.842	1 757.271	
D											

辅助计算：

角度闭合差：$W_\beta = -30″$　　角度闭合差允许值：$W_{\beta 允} = \pm 89″$

x增量闭合差：$W_x = -96$ mm　　y增量闭合差：$W_y = +44$ mm

导线闭合差：$W_S = \sqrt{W_x^2 + W_y^2} = 106$ mm　　导线相对闭合差：$1/T = 1/4\ 839 < 1/2\ 000$

④ 大气改正值 PPM 的设置：分别在"TEMP."栏和"PRES."栏输入测量时的气温和气压（或按照说明书中的公式计算出 PPM 值后，按"PPM"直接输入）。

参数设置后，在没有新设置前，仪器将保存现有设置。

苏州一光 RTS632H 全站仪操作界面各按键功能如表 3-5-3 所示，界面如图 3-5-8 所示。

表 3-5-3　苏州一光 RTS632H 全站仪操作界面各按键功能

按键	第一功能	第二功能
F1～F4	对应第四行显示的功能	功能参见所显示的信息
0～9	输入相应的数字	输入字母以及特殊符号
ESC	退出各种菜单功能	
★	夜照明开/关	
◎	开/关机	
MENU	进入仪器主菜单	字符输入时光标向左移； 内存管理中查看数据上一页
DISP	切换角度、斜距、平距和坐标测量模式	字符输入时光标向右移； 内存管理中查看数据下一页
ALL	一键启动测量并记录	向前翻页； 内存管理中查看上一点数据
EDM	测距条件、模式设置菜单	向后翻页； 内存管理中查看下一点数据

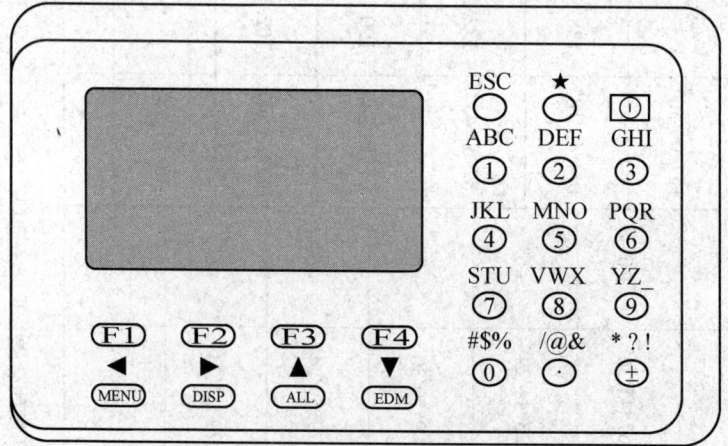

图 3-5-8　苏州一光 RTS632H 全站仪操作界面

(2) 水平角测量

① 确认在角度测量模式下,设在盘左位置从测站 S 瞄准左目标 L 的觇牌中心(先调节目镜,使十字丝分划板清晰,再将望远镜对准目标,转动调焦手轮,使目标影像清晰并消除视距差)。

② 制动照准部及望远镜,再使用微动螺旋精确瞄准。

③ 瞄准该方向"置零",如图 3-5-9 所示。

④ 松开制动螺旋,转动照准部瞄准右目标 R。读取读数,此为在盘左位置测得的水平角,如图 3-5-10 所示。

⑤ 盘右位置用④中同样的方法进行水平角测量。

(3) 距离测量

① 确认在角度测量模式下,按两次 DISP 切换键,进入平距、高差测量模式界面。

② 照准棱镜中心,按 F1 测距键,则显示测量结果,如图 3-5-11 所示。

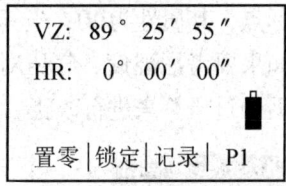

图 3-5-9　盘左置零

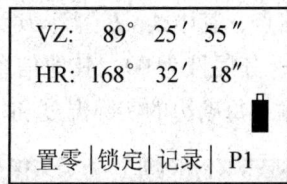

图 3-5-10　盘左水平角

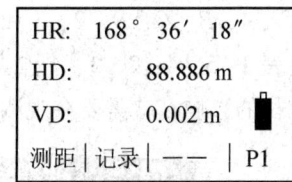

图 3-5-11　距离测量

4. 采用软件进行导线内业平差

附合导线的测量数据和简图,如图 3-5-12 所示,原始测量数据如表 3-5-4 所示,A、B、C 和 D 是已知坐标点,2、3 和 4 是待测的控制点。

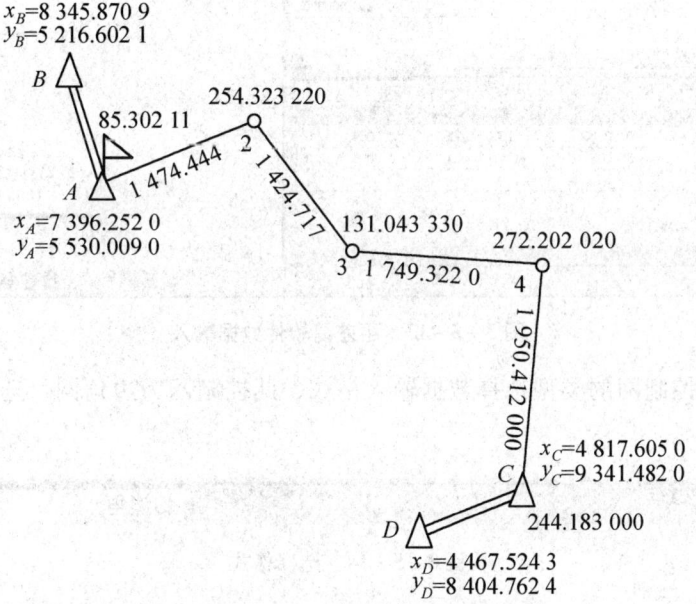

图 3-5-12　附合导线的测量数据和简图

表3-5-4 原始测量数据

测站点	角度	距离/m	x/m	y/m
B			8 345.870 9	5 216.602 1
A	85.302 11°	1 474.444 0	7 396.252 0	5 530.009 0
2	254.323 22°	1 424.717 0		
3	131.043 33°	1 749.322 0		
4	272.202 02°	1 950.412 0		
C	244.183 00°		4 817.605 0	9 341.482 0
D			4 467.524 3	8 404.762 4

(1) 平差易软件数据输入

首先，在平差易软件中输入表3-5-4中的数据，如图3-5-13所示。在测站信息区中输入A、B、C、D、2、3和4号测站点，其中A、B、C、D为已知坐标点，其属性为10，坐标见表3-5-4；2、3、4点为待测点，其属性为00，其他信息为空。如果要考虑温度、气压对边长的影响，就需要在观测信息区输入每条边的实际温度和气压，然后通过概算来进行改正。

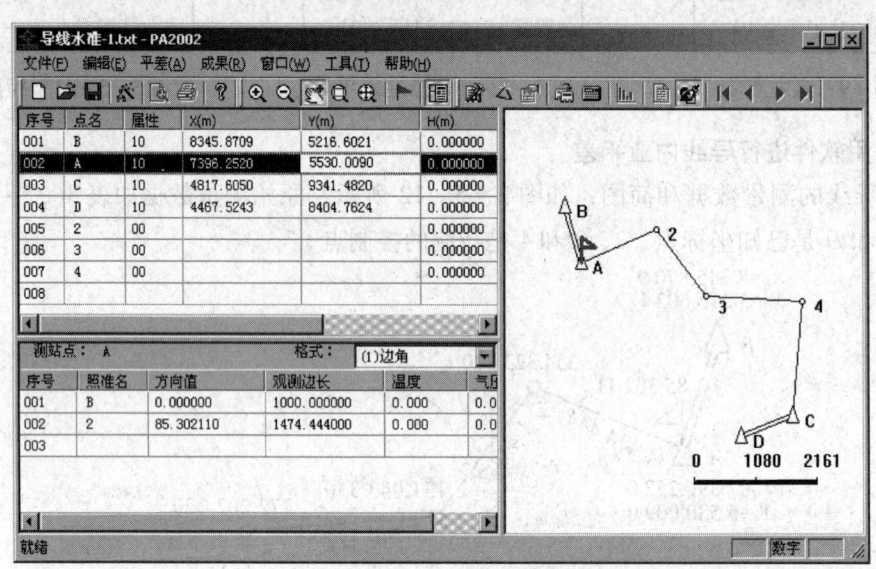

图3-5-13 平差易软件数据输入

其次，根据控制网的类型选择数据输入格式，此控制网为边角网，选择边角格式，如图3-5-14所示。

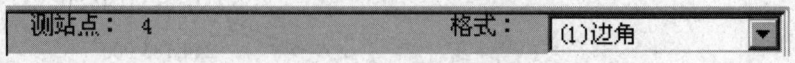

图3-5-14 选择格式

最后，在观测信息区中输入每一个测站点的观测信息，为了节省空间只截取观测信息的部分表格示意图，B、D 作为定向点，没有设站，因此无观测信息，但在测站信息区中必须输入它们的坐标。以 A 为测站点，B 为定向点时（定向点的方向值必须为零），照准 2 号点的数据输入，测站点 A 的观测信息如图 3-5-15 所示。

测站点：	A		格式：	(1)边角	
序号	照准名	方向值	观测边长	温度	气压
001	B	0.000000	1000.000000	0.000	0.000
002	2	85.302110	1474.444000	0.000	0.000

图 3-5-15　测站点 A 的观测信息

依次以 C 为测站点，以 4 号点为定向点时，照准 D 点的数据输入测站点 C 的观测信息；以 2 号点作为测站点时，以 A 为定向点时，照准 3 号点，输入测站点 2 的观测信息；以 3 号点为测站点，以 2 号点为定向点时，照准 4 号点，输入测站点 3 的观测信息；以 4 号点为测站点，以 3 号点为定向点时，照准 C 点，输入测站点 4 的观测信息。数据为空或前面已输入时可以不输入（对向观测例外）；在电子表格中输入数据时，所有零值可以省略不输入。以上数据输入完成后，单击菜单"文件—另存为"，将输入的数据保存为平差易数据格式文件。

（2）选择计算方案

选择计算方案时，输入"中误差及仪器参数""平差方法""限差"等参数，完成计算方案设计，本例"平面网等级"选择"图根"，如图 3-5-16 所示。

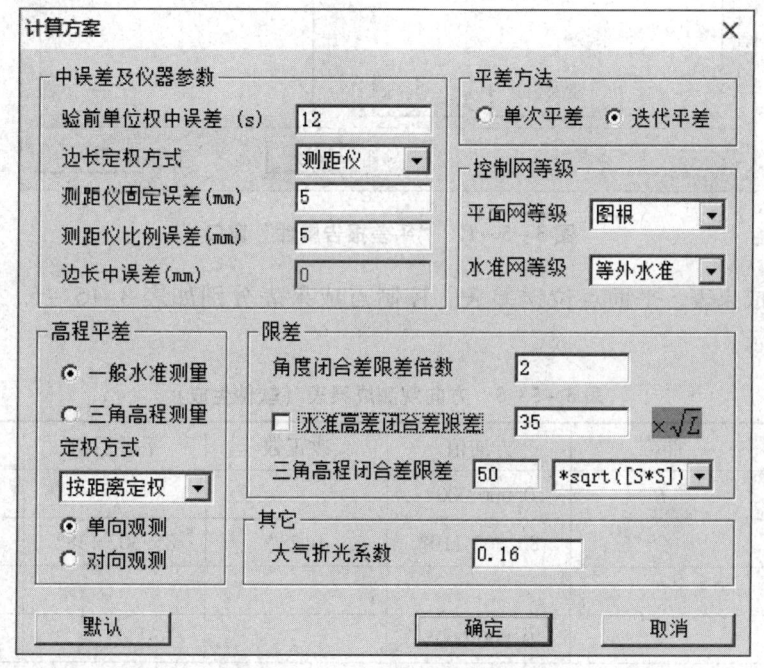

图 3-5-16　"计算方案"窗口

（3）生成平差报告

平差报告包括控制网属性、控制网概况、闭合差统计表、方向观测成果表、距离观测成果表、平面点位误差表、点间误差表、控制点成果表等，可根据自己的需要选择显示或打印其中某一项，打印成果表时其页面也可自由设置。它不仅能在 PA2005 中浏览和打印，还可输入到 Word 中进行保存和管理。

输出平差报告之前可进行报告属性设置，用鼠标单击菜单窗口"平差报告属性"，可以设置"成果输出""输出精度""打印页面设置"及"报表模板"，如图 3-5-17 所示。

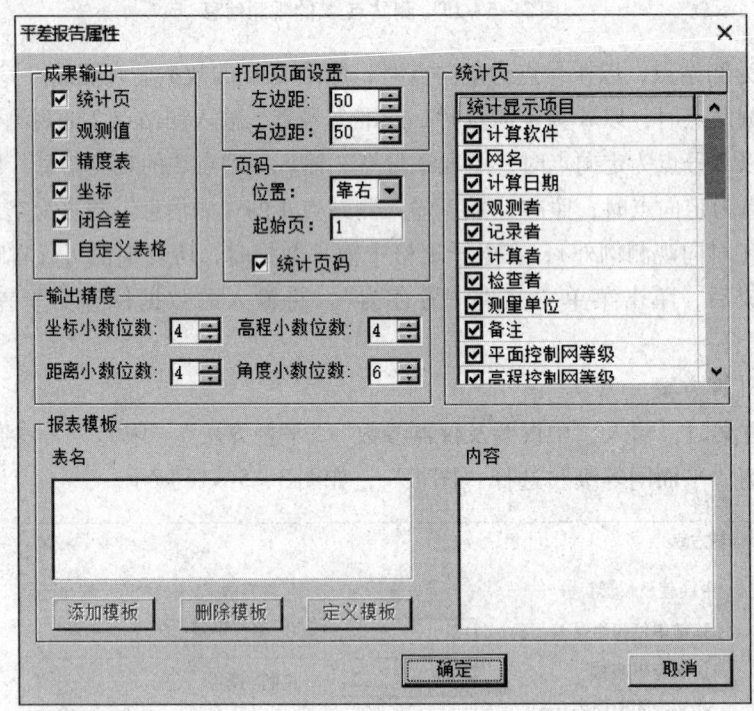

图 3-5-17 "平差报告属性"窗口

方向观测成果表、平面点位误差表、控制点成果表分别如表 3-5-5、表 3-5-6、表 3-5-7 所示。

表 3-5-5 方向观测成果表（软件生成）

测站	照准	方向值	改正数	平差后值	备注
A	B	0.000 000°			
A	2	85.302 110°	0.28″	85.302 138°	
C	4	0.000 000°			

续表

测站	照准	方向值	改正数	平差后值	备注
C	D	244.183 000°	1.28″	244.183 128°	
2	A	0.000 000°			
2	3	254.323 220°	0.48″	254.323 268°	
3	2	0.000 000°			
3	4	131.043 330°	0.76″	131.043 406°	
4	3	0.000 000°			
4	C	272.202 020°	1.10″	272.202 130°	

表3–5–6 平面点位误差表

点名	长轴/m	短轴/m	长轴方位	点位中误差/m	备注
2	0.006 36	0.003 90	157.430 845°	0.007 5	
3	0.007 26	0.005 99	18.393 618°	0.009 4	
4	0.006 69	0.004 78	95.573 888°	0.008 2	

表3–5–7 控制点成果表

点名	x/m	y/m	备注
B	8 345.870 9	5 216.602 1	已知点
A	7 396.252 0	5 530.009 0	已知点
C	4 817.605 0	9 341.482 0	已知点
D	4 467.524 3	8 404.7624	已知点
2	7 966.652 7	6 889.679 5	
3	6 847.270 3	7 771.063 0	
4	6 759.991 7	9 518.2210	

3.6 导线测量基础知识

3.6.1 平面控制网的概念

地形图是分幅测绘的,这就要求测绘的各幅地形图能相互拼接构成整体,且精度均匀。

因此，地形图的测绘需要由国家有关部门，根据国家经济和国防建设的需要，全面规划，按照国家制定的统一测量规范，建立起国家控制网。国家控制网建立的原则是分级布网，逐级控制。国家控制网分为国家平面控制网和国家高程控制网。国家平面控制网建立的常规方法是三角测量和导线测量。

城市平面控制网一般是以国家控制点为基础，根据测区的大小、城市规划和施工测量的要求，布设不同等级的城市平面控制网，供地形测图和施工放样使用。在面积 15 km² 的范围内，为大比例尺测图和工程建设而建立的平面控制网，称为小区域平面控制网。小区域平面控制网应尽可能与国家（或城市）的高级控制网联测，将国家（或城市）控制点的坐标作为小区域平面控制网的起算和校核数据。若测区内或附近无国家（或城市）控制点，可以建立测区内的独立控制网。

1. 城市平面控制网

建立小区域平面控制网主要有三角测量、三边测量、导线测量、交会定点和 GNSS - RTK[①]（全球导航卫星系统的实时动态）定位法等方法。现在最常用的方法是导线测量、交会定点和 GNSS - RTK 定位法。按照我国《工程测量通用规范》（GB 55018—2021）的规定，平面控制测量的主要技术要求包括一般地区解析图根点的数量（见表 3 - 6 - 1）、城市 GNSS 平面控制网的主要技术指标（见表 3 - 6 - 2）、导线测量的主要技术要求（见表 3 - 6 - 3）和图根导线测量的主要技术要求（见表 3 - 6 - 4）。

表 3 - 6 - 1 一般地区解析图根点的数量

测图比例尺	图幅尺寸/ （cm×cm）	解释图根点数量/个		
		全站仪测图	GNSS - RTK 测图	平板测图
1:500	50×50	2	1	8
1:1 000	50×50	3	1~2	12
1:2 000	50×50	4	2	15
1:5 000	40×40	6	3	30

表 3 - 6 - 2 城市 GNSS 平面控制网的主要技术指标

级别	相邻点基线分量中误差		相邻点间平均距离/km
	水平分量/mm	垂直分量/mm	
B	5	10	50
C	10	20	20
D	20	40	5
E	20	40	3

---

① GNSS - RTK：GNSS, Global Navigation Satellite System, 全球导航卫星系统；RTK, Real Time Kinematic, 实时动态。

表 3-6-3　导线测量的主要技术要求

等级	导线长度/km	平均边长/km	测角中误差	测距中误差/mm	测距相对中误差	测回数 1″级仪器	测回数 2″级仪器	测回数 6″级仪器	方位角闭合差	导线全长相对闭合差
三等	14	3	1.8″	20	1/150 000	6	10	—	$3.6\sqrt{n}″$	≤1/55 000
四等	9	1.5	2.5″	18	1/80 000	4	6	—	$5\sqrt{n}″$	≤1/35 000
一级	4	0.5	5″	15	1/30 000	—	2	4	$10\sqrt{n}″$	≤1/15 000
二级	2.4	0.25	8″	15	1/14 000	—	1	3	$16\sqrt{n}″$	≤1/10 000
三级	1.2	0.1	12″	15	1/7 000	—	1	2	$24\sqrt{n}″$	≤1/5 000

注：1. 表中 n 为测站数。

2. 当测区测图的最大比例尺为 1∶1 000 时，一级、二级、三级导线的导线长度及平均边长可适当放大，但最大长度不应大于表中规定的相应长度的 2 倍。

表 3-6-4　图根导线测量的主要技术要求

导线长度/m	相对中误差	测角中误差 一般	测角中误差 首级控制	方位角闭合差 一般	方位角闭合差 首级控制
≤αM	≤1/(2 000α)	30″	20″	$60\sqrt{n}″$	$40\sqrt{n}″$

注：1. α 为比例系数，取值宜为 1，当采用 1∶500、1∶1 000 测图比例尺时，其值选用范围为 1～2。

2. M 为测图比例尺分母，但对于工矿区现状图测量，不论测图比例尺大小，M 均取值为 500。

3. 隐蔽或施测困难地区导线相对闭合差可放宽，但不应大于 1/(1 000×α)。

2. 控制测量应遵循的原则

控制测量应遵循从"高级到低级，由整体到局部，逐级控制，逐级加密"的原则，即先在全国范围内布设一系列控制点形成控制网，用最精密的仪器和最严密的方法测定其平面坐标和高程，构成骨架，而后先急后缓、分期分区逐级布设低一级的控制网。这样就形成了控制等级系列，在点位精度上逐级降低，在点的密度上逐级加大。控制测量这种布网原则确保了坐标和高程系统的统一，同级控制网的规格和精度比较均衡，点位误差的积累得到了有效控制。各等级控制网的布网形式、技术规格、实施方法和精度要求都在国家测量和行业测量有关规范中做了明确规定。国家测量和行业测量有关规范是保障测绘成果质量的技术法规，必须严格执行。

3.6.2　导线测量

1. 导线测量的概念

导线测量是建立平面控制网常用的一种方法，主要用于带状地区（如公路、铁路和水利）、隐蔽地区、城建区、地下工程等控制点的测量。

导线测量

将测区内相邻控制点用直线连接而构成的折线,称为导线。构成导线的控制点称为导线点。连接两导线点的线段称为导线边,相邻两导线边所夹的水平角称为转折角。测定了转折角和导线边长之后,即可根据已知坐标方位角和已知坐标算出各导线点的坐标。用经纬仪测量转折角,用钢尺测定边长的导线,称为经纬仪导线;若用光电测距仪测定导线边长,则称为光电测距导线;用全站仪测量的导线称为全站仪导线。由于全站仪导线不受地形条件限制,速度快、精度高,因此在工程建设中得到了广泛应用。

精密导线分为一、二、三、四等共 4 个等级。一等导线一般沿经纬线或主要交通路线布设,纵横交叉构成较大的导线环。二等导线布设于一等导线环内,三、四等导线则是在一、二等导线的基础上进一步加密而成。

国家平面控制网(锁)中控制点间距较大,一般最短的也在 2 km 以上。为了满足大比例尺地形测图的要求,需在国家平面控制网的基础上,布设精度稍低于四等的 5″和 10″小三角网(锁),或 5″和 10″导线。

5″小三角网(锁)点间的平均边长为 1 km,测角中误差不超过 ±5″(简称 5″小三角);10″小三角网(锁)点间的平均边长为 0.5 km,测角中误差不超过 ±10″(简称 10″小三角)。在通视困难和隐蔽地区可布设测角中误差为 5″和 10″导线来代替相应精度的 5″和 10″小三角网(锁)。

2. 导线布设

导线布设形式主要有闭合导线、附合导线、支导线和结点导线。导线布设时需考虑图根平面控制点和测区内控制点加密的层次需求。

(1)闭合导线

导线起始于已知高级控制点 A,经各导线点,又回到 A 点,组成闭合多边形,此称为闭合导线,如图 3-6-1(a)所示。

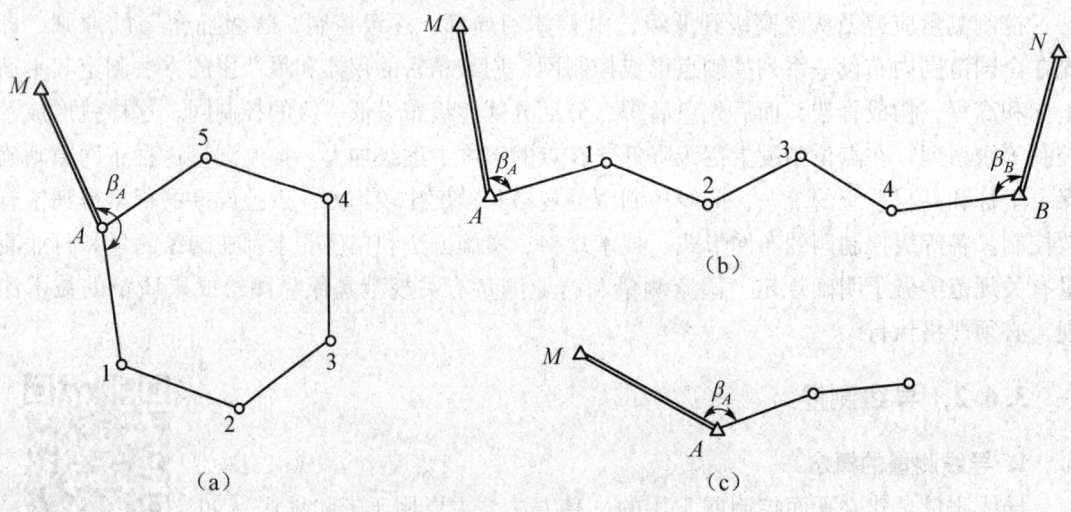

图 3-6-1 导线布设形式
(a)闭合导线;(b)附合导线;(c)支导线

(2) 附合导线

导线从已知高级控制点 A 出发，经各导线点后，终止于另一个已知高级控制点 B，组成一伸展的折线，此称为附合导线，如图 3-6-1 (b) 所示。

(3) 支导线

导线从已知高级控制点 A 出发，经各导线点后既不闭合也不附合于已知控制点，成一开展形，此称为支导线，如图 3-6-1 (c) 所示。因为支导线没有终止到已知控制点上，如出现错误不易发现，所以一般规定支导线不宜超过两个点。

(4) 结点导线

导线从 3 个或 3 个以上的已知点出发，几条导线交会于一点 J（也有交会于多点者），该交会点称为结点。这种形式的导线称为结点导线，如图 3-6-2 所示。

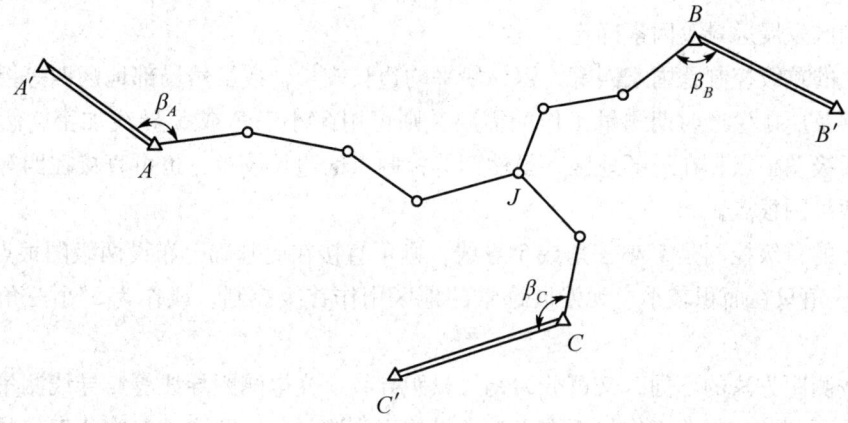

图 3-6-2 结点导线

(5) 图根平面控制点

在国家平面控制网或小三角等控制点间进一步加密，从而建立的直接为地形测图服务的平面控制点称为图根平面控制点（图根点）。图根点可以分为两级：直接在高级控制点基础上加密的图根点，称为一级图根点；在一级图根点的基础上再加密的图根点，称为二级图根点。测定图根点平面位置的工作称为图根点平面控制测量。图根平面控制点可根据高级控制点在测区内的分布情况、测图比例尺、测区内通视条件以及地形复杂程度，采用图根经纬仪导线、图根三角网（锁）及交会定点的测量方法确定其平面坐标。无论用哪种方法建立的图根控制，都应当保证在整个测区内有足够密度和精度的图根点。

为满足图根点密度和精度的需要，导线总长度和各边长以及图根三角网（锁）中三角形个数和边长在规范中均做了相应的规定。但是图根点究竟加密到何种程度，是难以用一个简单的数字确定的。因为各测区地形条件不一，即使在同一个测区内，各幅图的实际情况也不尽相同，加之测图比例尺和精度要求的差别，若规定一个简单数字作为诸多方面的抉择标准，则很难符合实际情况。因此，在布设图根点时，应根据具体情况来确定合理的方案。但为保证测图精度，还必须有一个最少图根点数的要求：一般说来，在1:1 000比例尺测图时，每1 km²不得少于50点；在1:2 000比例尺测图时，每1 km²不得少于15点；在1:5 000比例尺测图时，每1 km²不得少于7点。实际上，在山区或地形复杂的隐蔽地区，图根点数往往要比上述最少图根点数增加30%~60%。

布设图根点时，还必须埋设标志并进行统一编号。图根点标志一般采用木桩，也需埋设少量标石或混凝土桩。标石应埋在一级图根点上，根据每1 km²连同高级埋石点在内，其数量对于1:5 000比例尺测图时为1点；1:2 000比例尺测图时为4点；1:1 000比例尺测图时为12点。同时要求埋石点均匀分布并至少应与一个相邻埋石点通视。在工矿区，还应根据需要，适当增加埋石点数。

(6) 测区内控制点加密的层次

在测区中，最高一级的平面控制称为首级控制。首级控制的等级应根据测区面积、测图比例尺和测区发展远景等因素确定。

若测区的首级控制是国家四等，因一般平均边长较长，或虽然局部地区四等控制边长较短，但需顾及厂矿生产时期测量工作的需要，则可用5″小三角或5″导线加密，然后在此基础上布设两级图根点。在局部地区，虽然四等控制点的边长较短，也可直接在四等控制的基础上布设两级图根点。

若测区的首级控制是5″小三角或5″导线，则可直接在此基础上布设两级图根点。

10″小三角只在面积较小、无发展远景的地区用作首级控制，或作为5″小三角的少量加密点。

导线按测距方法的不同，又可分为钢尺量距导线、光电测距导线等。导线测量工作分为外业和内业两部分，外业工作包括选点、埋设标志、测量角度和边长；内业工作是根据已知数据和观测数据，求解导线点的坐标。

过去，因用钢尺量距，导线测量工作十分繁重，致使其布设受到许多限制。现在由于光电测距仪的迅速发展，繁重的量距工作得到了很大改善，为导线测量更加广泛地应用在工程中开拓了广阔的前景。

3.6.3 导线测量的技术要求

表3-6-5《工程测量通用规范》(GB 55018—2021) 对小区域和图根导线测量的技术要求。

表3-6-5 小区域和图根导线测量的技术要求

等级	测图比例尺	附合导线长度/m	平均边长/m	测距相对中误差	测角中误差	导线全长相对中误差	测回数 DJ2	测回数 DJ6	角度闭合差
一级		2 500	250	1/20 000	±5″	1/10 000	2	4	$±10\sqrt{n}″$
二级		1 800	180	1/15 000	±8″	1/7 000	1	3	$±16\sqrt{n}″$

续表

等级	测图比例尺	附合导线长度/m	平均边长/m	测距相对中误差	测角中误差	导线全长相对中误差	测回数 DJ2	测回数 DJ6	角度闭合差
三级		1 200	120	1/10 000	±12″	1/5 000	1	2	±24$\sqrt{n}$″
图根	1:500	500	75	1/3 000	±20″	1/2 000		1	±60$\sqrt{n}$″
图根	1:1 000	1 000	110	1/3 000	±20″	1/2 000		1	±60$\sqrt{n}$″
图根	1:2 000	2 000	180	1/3 000	±20″	1/2 000		1	±60$\sqrt{n}$″

在表 3-6-5 中，图根导线的平均边长和导线的总长度是根据测图比例尺确定的。图根导线点是测图时的测站点，测图中要求两相邻测站点上测定同一地物作为检核，而测 1:500 地形图时，规定测站到地物的最大距离为 40 m，即两测站之间的最大距离为 80 m，对应的导线边最长为 80 m，表 3-6-5 中规定平均边长为 75 m。测图中又规定点位中误差不大于图上 0.5 mm，对 1:500 地形图上 0.5 mm 对应的实际点位误差为 0.25 m。如果把 0.25 m 视为导线的全长闭合差，根据全长相对闭合差，则导线的全长为 500 m。

用作图根控制的钢尺量距经纬仪导线的主要技术要求，应遵循表 3-6-6 的规定。

表 3-6-6　图根钢尺量距导线测量的主要技术要求

导线长度/km	相对闭合差	边长	测角中误差 一般	测角中误差 首级控制	DJ6 测回数	方位角闭合差 一般	方位角闭合差 首级控制
≤1.0	≤1/2 000	≤1.5 倍测图最大视距	30″	20″	1	±60$\sqrt{n}$″	±40$\sqrt{n}$″

注：n 为测站数；隐蔽或特殊困难地区导线相对闭合差可放宽，但不应大于 1/1 000。

3.6.4　方位角推算

1. 直线定向

所谓直线定向，就是确定地面上两点之间的连线的方向。一条直线的方向是以该直线和标准方向（或基本方向）线之间的夹角表示的。若要确定 B、A 两点之间的相对关系，则只要知道 A 点到 B 点的距离和 BA 直线的方向，就可以准确地描述两点之间的相对位置关系，如图 3-6-3 所示。

在测量工作中，直线定向通常采用的标准方向有真子午线、磁子午线和坐标纵线（平面直角坐标系的纵坐标轴以及平行于纵坐标轴的直线），如图 3-6-4 和图 3-6-5 所示。

（1）真子午线

地理坐标系统中的子午线称为真子午线，通过地面上一点指向地球北极的方向即为该点的真子午线方向。真子午线的方向可以用天文测量的方法或用陀螺经纬仪观测的方法确定。

建筑测量

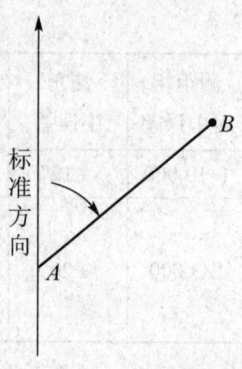

图3-6-3 标准方向

（2）磁子午线

磁子午线的方向是用磁针来确定的。磁针静止时，会指向地球的南、北两个磁极。过地面上某点与磁北极、磁南极所作的平面与地球表面的交线称为磁子午线。由于地球南、北两磁极与地理南、北极不一致，因此地球表面上任意一点的真子午线方向和磁子午线方向一般不一致，磁子午线与真子午线方向间的夹角称为磁偏角，用δ表示，如图3-6-4所示。地球上不同地点的磁偏角有所不同。磁子午线北端偏在真子午线以东的称为东偏，偏在真子午线以西的称为西偏，图3-6-4为东偏。

（3）坐标纵线

在测量工作中，一般情况下我国采用高斯平面坐标系，即将全国范围分成若干个6°带、3°带，而每一投影带内都是以该投影带的中央子午线的投影作为坐标纵轴的。因此，该带内的直线定向就以该带的坐标纵线方向为标准方向。

地面上各点的真子午线方向与高斯平面直角坐标系中坐标纵线北方向之间的夹角，称为子午线收敛角，用符号γ表示，其值也有正有负。在中央子午线以东地区，各点的坐标纵线北方向偏向真子午线以东，为正值；在中央子午线以西地区，各点的坐标纵线北方向偏向真子午线以西，为负值，如图3-6-5所示。

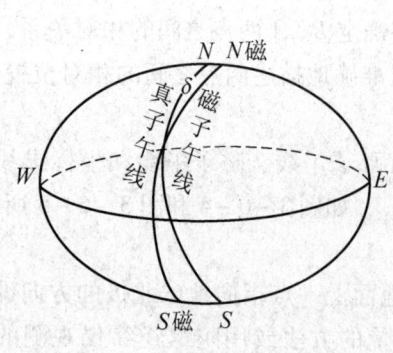

图3-6-4 真子午线与磁子午线

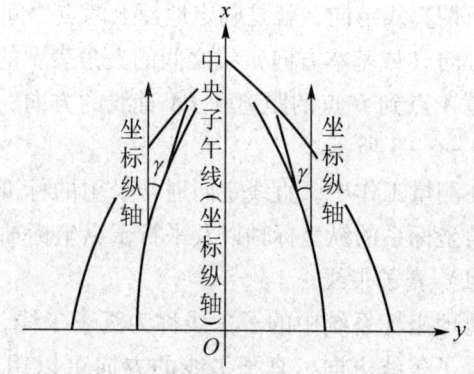

图3-6-5 坐标纵线北方向与子午线收敛角

2. 表示直线方向的方法

测量工作中常用方位角来表示直线的方向。所谓直线的方位角就是从标准方向北端起，顺时针方向到某一直线的角度。方位角的取值范围是 0°~360°。

(1) 真方位角

直线定向时，若以真子午线方向为标准方向来计算方位角，则称为真方位角，一般用 A 表示，如图3-6-6 (a) 所示，过 O 点的直线 OM、OP、OT 和 OZ，则 A_1、A_2、A_3 和 A_4 分别为四条直线的真方位角。

(2) 磁方位角

若以磁子午线为标准方向来计算方位角，则称为磁方位角。一般用 A_m 表示，如图3-6-6 (b) 所示。

(3) 坐标方位角

若以坐标纵线为标准方向来计算方位角，则称为坐标方位角，一般用 α 表示，如图3-6-6 (c) 所示，直线 AB 的坐标方位角为 α_{AB}。坐标方位角又称方向角。

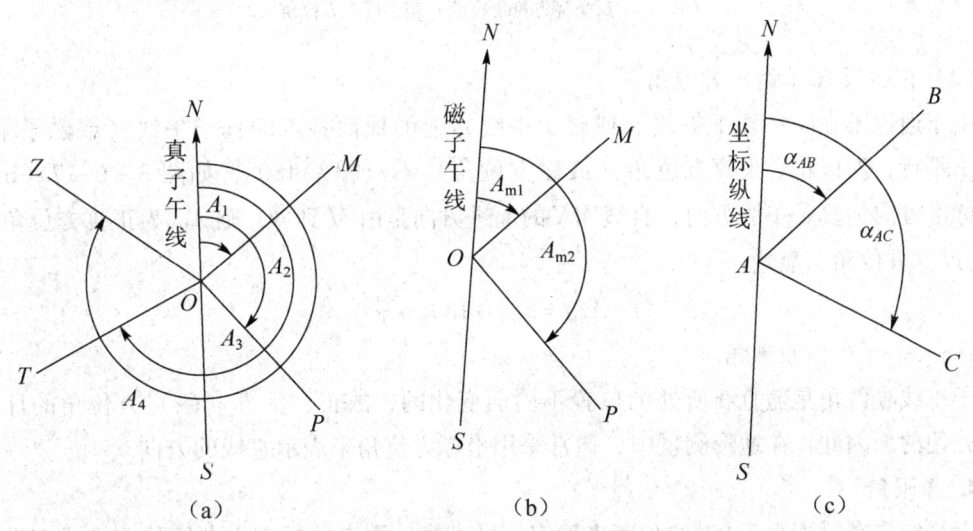

图3-6-6 方位角
(a) 真方位角；(b) 磁方位角；(c) 坐标方位角

3. 正、反方位角

(1) 正、反坐标方位角

一条直线有正、反两个方向，一般以直线前进方向为正方向。如图3-6-7 (a) 所示，标准方向为坐标纵线，若从 A 到 B 为正方向，由 B 到 A 为反方向，则直线 BA 的坐标方位角又称反坐标方位角，用 α_{BA} 表示。

正、反坐标方位角的概念是相对来说的，若事先确定由 B 到 A 为前进方向，则可称 α_{BA} 为正坐标方位角，而 α_{AB} 为反坐标方位角。由于过直线两端点 A、B 的坐标纵线互相平行，故正、反坐标方位角相差180°，即

$$\alpha_{AB} = \alpha_{BA} \pm 180°$$

当反坐标方位角 α_{BA} 大于 180°时，取"－"号；否则，取"＋"号。

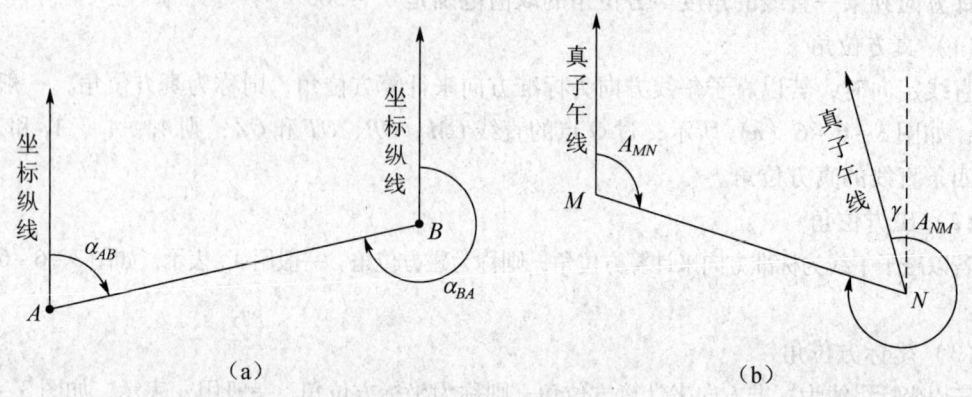

图 3-6-7 正、反方位角
(a) 正、反坐标方位角；(b) 正、反真方位角

（2）正、反真（磁）方位角

由于通过不在同一真子午线（或磁子午线）上的地面各点的真子午线（或磁子午线）互相不平行，所以正、反真方位角（或磁方位角）不只相差 180°。如图 3-6-7 (b) 所示，标准方向为真子午线方向，直线 MN 的前进方向是由 M 到 N，则 A_{MN} 为正真方位角，而 A_{NM} 为反真方位角，显然

$$A_{NM} = A_{MN} + 180° + \gamma$$

式中：γ——子午线收敛角。

子午线收敛角是随直线所处的位置不同而变化的，故正、反真（磁）方位角的计算是很不方便的。因此，在地形测量中，通常采用坐标方位角来表示直线的方向。

4. 象限角

直线定向有时用小于 90°的角度来确定。过直线一端点的标准方向线的北端或南端，顺时针或逆时针量至直线的锐角，称为该直线的象限角，一般用 R 表示，象限角为 0°~90°。若分别以真子午线、磁子午线和坐标纵线作为标准方向，则相应的有真象限角、磁象限角和坐标象限角。

由于具有同一角值的象限角在四个象限中都能找到，所以用象限角定向时，除了角值之外，还须注明直线所在象限的名称：北东、南东、南西、北西。如图 3-6-8 (a) 所示，分别位于第一、二、三、四象限内的直线 OM、OP、OT、OZ 的象限角为北东 R_1、南东 R_2、南西 R_3、北西 R_4。

直线的坐标方位角与其象限角的关系如图 3-6-8 (b) 所示。它们的换算关系见表 3-6-7。

第3章 平面控制测量

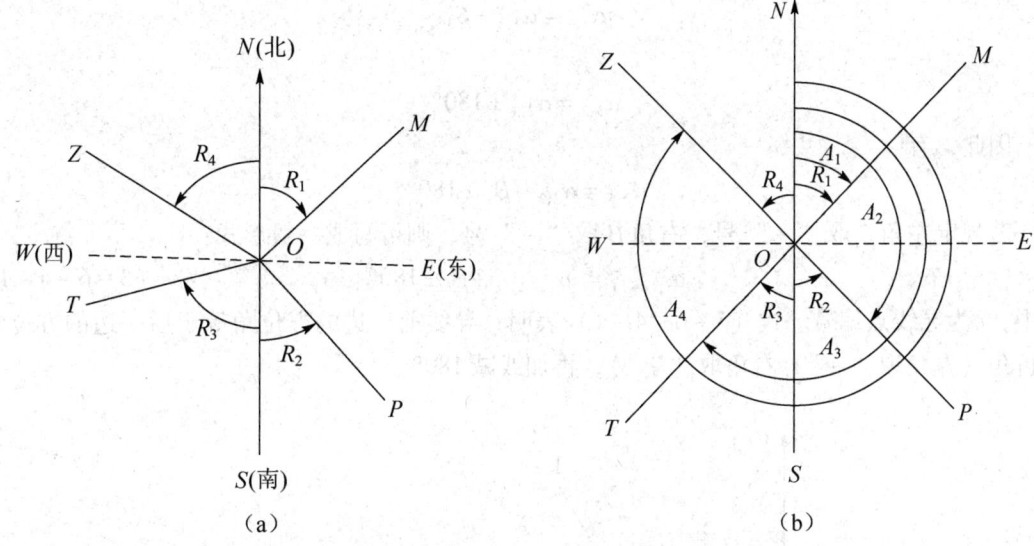

图 3-6-8 象限角和坐标方位角
（a）象限角；（b）有线的坐标方位角与其象限角的关系

表 3-6-7 坐标方位角与其象限角的换算关系

直线位置	由坐标方位角推算其象限角	由象限角推算其坐标方位角
北东，第一象限	$R_1 = A_1$	$A_1 = R_1$
南东，第二象限	$R_2 = 180° - A_2$	$A_2 = 180° - R_2$
南西，第三象限	$R_3 = A_3 - 180°$	$A_3 = 180° + R_3$
北西，第四象限	$R_4 = 360° - A_4$	$A_4 = 360° - R_4$

5. 坐标方位角推算

推算导线各边坐标方位角是根据高一级点间的已知坐标方位角与测得的连接角，求出导线起始边的坐标方位角，然后利用各水平角推算出各导线边的坐标方位角。

如图 3-6-9 所示，1-2 边的坐标方位角为已知，导线的前进方向为 1→2→3→⋯→n，若观测的是导线左角（如 β_2），不难看出，由相邻两边的坐标方位角，可求出它们之间所夹的左角 β_2，即

$$\beta_2 = \alpha_{2,3} - \alpha_{2,1}$$

故

$$\alpha_{2,3} = \alpha_{2,1} + \beta_2$$

由于正反坐标方位角相差 ±180°，故

$$\alpha_{2,1} = \alpha_{1,2} \pm 180°$$

显然 $\alpha_{2,3} = \alpha_{1,2} + \beta_2 \pm 180°$。

若观测的是导线右角，则也可利用右角推算坐标方位角。

从图 3-6-9 可看出 $\beta_3 = \alpha_{3,2} - \alpha_{3,4}$，故

而
$$\alpha_{3,4} = \alpha_{3,2} - \beta_3$$

$$\alpha_{3,2} = \alpha_{2,3} \pm 180°$$

因此，有
$$\alpha_{3,4} = \alpha_{2,3} - \beta_3 \pm 180°$$

若规定左角β_i取"+"号，右角β_i取"-"号，则可写成一般形式：

$$\alpha_{i,(i+1)} = \alpha_{(i-1),i} + \beta_i \pm 180° \qquad (3-6-4-1)$$

式中，i 为导线点编号。式（3-6-4-1）表明，导线前一边的方位角等于后一边的方位角加折角（左角取"+"，右角取"-"），再加或减 180°。

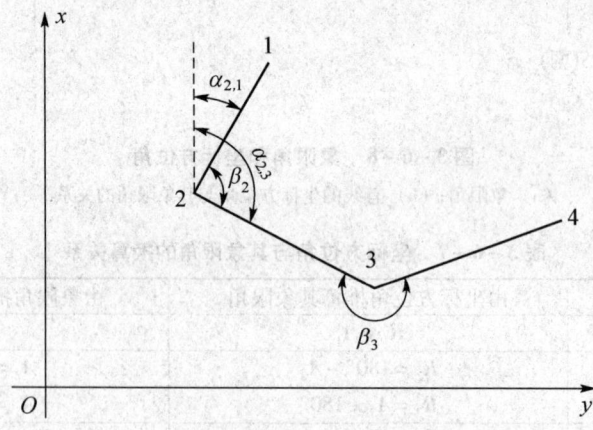

图 3-6-9 坐标方位角推算

在实际计算时，因坐标方位角的取值范围为 0°~360°，所以坐标方位角若大于 360°，应减去 360°；若为负值，应加上 360°。

[例 3-1] 已知 1-2 的坐标方位角 $\alpha_{1,2} = 200°18'21''$，$\beta_2 = 88°15'17''$，$\beta_3 = 220°05'24''$，求 $\alpha_{2,3}$ 及 $\alpha_{3,4}$。

解：
$$\alpha_{2,3} = 200°18'21'' + 88°15'17'' - 180° = 108°33'38''$$
$$\alpha_{3,4} = 108°33'38'' - 220°05'24'' + 180° = 68°28'14''$$

3.6.5 坐标计算的基本原理

1. 坐标增量

直线终点与起点坐标之差称为坐标增量。如图 3-6-10 所示，在平面直角坐标系中，设直线起点 A 和终点 B 的坐标分别为 x_A、y_A 和 x_B、y_B。Δx_{AB} 表示由 A 到 B 的纵坐标增量；Δy_{AB} 表示由 A 到 B 的横坐标增量，即

坐标计算

$$\left.\begin{array}{l}\Delta x_{AB} = x_B - x_A \\ \Delta y_{AB} = y_B - y_A\end{array}\right\} \qquad (3-6-5-1)$$

反之，若直线起点为 B，终点为 A，则由 B 到 A 的纵、横坐标增量为

$$\left.\begin{array}{l}\Delta x_{BA} = x_A - x_B \\ \Delta y_{BA} = y_A - y_B\end{array}\right\} \qquad (3-6-5-2)$$

A 到 B 和 B 到 A 的坐标增量绝对值相等，符号相反，即

$$\left.\begin{array}{l}\Delta x_{AB} = -\Delta x_{BA} \\ \Delta y_{AB} = -\Delta y_{BA}\end{array}\right\} \qquad (3-6-5-3)$$

可见，一直线的坐标增量的正负号取决于该直线的方向，而与直线本身所在的象限无关。如图 3-6-11 所示为坐标增量正、负号与直线方向的关系。

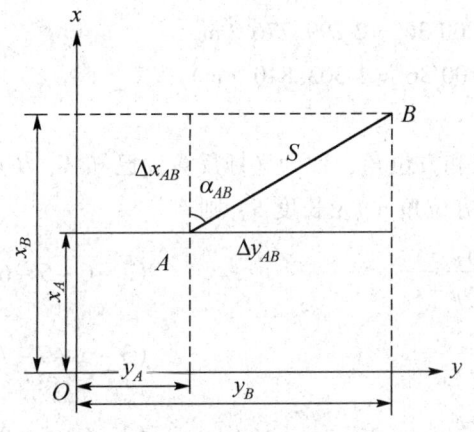

图 3-6-10 坐标与坐标增量

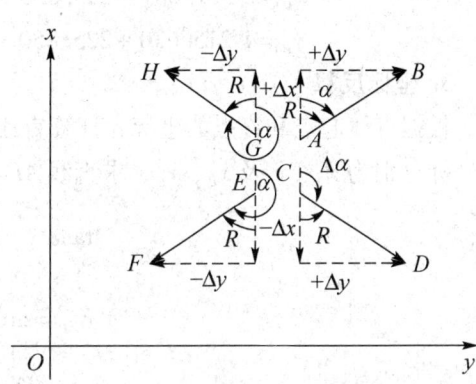

图 3-6-11 坐标增量正、负号与直线方向的关系

如果已知直线 AB 的长度为 S，坐标方位角为 α_{AB}，如图 3-6-10 所示，则 A 点到 B 点的坐标增量也可计算为

$$\left.\begin{array}{l}\Delta x_{AB} = S \cdot \cos\alpha_{AB} \\ \Delta y_{AB} = S \cdot \sin\alpha_{AB}\end{array}\right\} \qquad (3-6-5-4)$$

S 未加下标，因为直线长度本身无方向性。坐标方位角 α_{AB} 的取值范围为 $0° \sim 360°$，故坐标增量的正、负号取决于 α_{AB} 所在的象限。如表 3-6-8 所示为坐标增量符号的判定。

表 3-6-8 坐标增量符号的判定

直线的方向		函数符号		坐标增量符号	
坐标的方位角	相应的象限	cos	sin	Δx	Δy
0°~90°	北 东	+	+	+	+
90°~180°	南 东	−	+	−	+
180°~270°	南 西	−	−	−	−
270°~360°	北 西	+	−	+	−

2. 坐标正算

根据直线起点的坐标、直线的水平距离及其方位角，计算直线终点的坐标，称为坐标正算。如图3-6-10所示，先求其坐标增量

$$\Delta x_{AB} = S \cdot \cos\alpha_{AB}$$

$$\Delta y_{AB} = S \cdot \sin\alpha_{AB}$$

则 B 点的坐标 x_B、y_B 为

$$\left.\begin{array}{l} x_B = x_A + S \cdot \cos\alpha_{AB} \\ y_B = y_A + S \cdot \sin\alpha_{AB} \end{array}\right\} \quad (3-6-5-5)$$

[例 3-2] 设平面上有一直线 AB，起点 A 的坐标为 $x_A = 2\,507.687$ m，$y_A = 1\,215.630$ m，AB 距离 $S = 225.850$ m，AB 方位角 $\alpha_{AB} = 157°00'36''$。求 B 点坐标 x_B、y_B。

解：由式（3-6-5-5）得

$$x_B = 2\,507.687 + 225.850 \cdot \cos 157°00'36'' = 2\,299.776 \text{（m）}$$

$$y_B = 1\,215.630 + 225.850 \cdot \sin 157°00'36'' = 1\,303.840 \text{（m）}$$

3. 坐标反算

根据直线起点和终点的坐标，计算直线的边长和方位角，称为坐标反算。已知 A、B 点的坐标分别为 x_A、y_A 及 x_B、y_B，求直线 AB 的坐标方位角 α_{AB} 及长度 S，则

$$\tan\alpha_{AB} = \frac{\Delta y_{AB}}{\Delta x_{AB}} = \frac{y_B - y_A}{x_B - x_A} \quad (3-6-5-6)$$

$$\alpha_{AB} = \arctan\frac{y_B - y_A}{x_B - x_A} \quad (3-6-5-7)$$

$$S = \frac{\Delta y_{AB}}{\sin\alpha_{AB}} = \frac{\Delta x_{AB}}{\cos\alpha_{AB}} \quad (3-6-5-8)$$

由式（3-6-5-7）求出 α_{AB} 后，再由式（3-6-5-8）计算出 S。注意用正弦和余弦两次算出的 S 互相检核。

不论直线的坐标方位角如何，由式（3-6-5-7）直接计算出来的角度绝对值都为小于90°的象限角值，故还应根据其坐标增量的正、负号，按表3-6-8中的关系，换算成相应的坐标方位角。

若只需计算直线的长度，也可用式（3-6-5-9）计算出 S。

$$S = \sqrt{\Delta x_{AB}^2 + \Delta y_{AB}^2} = \sqrt{(x_B - x_A)^2 + (y_B - x_A)^2} \quad (3-6-5-9)$$

[例 3-3] 设直线 A、B 两点的坐标分别为 $x_A = 104\,342.990$ m，$x_B = 102\,404.500$ m，$y_A = 573\,814.290$ m，$y_B = 570\,525.720$ m。求 AB 距离及坐标方位角。

解：由 A、B 两点的坐标可得坐标增量为

$$\Delta y_{AB} = -3\,288.570 \text{ m}, \quad \Delta x_{AB} = -1\,938.490 \text{ m}$$

由坐标增量的符号判断，AB 直线所指方向为第三象限，且计算出的象限角值为 $R_{AB} = 59°28'56''$，则

$$\alpha_{AB} = 180° + 59°28'56'' = 239°28'56''$$

$$S = \frac{\Delta y_{AB}}{\sin\alpha_{AB}} = 3\ 817.386\ \text{m}$$

或

$$S = \frac{\Delta x_{AB}}{\cos\alpha_{AB}} = 3\ 817.385\ \text{m}$$

3.6.6 支导线各个未知点的坐标计算

在支导线计算中，从一已知点开始，由推算出来的各边坐标方位角和边长就可依次求出各导线点的坐标。

支导线中没有多余的观测值，它不存在数据之间的检核关系，因此，也无法对角度和边长的测量数据进行检核。支导线的计算步骤如下：

（1）根据已知起始点的坐标反算出已知边的坐标方位角，并进行计算检核。
（2）根据已知边的坐标方位角和观测的导线上的水平角，推算出各导线边的坐标方位角。
（3）根据所测得的导线边长和推算出的各导线边的坐标方位角计算各边的坐标增量。
（4）根据给定的已知高级点的坐标和计算出的坐标增量依次推算各点的坐标。

从支导线的计算过程可以看出，支导线缺少对观测数据的检核，因此，在实际工作中使用支导线时一定要谨慎。根据相关规范规定，一般情况下，支导线只限于在图根导线和地下工程导线中使用。对于图根导线，支导线的未知点数一般规定不超过3个点。

3.6.7 闭合导线内业计算

1. 角度闭合差的计算与调整

设闭合导线有 n 条边，由几何学可知，平面闭合多边形的内角和的理论值为

$$\sum\beta_{理} = (n-2) \times 180° \tag{3-6-7-1}$$

若闭合导线内角观测值的和为 $\sum\beta_{测}$，则角度闭合差为

$$W_\beta = \sum\beta_{测} - \sum\beta_{理} = \sum\beta_{测} - (n-2) \times 180° \tag{3-6-7-2}$$

W_β 绝对值的大小反映角度观测的精度。一般图根导线的 W_β 的允许值就是极限中误差，应为

$$W_{\beta允} = \pm 40\sqrt{n}'' \tag{3-6-7-3}$$

式中：n——导线折角个数。

若 $|W_\beta| > |W_{\beta允}|$，则应重新观测各折角；若 $|W_\beta| \leq |W_{\beta允}|$，通常将 W_β 取反号，平均分配到各折角的观测值中。调整分配值称为角度改正数，以 V_β 表示，即

$$V_\beta = -W_\beta/n \tag{3-6-7-4}$$

角度及其改正数取至秒，如果式（3-6-7-4）不能整除，则可将余数凑到短边夹角的改正数中，最后使 $\sum V_\beta = -W_\beta$。将角度观测值加上改正数后，得到改正后的角值，也称为平差角值。

改正后的导线水平角之间必须满足正确的几何关系。

2. 推算闭合导线各边的坐标方位角

推算闭合导线各边坐标方位角是根据高一级点间的已知坐标方位角与测得的连接角，求出导线起始边的坐标方位角，然后利用各平差角推算出各导线边的坐标方位角。关于导线各边坐标方位角的推算详细过程参看 3.6.4 节。

3. 坐标增量计算

依据导线各边丈量结果及坐标方位角推算结果，就可利用坐标增量计算公式求出各边的坐标增量，参看 3.6.5 节。

4. 坐标增量闭合差计算及调整

闭合导线坐标增量如图 3-6-12 所示，闭合导线边的纵、横坐标增量的代数和应分别等于 0，即

$$\sum \Delta x_{理} = 0$$
$$\sum \Delta y_{理} = 0 \qquad (3-6-7-5)$$

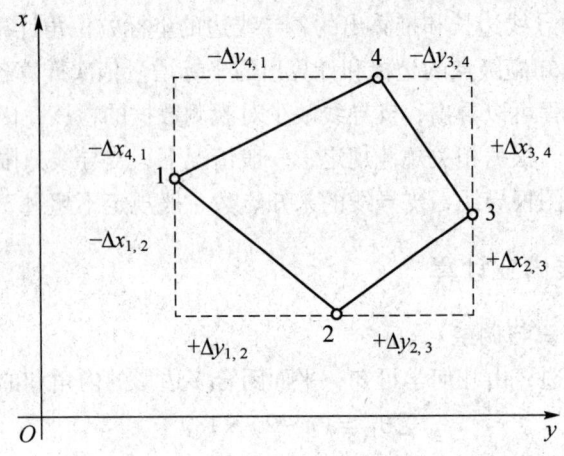

图 3-6-12 闭合导线坐标增量

但是，由于不仅量边有误差，而且平差角值也有误差，致使计算的坐标增量代数和不一定等于零，即

$$\sum \Delta x_{计} = W_x$$
$$\sum \Delta y_{计} = W_y \qquad (3-6-7-6)$$

式中：W_x——纵坐标增量闭合差；

W_y——横坐标增量闭合差。

导线存在坐标增量闭合差，反映了导线没有闭合，其几何意义如图 3-6-13 所示。1-1′这段距离称为导线全长闭合差，以 W_S 表示，按几何关系得

$$W_S = \sqrt{W_x^2 + W_y^2} \qquad (3-6-7-7)$$

导线的精度通常是以相对闭合差来表示的,若以 T 表示相对闭合差的分母,$\sum S$ 表示导线的全长,则

$$\frac{1}{T}=\frac{W_S}{\sum S}=\frac{1}{\frac{\sum S}{W_S}} \qquad (3-6-7-8)$$

相对闭合差要以分子为 1 的形式表示,其分母越大,导线精度越高。图根导线相对闭合差一般小于 1/2 000,在特殊困难地区不应超过 1/1 000。

若导线相对闭合差在允许的限度之内,则将 W_x、W_y 分别取反号并按与导线边长成正比原则,调整相应的纵、横坐标增量。若以 v_{xi}、v_{yi} 分别表示第 i 边纵、横坐标增量改正数,则

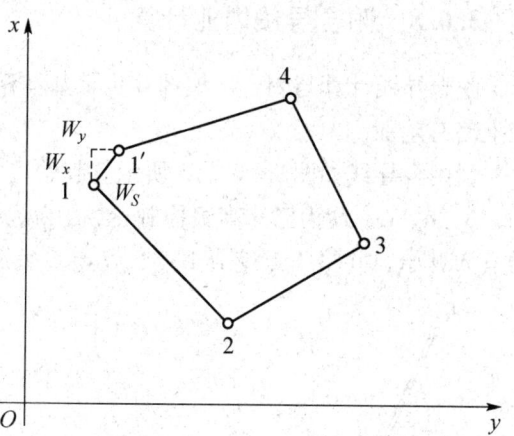

图 3-6-13 闭合导线坐标增量闭合差

$$v_{xi}=-\frac{W_x}{\sum S}\cdot S_i,\quad v_{yi}=-\frac{W_y}{\sum S}\cdot S_i \qquad (3-6-7-9)$$

坐标增量改正数应计算至毫米。由凑整而产生的误差,可调整到长边的坐标增量改正数上,使改正数总和满足

$$\sum v_x=-W_x,\quad \sum v_y=-W_y \qquad (3-6-7-10)$$

将坐标增量加上各自的改正数,得到调整后的坐标增量。改正后的坐标增量应满足 $\sum \Delta x=0$、$\sum \Delta y=0$,以资查核。

5. 坐标计算

根据已知点的坐标和改正后的坐标增量,可依次推算各点坐标,并推算出闭合导线(见图 3-6-14)的起始点的坐标,该值应与已知值一致,否则计算就有错误。

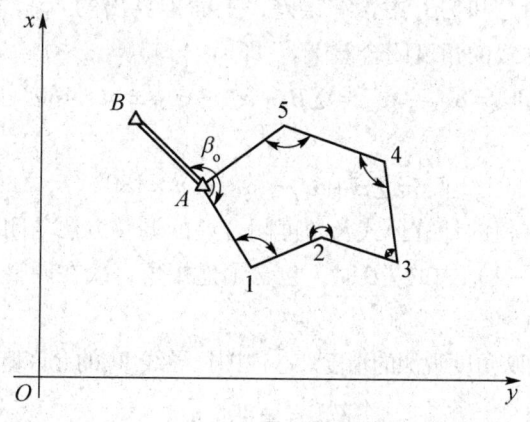

图 3-6-14 闭合导线

3.6.8 附合导线内业计算

附合导线计算与闭合导线计算步骤基本相同，其角度闭合差和坐标增量闭合差的计算公式上略有差别。

设附合导线如图 3-6-15 所示。起始边 BA 和终边 CD 的坐标方位角 α_{BA} 及 α_{CD} 都是已知的，B、A、C、D 为已知高级控制点，β_i 为观测角值（$i=1, 2, \cdots, n$），附合导线编号从起始点 A 开始，并将 A 点编成 1 点，终点 C 编成 n 点。

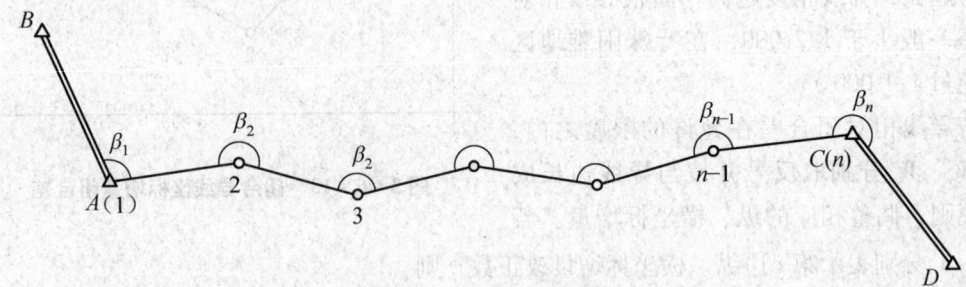

图 3-6-15　附合导线

从已知边 BA 的坐标方位角 α_{BA} 开始，依次用导线各左角推算出终边 CD 的坐标方位角 $\alpha_{CD'}$，即

$$\alpha_{12} = \alpha_{BA} + \beta_1 \pm 180°$$
$$\alpha_{23} = \alpha_{12} + \beta_2 \pm 180°$$
$$\cdots\cdots$$
$$\alpha_{CD'} = \alpha_{(n-1)n} + \beta_n \pm 180°$$

将上列等式两端分别相加，得

$$\alpha_{CD'} = \alpha_{BA} + \sum \beta_i \pm n \times 180°$$

由于导线左角观测值总和 $\sum \beta_i$ 中含有误差，上面推算出的 $\alpha_{CD'}$ 与 CD 边已知值 α_{CD} 不相等，两者的差数为附合导线的角度闭合差 W_β，即

$$W_\beta = \alpha_{CD'} - \alpha_{CD} = \sum \beta_i + \alpha_{BA} - \alpha_{CD} \pm n \times 180°$$

写成一般形式为

$$W_\beta = \sum \beta + \alpha_{始} - \alpha_{终} \pm n \times 180° \tag{3-6-8-1}$$

附合导线闭合差允许值的计算公式及角度闭合差的调整方法与闭合导线相同。值得指出的是，计算式（3-6-8-1）中的 $\sum \beta$ 时，包含了连接角，故在调整角度闭合差时，也应包括连接角在内。

W_β 绝对值的大小可反映角度观测的精度。一般图根导线 W_β 的允许值为其极限中误差，应为

$$W_{\beta 允} = \pm 40'' \sqrt{n} \tag{3-6-8-2}$$

式中：n——导线折角个数（包括两个导线的定向角）。

若 $|W_\beta| > |W_{\beta允}|$，则应重新观测各折角；若 $|W_\beta| \leq |W_{\beta允}|$，通常将 W_β 取反号，平均分配到各折角的观测值中。调整分配值称为角度改正数，以 v_β 表示，即

$$v_\beta = -W_\beta/n \tag{3-6-8-3}$$

角度及其改正数取至秒，如果式（3-6-8-3）不能整除，则可将余数凑给短边夹角的改正数中，最后使 $\sum v_\beta = -W_\beta$。将角度观测值加上改正数后，即得改正后的角值，也称平差角值。

改正后的导线水平角之间必须满足正确的几何关系。

按附合导线的要求，导线各边坐标增量代数和的理论值应等于终点（如 C 点）与起点（如 A 点）的已知坐标值之差，即

$$\left.\begin{array}{l}\sum \Delta x_{理} = x_{终} - x_{始} \\ \sum \Delta y_{理} = y_{终} - y_{始}\end{array}\right\} \tag{3-6-8-4}$$

因测角量边都有误差，故从起点推算至终点的纵、横坐标增量之代数和 $\sum \Delta x_{测}$、$\sum \Delta y_{测}$ 与 $\sum \Delta x_{理}$、$\sum \Delta y_{理}$ 不一致，从而产生增量闭合差，即

$$\left.\begin{array}{l}W_x = \sum \Delta x_{测} - \sum \Delta x_{理} \\ W_y = \sum \Delta y_{测} - \sum \Delta y_{理}\end{array}\right\} \tag{3-6-8-5}$$

$$W_S = \sqrt{W_x^2 + W_y^2} \tag{3-6-8-6}$$

$$\frac{1}{T} = \frac{W_S}{\sum S} = \frac{1}{\dfrac{\sum S}{W_S}} \tag{3-6-8-7}$$

附合导线的相对闭合差要以分子为 1 的形式表示。分母越大，导线精度越高。图根导线相对闭合差一般小于 1/2 000，在特殊困难地区也不应超过 1/1 000。

若附合导线的相对闭合差在允许的限度之内，则将 W_x、W_y 分别取反号并按与导线边长成正比的原则，调整相应的纵、横坐标增量。若以 v_{xi}、v_{yi} 分别表示第 i 边纵、横坐标增量改正数，则

$$v_{xi} = -\frac{W_x}{\sum S} \cdot S_i$$

$$v_{yi} = -\frac{W_y}{\sum S} \cdot S_i \tag{3-6-8-8}$$

坐标增量改正数计算至毫米。由凑整而产生的误差，可调整到长边的坐标增量改正数上，使改正数总和满足

$$\left.\begin{array}{l}\sum v_x = -W_x \\ \sum v_y = -W_y\end{array}\right\} \tag{3-6-8-9}$$

将坐标增量加上各自的改正数，得到调整后的坐标增量。改正后的坐标增量应满足 $\sum \Delta x =$ 已知点之间的 x 坐标增量、$\sum \Delta y =$ 已知点之间的 y 坐标增量，以资查核。

根据已知点的坐标和改正后的坐标增量，按坐标正算公式依次推算各个未知点的坐标，

并推算出附合导线的终点（已知点）的坐标，推算出的已知点的坐标应该等于相应点的坐标，如果不相等则说明计算过程中有计算错误。

3.7 解析交会任务

3.7.1 任务要求

能够采用交会方法获取点位坐标。

3.7.2 学习目标

◆ 能力目标
① 前方交会、侧方交会和后方交会操作步骤。
② 前方交会、侧方交会和后方交会适用情况。
◆ 知识目标
理解前方交会、侧方交会和后方交会原理。
◆ 素质目标
① 养成诚信、敬业、科学、严谨的工作态度。
② 强化学生的规范意识。
◆ 思政目标
① 培养学生的国防、守法和保密意识。
② 培养学生的工匠精神。

3.7.3 用到的仪器及记录表格

◆ 仪器

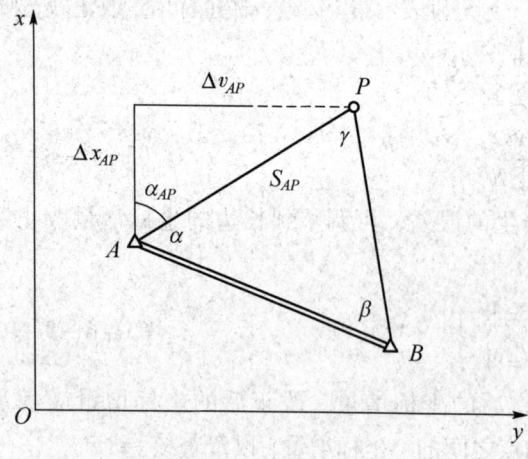

图 3-7-1 单三角形解算

经纬仪。
◆ 其他
无。

3.7.4 操作步骤

如图 3-7-1 所示为单三角形解算，A、B 为已知高级点，已知观测角 α、β、γ，求解待定点 P 的坐标。具体计算步骤如下。

1. 三角形闭合差的计算与分配

在单三角形中，观测角 α、β、γ 存在观测误差，致使三角形内角和不等于 180°，因而产生了闭合差，即

$$W = \alpha + \beta + \gamma - 180°$$

处理闭合差的方法是将 W 取反号，平均分配到 α、β、γ 中进行改正。

2. 坐标计算

如图 3-7-1 所示，用改正后的 α、β 及已知坐标，依式（3-7-4-1）直接算出 P 点坐标，即

$$\left.\begin{array}{l} x_P = \dfrac{x_A \cot\beta + x_B \cot\alpha - y_A + y_B}{\cot\alpha + \cot\beta} \\[6pt] y_P = \dfrac{y_A \cot\beta + y_B \cot\alpha + x_A - y_B}{\cot\alpha + \cot\beta} \end{array}\right\} \quad (3-7-4-1)$$

式（3-7-4-1）称为余切公式，它在测量计算中得到广泛的应用。应用该公式时，A、B、P 三点应为逆时针编排。α、β、γ 也需与 A、B、P 三点按图 3-7-1 的规律对应编排，否则将会导致错误。表 3-7-1 为利用余切公式解算的单三角形计算示例。

表 3-7-1　单三角形计算示例

示意图	略图						
点号	点名	角号	观测角值	-W/3	平差角值	角之余切	x/m	y/m
						1.272 825		
P	矸石山	γ	54°34′24″	-8″	54°34′16″	0.711 422	3 811 499.774	20 543 080.152
A	新桥	α	60°41′32″	-8″	60°41′24″	0.561 403	3 811 230.095	20 543 153.696
B	煤仓	β	64°44′28″	-8″	64°44′20″	0.471 868	3 811 406.822	20 543 333.132
	Σ		180°00′24″	-24″	180°00′00″	1.033 271		

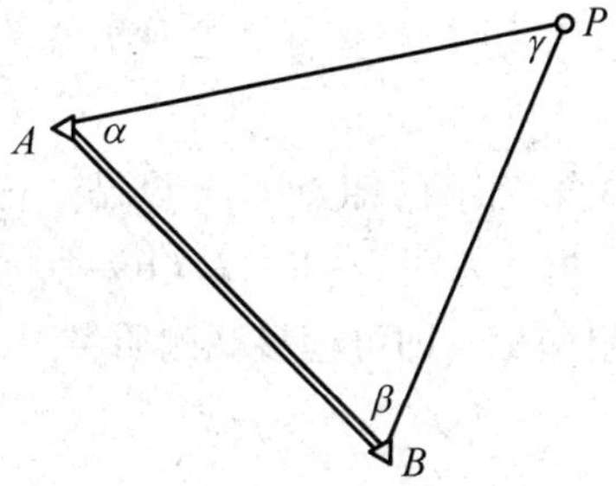

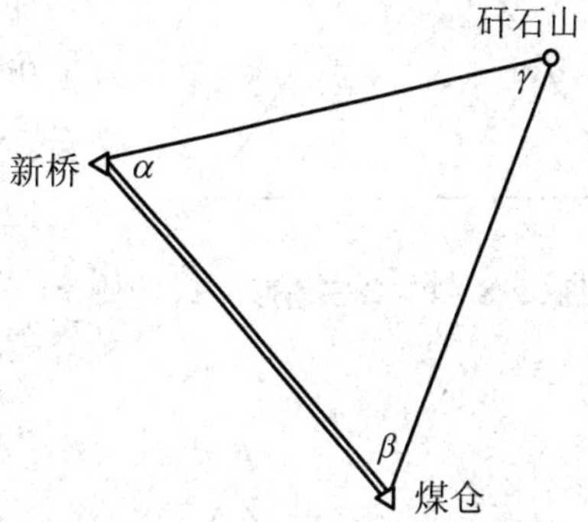

3. 检核计算

为检核计算中有无错误，可求出 P 点坐标，将 P、A 作为已知点，计算 B 点坐标。若计算出的 B 点坐标与原坐标一致，则说明计算无误。检核计算 B 点坐标，应使用式（3-7-4-2）：

$$\left.\begin{array}{l} x_B = \dfrac{x_P \cot\alpha + x_A \cot\gamma - y_P + y_A}{\cot\gamma + \cot\alpha} \\[6pt] y_B = \dfrac{y_P \cot\alpha + y_A \cot\gamma + x_P - x_A}{\cot\gamma + \cot\alpha} \end{array}\right\} \quad (3-7-4-2)$$

3.8 解析交会基础知识

解析交会测量

布设图根平面控制点时，若经纬仪导线或三角网（锁）等图根点密度不够，则可用解析交会测量的方法加密图根点。所谓解析交会测量，就是用经纬仪测角或光电测距仪测距离，然后利用角度或距离交会，经过计算而求得待定点的坐标的测量工作。解析交会一般有下列几种。

3.8.1 角度交会

如图 3-8-1 所示，在已知点 A、B 和待定点 P 上设站，分别测出 α、β、γ，计算得到 P 点坐标，这种方法称为单三角形。单三角形因观测了三角形三个内角，可用 $\alpha+\beta+\gamma=180°$ 作检核条件。

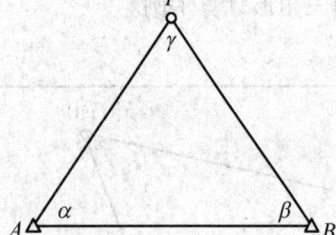

图 3-8-1 单三角形

1. 前方交会

如图 3-8-2（a）所示，在已知点 A、B 上设站，分别测出 α、β，通过计算求得 P 点坐标，这种方法称为前方交会。

为了检核，还要在第三个已知点 C 上设站，这样共测出 α_1、β_1、α_2、β_2 四个角，如图 3-8-2（b）所示。比较计算得到的 P 点的两组坐标，即可检核观测质量。

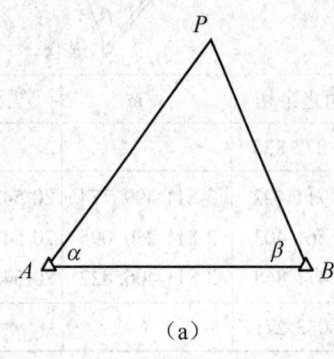
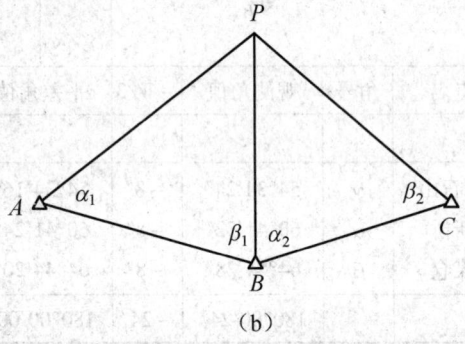

（a） （b）

图 3-8-2 前方交会
(a) 前方交会原理；(b) 前方交会应用

2. 侧方交会

如图 3-8-3（a）所示，若分别在一个已知点 A（或 B）和待定点上设站，测出 α（或 β）和 γ，通过计算求得 P 点坐标，这种方法称为侧方交会。为了检核，还要在 P 点多观测一个已知点 K，测出检验角 ε，如图 3-8-3（b）所示。比较坐标反算求得的 ε 与 ε 的实测值，即可检核观测质量。

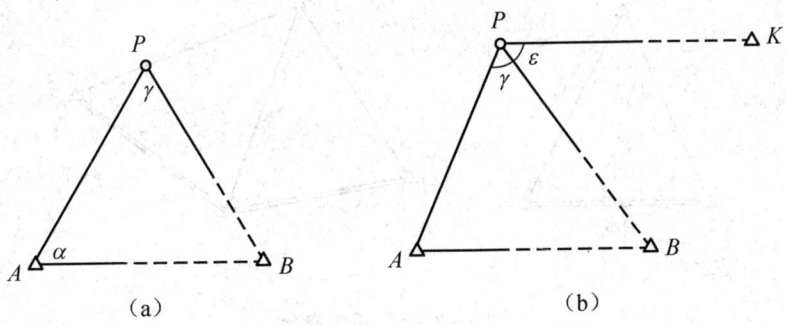

图 3-8-3　侧方交会

(a) 侧方交会原理；(b) 侧方交会应用

3. 后方交会

如图 3-8-4（a）所示，在待定点 P 上设站，对三个已知点进行观测，测出 α、β，通过计算求得 P 点坐标，这种方法称为后方交会。

为了检核，在待定点 P 上，还应多观测一个已知点 K，测得 ε，如图 3-8-4（b）所示。比较坐标反算求得的 ε 与 ε 的实测值，即可检核观测质量。

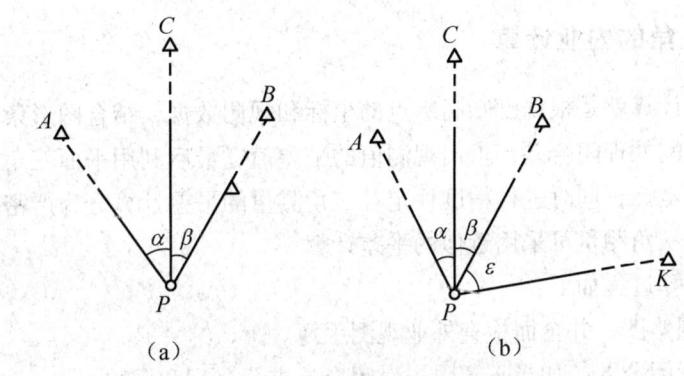

图 3-8-4　后方交会

(a) 后方交会原理；(b) 后方交会应用

3.8.2　距离交会

如图 3-8-5（a）所示，在待定点 P 上设站，用光电测距仪分别观测已知点 A、B，测出 P 点至 A、B 的距离 S_1、S_2，通过计算求得 P 点坐标，这种方法称为距离交会。

为了检核，可在 P 点多观测一个已知点 C，测出 P 点至 C 点的距离 S_3，利用 S_2、S_3 求得 P 点的又一组坐标，然后通过对两组坐标的比较来检查观测质量，如图 3-8-5（b）所示。

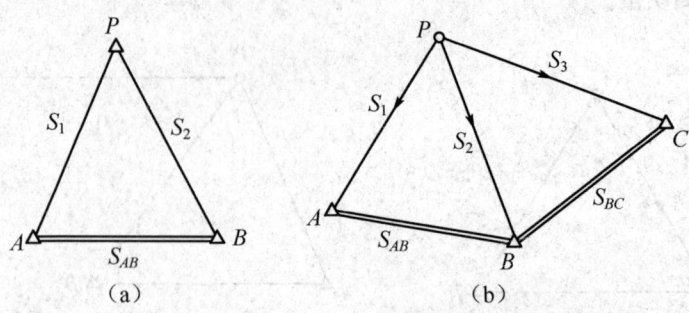

图 3-8-5 距离交会
(a) 距离交会原理；(b) 距离交会应用

在解析交会测量中，角度交会测量的外业工作与图根三角网（锁）测量的外业工作基本相同。但应指出，在交会图形中，由待定点至相邻两已知点方向间的交角（称交会角）不能过大或过小，交会角在 70°左右最好，否则将引起大的点位误差。一般测量规范规定交会角不应小于 30°或大于 150°。另外，为了提高交会测量外业效率，测角交会的角度观测应尽量与图根三角网（锁）同时进行。还需特别注意的是在后方交会中，待定点 P 不能选在危险圆上或危险圆附近。

3.8.3 小三角的内业计算

小三角的内业计算就是根据已知高级点的坐标和观测数据，结合图形条件，通过科学的数据处理，合理分配处理闭合差，求出观测值的平差值，最后利用平面三角知识计算出各个未知三角点的平面坐标，同时进行精度评定。三角测量的平差计算分为严密的平差和近似的平差两种方法。小三角测量可采用近似的平差计算。

小三角网的计算过程如下：
① 绘制三角网略图，并全面检查外业观测手簿。
② 计算三角形闭合差，如果不超限，对闭合差进行分配和调整。
③ 根据正弦定理计算各个未知边长及其闭合差，并调整。
④ 计算三角形的边长。
⑤ 根据导线测量的计算方法计算坐标增量和各个未知点的坐标。
⑥ 进行精度评定。

3.9 测绘仪器的发展与思政点

党的二十大报告指出，必须坚持科技是第一生产力、人才是第一资源、创新是第一动力，深入实施科教兴国战略、人才强国战略、创新驱动发展战略，开辟发展新领域、新赛道，不断塑造发展新动能、新优势。测绘仪器的发展体现着党的二十大精神，过去几十年测绘人走出了一条科技兴测之路。如今，我国测绘科技整体水平已跻身世界先进行列，一些领域达到国际领先。青年一代不怕苦、不畏难、不惧牺牲，用臂膀扛起如山的责任，展现出青春激昂的风采，展现出中华民族的希望！

中国是世界上为数不多的可以自主生产测绘仪器的国家，20世纪50年代初，北京光学仪器厂率先生产出国内第一台光学经纬仪；改革开放后国家基础设施建设和房地产的迅猛发展也使测绘仪器的需求猛增。拥有中国制造的高精度测绘仪器，是几代中国测绘人共同的梦想。1989年，第一台国产全站仪诞生，这是我国在实现中国测绘梦的道路上踏出的重要一步。随着信息技术的发展，测绘仪器生产开始引入GPS、北斗等高科技信息技术手段，目前已全面形成GNSS市场。

本章小结

本章主要内容是使用经纬仪、全站仪，采用测回法和方向法完成角度测量，进一步完成图根导线外业观测及内业计算。通过本章学习完成导线测量，掌握平面控制测量流程及要求，理解误差产生的规律，能够减小或消除误差。

思考题

1. 什么是水平角？什么是竖直角？
2. 经纬仪由哪几部分组成？
3. 经纬仪的安置包括哪两部分内容？怎样进行安置？目的是什么？
4. 经纬仪有哪些几何轴线？它们之间的正确关系是什么？
5. 测量水平角时，为什么要用盘左、盘右两个位置观测？
6. 电子经纬仪与光学经纬仪相比有哪些优势？
7. 试述测回法测水平角的步骤，并根据表3-9-1的记录计算水平角及平均角。

表3-9-1　测回法测水平角手簿

测站	测点	盘位	水平度盘读数	水平角	平均角	备注
O	A	左	20°01′10″			B
	B		67°12′30″			
	B	右	247°12′56″			
	A		200°01′50″			

8. 距离测量有哪几种方法？光电测距仪的测距原理是什么？
9. 距离丈量有哪些主要误差来源？

10. 为了保证一般距离丈量的精度，应注意哪些事项？

11. 用钢尺丈量一条直线，往测丈量的长度为 217.30 m，返测为 217.38 m，今规定其相对中误差不应大于 1/2 000，试问：

（1）此观测成果是否满足精度要求？

（2）按此规定，若丈量 100 m，往、返测量最大可允许相差多少毫米？

第4章 建筑工程施工放样

4.1 建筑工程施工放样任务

4.1.1 任务要求

能够把设计角度、距离、高程和坡度放样到地面。

4.1.2 学习目标

◆ 能力目标
① 掌握全站仪放样点位。
② 掌握水准仪放样高程。
③ 掌握坡度放样。
◆ 知识目标
① 理解已知水平角放样理论。
② 理解已知水平距离放样理论。
③ 理解已知高程和坡度放样理论。
◆ 素质目标
① 养成诚信、敬业、科学、严谨的工作态度。
② 强化学生的创新意识。
◆ 思政目标
培养学生具有"自主创新、开放融合、万众一心、追求卓越"的新时代北斗精神。

4.1.3 用到的仪器及记录表格

◆ 仪器
经纬仪、全站仪、棱镜、GNSS、水准仪、水准尺、尺垫。
◆ 其他
无。

4.1.4 操作步骤

1. 极坐标法放样点位

（1）计算放样数据

如图4-1-1所示，已知 $x_A = 100$ m，$y_A = 100.00$ m，$x_B = 80.00$ m，

全站仪测坐标和放样

$y_B = 150.00$ m,$x_P = 130.00$ m,$y_P = 140.00$ m。下面求出放样数据 β、D_{AP}。

由已知数据可计算得

$$\alpha_{AB} = \arctan\frac{y_B - y_A}{x_B - x_A} = \arctan\frac{150.00 - 100.00}{80.00 - 100.00} = 111°48'05''$$

$$\alpha_{AP} = \arctan\frac{y_P - y_A}{x_P - x_A} = \arctan\frac{140.00 - 100.00}{130.00 - 100.00} = 53°07'48''$$

$$\beta = \alpha_{AB} - \alpha_{AP} = 111°48'05'' - 53°07'48'' = 58°40'17''$$

$$D_{AP} = \sqrt{(x_P - x_A)^2 + (y_P - y_A)^2} = \sqrt{(130.00 - 100.00)^2 + (140.00 - 100.00)^2}$$
$$= \sqrt{30^2 + 40^2} = 50 \text{（m）}$$

（2）放样步骤

① 将经纬仪安置于点 A，瞄准后视点 B 定向；
② 顺时针转动照准部，使水平度盘读数为 $58°40'17''$；
③ 沿视线方向用钢尺量取距离 D 为 50 m，标定 P 点。

（3）全站仪极坐标法放样点位

按极坐标法用全站仪放样点的平面位置更为方便，甚至不需要预先计算放样数据。如图 4-1-2 所示，A、B 为已知控制点，P 点为待放样的点。放样步骤如下：

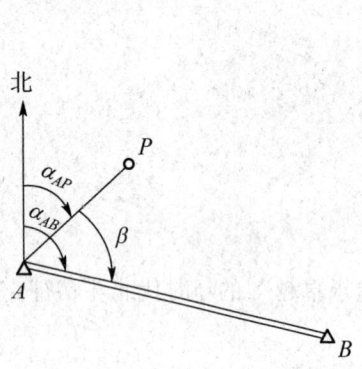
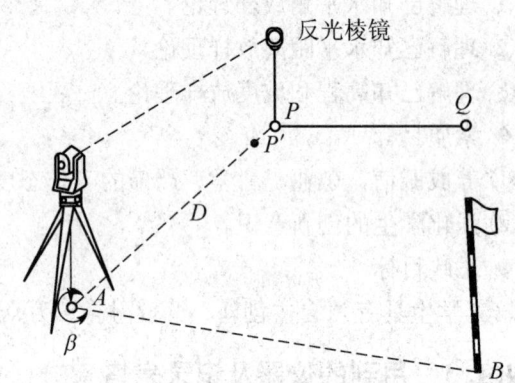

图 4-1-1　极坐标法放样　　　　图 4-1-2　按极坐标法用全站仪放样

① 将全站仪安置在 A 点，选择放样程序，按仪器提示分别输入测站点 A、后视点 B 的坐标，瞄准后视点 B，仪器将自动显示 AB 边的坐标方位角，将其与已知的 AB 边方位角比较，如不相等查找原因，直到相等，然后照准 B 点；
② 输入待定点的坐标，仪器会自动显示水平角 β 及水平距离 S；
③ 水平转动照准部直至角度改正值显示为 $0°00'00''$，固定照准部，此时视线方向为需要放样的方向；
④ 在该方向上指挥持棱镜者前后移动棱镜，直到距离改正值显示为零，则棱镜所在位置为 P 点。

如果需要归化法放样，则精确测量该点坐标，将其与设计值比较，并改化到正确位置。

2. 直角坐标法放样点位

如图4-1-3（a）和图4-1-3（b）所示，Ⅰ、Ⅱ、Ⅲ、Ⅳ点是建筑方格网的交点，其坐标值已知；1、2、3、4为拟放样的建筑物的四个角点，在设计图纸上已给定四个角点的坐标，现用直角坐标法放样建筑物的四个角桩。放样步骤如下：

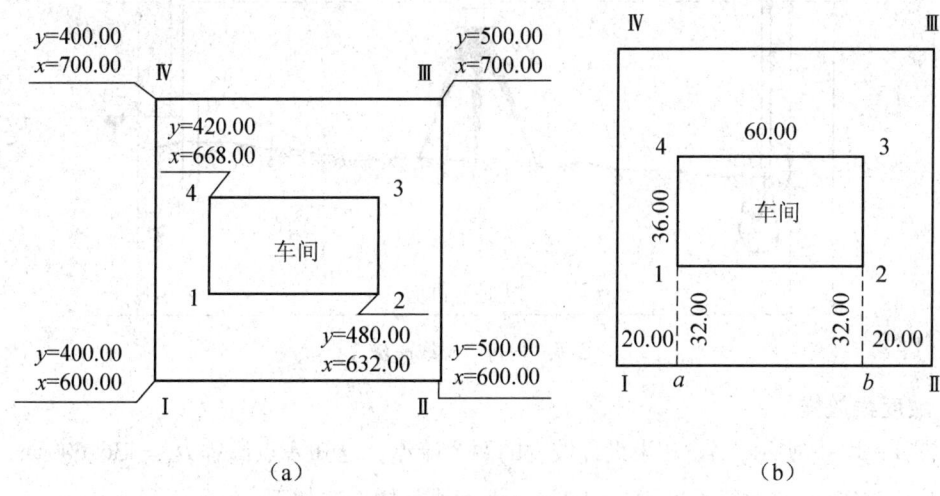

（a）　　　　　　　　　　　　　　（b）

图4-1-3　直角坐标法放样

（a）直角坐标法设计图纸；（b）直角坐标法测设数据

① 首先根据方格网点和建筑物角点的坐标，计算出放样数据。

② 然后在Ⅰ点安置经纬仪，瞄准Ⅱ点，在Ⅰ、Ⅱ方向上以Ⅰ点为起点分别放样 $D_{Ⅰa}=20.00$ m，$D_{ab}=60.00$ m，定出 a、b 点。

③ 搬仪器至 a 点，瞄准Ⅱ点，用盘左、盘右放样90°，定出 $a-4$ 方向线，在此方向上由 a 点放样 $D_{a1}=32.00$ m，$D_{14}=36.00$ m，定出1、4点。

④ 再搬仪器至 b 点，瞄准Ⅰ点，同法定出角点2、3，这样建筑物的四个角点位置便确定了。

⑤ 最后要检查 D_{12}、D_{34} 的长度是否为60.00 m，四个角是否为90°，误差是否在允许范围内。

3. 高程放样

如图4-1-4所示，R 为已知水准点，$H_R=75.678$ m，A 点为建筑物室内地坪 ±0.000 m 待测点，设计高程 $H_{设}=75.828$ m，放样出 A 点的位置。放样步骤如下：

① 安置水准仪于 R、A 点中间，整平仪器。

② 查看后视水准点 R 上的水准尺，读得后视读数为 $a=1.050$ m，$b_{应}=H_R+a-H_{设}=75.678+1.050-75.828=0.900$（m）。

高程

③ 将水准尺紧贴 A 点木桩侧面上、下移动，直至水准仪的读数恰好等于 0.900 时，紧靠尺底在木桩的侧面画一条横线，此横线为设计高程的位置。为了醒目，在横线下面用红油漆画出一个"▼"，若 A 点为室内地坪，则在横线上注明"±0"。

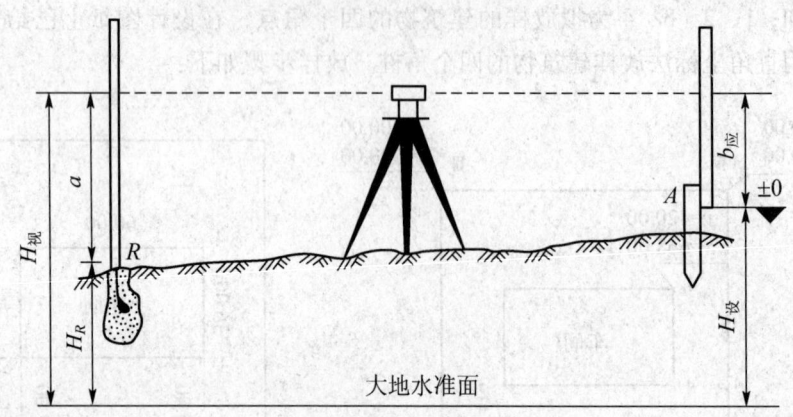

图 4-1-4 视线高法

4. 坡度线放样

如图 4-1-5 所示，A、B 为设计坡度的两个端点，已知 A 点高程 $H_A = 136.600$ m，设 A 点的坡度 $i = 10\%$，坡度线长度 $D_{AB} = 80$ m，坡度线放样方法如下：

$$H_B = H_A + i \cdot D_{AB} = 136.600 - 10\% \times 80 = 128.6 \text{（m）}$$

式中，坡度上升时 i 为正，反之为负。

一般用倾斜视线法放样坡度线。

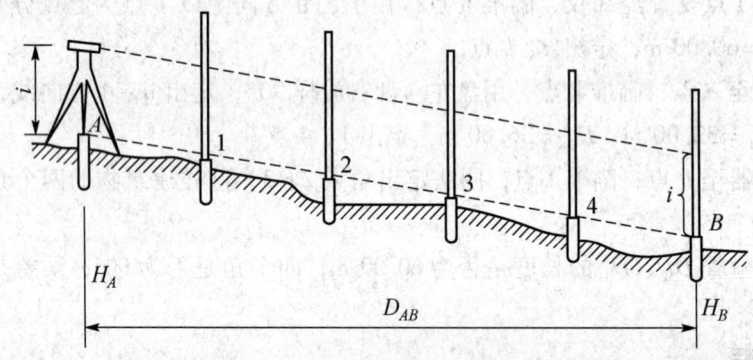

图 4-1-5 倾斜视线法放样坡度线

倾斜视线法测设放样步骤如下：

① 先根据附近水准点，将设计坡度线两端 A、B 的设计高程 H_A、H_B 测设于地面上，并打入木桩。

② 将水准仪安置于 A 点，并量取仪器高 $v = 1.345$ m，安置时使一个脚螺旋在 AB 方向上，另两个脚螺旋的连线大致垂直于 AB 方向线。

③ 瞄准 B 点上的水准尺，旋转 AB 方向上的脚螺旋或微倾螺旋，使视线在 B 点标尺上的读数等于仪器高 $v=1.345$ m，此时水准仪的倾斜视线与设计坡度线平行。

④ 在 A、B 间按一定距离打桩，当各桩点 1、2、3 和 4 上的水准尺读数都为仪器高 $i=1.345$ m 时，各桩顶连线就是所需测设的设计坡度。

由于水准仪望远镜纵向移动有限，坡度较大，超出水准仪脚螺旋的调节范围时，可使用经纬仪测设。

4.2 建筑工程施工放样基础知识

4.2.1 放样基本内容

当施工控制网建立后，为满足工程建设的要求，需要将图纸上设计好的建（构）筑物的平面和高程位置在实地标定出来，这个过程称为放样，又称为测设。它是建筑施工的基础。因此，在进行施工放样时，要具有高度的责任心，一旦出现差错，将严重影响建筑工程的质量，给建筑工程造成巨大的经济损失，甚至人员的伤亡。

放样的基本要素由放样依据、放样数据和放样方法三个部分组成。放样依据是指放样的起始点位和起始方向，是已知的；放样数据是指为得到放样结果所必需的、在放样过程中所使用的设计数据，是由工程设计部门给定或由图获得的；放样方法是根据待放样结果及其精度要求所设计的操作过程和所使用的仪器，是根据精度要求、场地条件、设备条件、已知点分布情况等设计的。

按位置分类，放样基本内容可以分为平面位置放样和高程位置放样；按结果分类，其可分为角度放样（方向放样）、长度放样、高程放样和点位放样；按照放样的过程和精度分类，其又可分为直接放样和归化法放样。直接放样是根据放样依据与放样结果的几何位置关系，直接放样出实地位置；归化法放样是直接放样后，对其进行精确测量，改化其与待定点之间的差值，该过程为"直接放样—精确测量—差值计算—位置改化"，归化法放样的精度高于直接放样的精度。

施工放样的精度要求取决于建设工程的重要程度。例如，金属或木质结构的精度高于砖混结构的精度，砖混结构的精度高于土质结构的精度；有连接设备的精度高于无连接设备的精度；永久性的精度高于临时性的精度；装配式的精度高于整体式的精度。影响最终位置精度的因素有放样精度、施工精度和构件制作精度。放样精度取决于起始数据等级、放样数据来源和放样方法，其中放样数据可由两种方法获取，一是设计给定数据，二是图上量取数据。一般来说，图上量取数据的精度较低。

关于具体工程的要求，如果施工规范中有规定的则应遵照执行；如果没有规定的，则应组织测量、施工及构件制作技术人员共同协商解决。但是测量工作的时间和成本会随着精度提高而相应增加。因此，应根据工程的需要来规定其精度，这样既能满足工程建设的需要，又不至于造成浪费。

在一个场区的施工测量中,局部的相对位置关系在工程施工放样中尤为重要。

为了达到放样的目的和精度要求,放样前应做好如下准备工作:

① 熟悉建筑工程的具体设计和细部结构,确定建筑物的主轴线和重要点位的分布及相互关系。

② 了解现场施工条件、基本控制点分布状况和位置关系。

③ 研究放样方案,并计算放样数据,预计放样精度,然后绘制放样略图。

4.2.2 水平角的放样

1. 直接放样

角度放样(实验)

当放样水平角的精度要求不高时,可用盘左、盘右取平均值的方法,获得放样的角度。

如图4-2-1所示,设地面上已有 OA 方向线,放样水平角 ∠AOC 等于已知角值 β。操作步骤如下:

① 将经纬仪安置在 O 点,用盘左位置照准 A 点,水平度盘置零。

② 松开水平制动螺旋,顺时针旋转照准部,当度盘读数增加到 β 角时,在视线方向上定出 C′ 点。

③ 用盘右位置照准 A 点,然后重复上述步骤,得另一点 C″。

④ 取 C′ 和 C″ 两点连线的中点 C,则 ∠AOC 就是要放样的 β 角,OC 方向线就是所要放样的方向。

2. 归化法放样

从直接放样法中可以看出,这种方法缺少多余观测,因此精度较低。为了提高角度放样的精度,可采用归化法。

角度放样精确放样(实验)

当放样水平角的精度要求较高时,应采用垂线改正的方法,如图4-2-2所示。具体操作步骤如下:

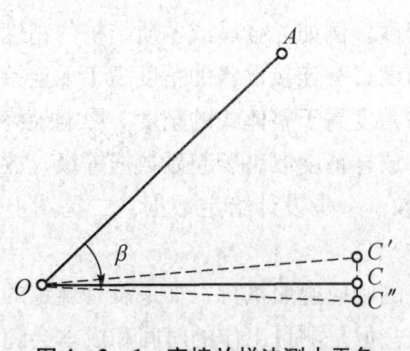

图4-2-1 直接放样法测水平角

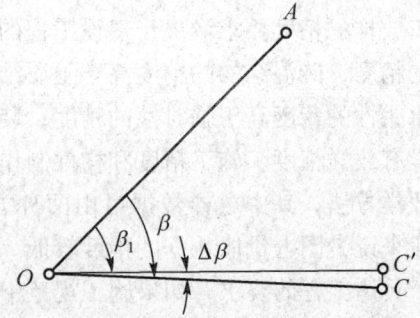

图4-2-2 垂线改正法放样水平角

① 在 O 点安置经纬仪,先用直接放样法放样 β 角,在地面上定出 C′ 点。

② 再用测回法观测∠AOC′多个测回（测回数由精度要求或按有关规范规定），取各测回平均值 β_1，即∠AOC′= β_1。

③ 当 β 和 β_1 的差值超过限差时，需进行改正。根据 $\Delta\beta$ 和 OC′的长度用式（4-2-2-1）计算出改正值 CC′：

$$CC' = OC' \times \tan\Delta\beta = OC' \times \Delta\beta/\rho'' \qquad (4-2-2-1)$$

式中，$\rho'' = 206\ 265''$。

④ 过 C′点作 OC′的垂线，再以 C′点沿垂线方向量取 CC′，定出 C 点，则∠AOC 就是要放样的 β 角。当 $\Delta\beta = \beta - \beta_1 > 0$ 时，说明∠AOC′偏小，应从 OC′的垂线方向向外改正；反之，应向内改正。

⑤ 放样出 C 点后，在用测回法观测∠AOC 多个测回，进行检查，以保证放样结果满足精度要求。

4.2.3 水平距离的放样

在施工放样过程中，经常需要将图上设计的距离在实地标定出来，也就是按给定的方向和起点将设计长度的另一端点标定在实地上，即距离放样，亦称线段放样。距离放样一般采用钢尺丈量，当精度要求较高时采用电磁波测距仪或全站仪放样。

1. 钢尺放样

（1）直接放样法

直接放样法放样距离采用钢尺放样，放样的具体操作步骤如下：

① 用钢尺零点对准给定的起点 A。

② 沿给定方向伸展钢尺，根据钢尺读数，将待测设线段的另一端定在实地点 B。

其中，钢尺读数的计算方法为

$$D_{读} = D_{设} - \frac{\Delta l}{l_0} \cdot D'_{读} - \alpha \cdot D'_{读} \cdot (t_m - t_0) + \frac{h^2}{2D'_{读}} \qquad (4-2-3-1)$$

式中：Δl——钢尺尺长改正值；

l_0——钢尺的名义长度；

α——钢尺线膨胀系数；

t_m——放样时的温度；

t_0——检定时的尺面温度；

h——线段两端的高差。

若坡度不大时，式（4-2-3-1）右端的 $D'_{读}$ 可用 $D_{设}$ 代替；若坡度较大时，则应先以 $D_{设}$ 代入式（4-2-3-1）计算出 $D'_{读}$ 的近似值，然后以 $D'_{读}$ 的近似值代入公式进行正式计算。

为了保证计算无误，通常将计算出的数据 $D_{读}$ 按丈量距离进行计算，其结果应与欲测设的水平距离相等。检核较差仅能在末位数上差 1~2 个单位，若较差太大，则可能计算有误。

例如，某建筑物轴线的设计长度为 80.000 m，实地测得直线段两端的高差为 0.450 m，放样时的温度为28 ℃，尺长为30 m，放样时的拉力与检定时相同，参照式（4-2-3-1）所用钢尺的倾斜改正数为0.003 5，温度改正数为0.000 125 5，尺长方程式为

$$l = 30 + 0.003\ 5 + 0.000\ 012\ 5 \times (28 - 20) = 30.003\ 6$$

放样时，实地丈量的长度 D 根据式（4-2-3-1）获得，按计算的 $D_{读}$，沿给定的方向丈量，即得放样长度。作为检查，再丈量一次，若两次放样结果在规定限差之内，则可取平均值作为最后结果。在距离放样过程中，当地面两点之间距离较长时，考虑到尺长相对较短，需将该直线距离分成若干段进行丈量，也就是在现场把若干根标杆定在该直线上，即直线定线（见3.4.1节）。

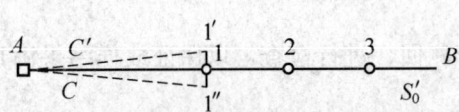

图4-2-3 直线定线图

如图4-2-3所示，钢尺从 A 点起在 AB 方向放样一段长度 S，S 的长度分解为 n 个整尺段长 S_0 和一个零尺段 S_0'。具体步骤如下：

① 在 A 点安置经纬仪，盘左照准 B 方向，固定照准部，定出 $1'$ 点，再使盘右照准 B 方向，定出 $1''$ 点，取两点中间定出 1 点。

② 以 A 点为起点，在 AB 方向上量取整尺段长度 S_0 到 $1'$ 点；再从 A 点起在 AB 方向量取整尺段长度 S_0 到 $1''$，取 $1'$ 和 $1''$ 的中间位置定点 1，如图4-2-4所示。

③ 从 1 点起，重复①②步骤，定出 2 点，依此类推，放样出 n 个整尺段至 N 点。

④ 在 N 点沿 AB 方向放样出 S_0' 的长度，定出 P' 点，则 AP' 的长度为 S。

在具体放样中，直线定线确定 1、$2\cdots\cdots N$ 的位置时，由于仪器和人为因素，使各点不能完全在 AB 的直线方向上，会产生定线误差 Δ，如图4-2-5所示。Δ 的大小主要取决于经纬仪的照准误差 m_v 和标定误差 m_t。

$$\Delta^2 = \left(\frac{m_v}{\rho''}S\right)^2 + m_t^2 \qquad (4-2-3-2)$$

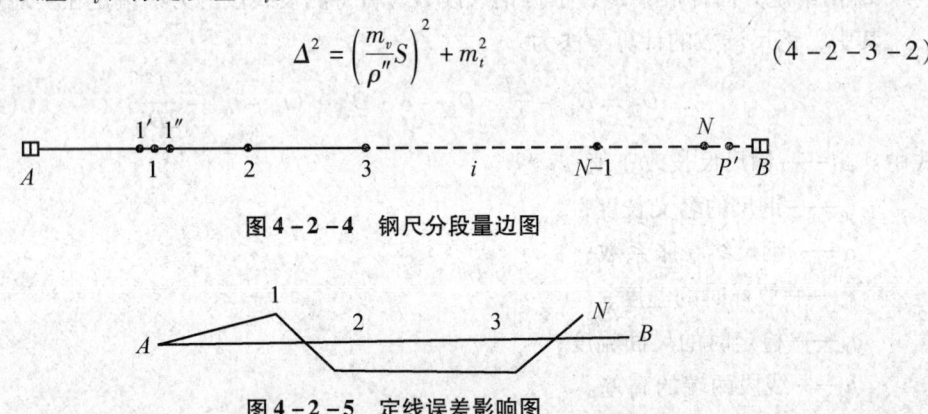

图4-2-4 钢尺分段量边图

图4-2-5 定线误差影响图

（2）归化法放样

当放样精度要求更高时，可以采用归化法放样距离，具体步骤如下：

① 首先按直接放样法定出 P' 点，精密丈量各个尺段长度（进行尺长改正、温度改正、倾斜改正），$AP' = S'$。

② 计算 $\Delta S = S - S'$，得到差值，若 $\Delta S > 0$，说明放样小了，应延长；若 $\Delta S < 0$，说明放样大了，应缩短。

③ 在 AB 方向，由 P' 点起，按②步骤改化 P' 点至 P 点，则 P 点为 AB 方向上待定长度 S 的终点，即 $AP = S$。ΔS 一般较小，因此可以不考虑 ΔS 的尺长改正、温度改正和倾斜改正。当归化法放样的 P 点需要长期使用和保存时，P 点需要埋设永久标志。为了便于埋设，有时人为地增大 ΔS，但是当 ΔS 过大时，应考虑对 ΔS 进行尺长改正、温度改正和倾斜改正。

有时在放样过渡点有意留下较大的 ΔS，以便在 P 处埋设永久性标石时不影响过渡点桩位，待该标石稳定后，再将点位从 P' 归化到永久性标石顶部去。

归化法放样距离 S 的误差 m_S 由两部分组成：测量 S' 的误差 m'_S 和归化 ΔS 的误差 $m_{\Delta S}$。

$$m_S^2 = m_S'^2 + m_{\Delta S}^2 \qquad (4-2-3-3)$$

由于归化值一般很小，归化的误差比测量的误差小很多，所以其影响可忽略不计。归化法放样的精度主要取决于测量的精度，而测量的精度通常比直接放样的精度高一些，故归化法放样的精度较直接放样法的精度高。

2. 测距仪、全站仪放样

因为现在一般的测距仪都具有斜距换算平距功能，所以可以直接使用测距仪放样长度。如图 4-2-6 所示，具体步骤如下：

① 安置测距仪，照准放样方向，将温度、气压输入测距仪中。

② 在"距离测量"模式下选择"放样"程序，输入设计的水平距离长度。

全站仪放样（实验）

③ 在目标方向线上移动反光镜，镜站整平，当显示的实际距离与待放距离之差为 0 时，固定反光镜。此点为待定点，应标定点位。

图 4-2-6 测距仪放样长度

④ 若需归化法放样，则精确测量该距离，其值为 S'，差值为 $\Delta S = S - S'$。

⑤ 在 AP' 方向线上，量取 ΔS（若 ΔS 符号为正，则向 P 点方向量取；反之向 A 点方向量取），定 P 点，则 P 点为最终点位。

在使用测距仪放样距离时，首先，选择仪器的测程，待放样距离在测距仪最佳测程内，放样结果才可靠；其次，按仪器的标称精度计算的测距相对中误差，应小于该长度的允许相对中误差。

4.2.4 点位放样

在图纸上设计好工程建（构）筑物后，然后在实地标出工程建（构）筑物，主要是通过将建筑物或构筑物的特征点放样到实地来实现的。根据所采用的放样仪器和实地条件不同，通常采用极坐标法、直角坐标法、方向线交会法、前方交会法、距离交会法、GNSS-RTK法等进行放样。下面介绍几种主要方法的具体操作过程。

1. 极坐标法

（1）放样方法

极坐标法是在控制点上放样一个角度和一段距离来确定点的平面位置。此法适用于放样点离控制点较近且便于量距的情况。若用全站仪放样则不受这些条件限制。

如图4-1-1所示，A、B为控制点，其坐标x_A、y_A、x_B、y_B已知，P点为设计的待定点，坐标x_P、y_P已知。现欲将P点测设于实地。

① 计算放样元素。先按式（4-2-4-1）和式（4-2-4-2）计算出放样数据水平角β和水平距离D_{AP}。

$$\alpha_{AB} = \arctan \frac{y_B - y_A}{x_B - x_A}$$

$$\alpha_{AP} = \arctan \frac{y_P - y_A}{x_P - x_A}$$

$$\beta = \alpha_{AB} - \alpha_{AP} \qquad (4-2-4-1)$$

$$D_{AP} = \sqrt{(x_p - x_A)^2 + (y_p - y_A)^2} \qquad (4-2-4-2)$$

② 在A点安置经纬仪，瞄准B点，采用正倒镜分中法放样出水平角β以定出AP方向，沿此方向上用钢尺放样距离D_{AP}，即定出P点。

虽然放样元素的计算和实际操作非常简便，但放样工作是各项施工工作的前提和依据，故其责任重大，往往一点微小的差错会造成无法挽回的巨大损失。因此，必须在实施过程中采取必要的措施进行校核，确保正确无误。具体措施如下：

① 仔细校核已知点的坐标和设计点的坐标与实地和设计图纸给定的数据是否相符。

② 尽可能用不同的计算工具或计算方法进行两人对算。

③ 用放样出的点进行相互检核。

（2）精度分析

极坐标法归化放样一个P点，则可知P点的误差m_P有三方面来源，一是起始点A的点位误差m_A，二是放样误差$m_放$，三是标定误差$m_标$，即

$$m_P^2 = m_A^2 + m_放^2 + m_标^2 \qquad (4-2-4-3)$$

在建筑工程中主要要求工程各部分的相对位置关系准确，因此一般不考虑起算点位误差m_A，即

$$m_P^2 = m_放^2 + m_标^2 \qquad (4-2-4-4)$$

放样误差由角度放样误差m_β和长度放样误差m_S产生；标定误差是标定P点位置时产生的误差，一般为估算值。计算公式为

$$\left.\begin{array}{l}m_{放}^2=\left(\dfrac{m_\beta}{\rho''}S\right)^2+m_S^2\\[2mm] m_p^2=\left(\dfrac{m_\beta}{\rho''}S\right)^2+m_S^2+m_{标}^2\end{array}\right\} \qquad (4-2-4-5)$$

亦可以称 $\dfrac{m_\beta}{\rho''}S$ 为横向误差，m_S 为纵向误差。

2. 直角坐标法

（1）放样方法

当施工场地布设相互垂直的矩形方格网或主轴线，以及量距比较方便时可采用此法。测设时，先根据图纸上的坐标数据和几何关系计算测设数据，然后利用仪器工具实地测设点位。

如图 4-2-7 所示，OA、OB 为相互垂直的主轴线，它们的方向与建筑物相应两轴线平行。下面根据设计图上给定的 1、2、3、4 点的位置关系及 1、3 两点的坐标，用直角坐标法测设 1、2、3、4 各点的位置。具体步骤如下：

① 计算测设数据。图 4-2-7 中建筑物的轴线与坐标轴平行，根据 1、3 两点的坐标可以求得建筑物的长度为 $y_3-y_1=80.000$ m、宽度为 $x_1-x_3=35.000$ m，过 4、3 点分别作 OA 的垂线得 a、b 两点，可得 $Oa=40.000$ m，$Ob=120.000$ m，$ab=80.000$ m。

② 实地测设点位。首先，安置经纬仪于 O 点，照准 A 方向，按距离测设方法由 O 点沿视线方向测设 OA 距离 40 m，定出 a 点，继续向前测设 80 m，定出 b 点；其次，安置经纬仪于 a 点，瞄准 A 点，水平度盘置零，盘左、盘右取中法，时针方向测设直角 90°。从 a 点

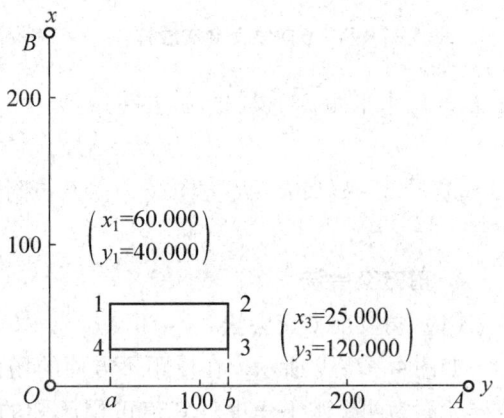

图 4-2-7　直角坐标法测设平面点位

起沿视线方向测设距离 25 m，定出 4 点。再向前测设 35 m，即可定出 1 点的平面位置；再次，安置经纬仪于 b 点，照准 A 方向，方法同上，定出 3、2 两点的平面位置；最后，检查 1—2 和 3—4 之间的距离是否等于设计长度 80 m，∠1 和∠2 是否等于 90°，若较差在规定的范围内，则放样合格。

（2）精度分析

如图 4-2-7 所示，放样 1 点需经过两个阶段：一是直线定线，放样长度；二是拨 90°角放样方向，再放样距离。其误差包括以下内容：

① 直线定线放样长度的误差 m_{S1}；

② 标定误差 $m_{标1'}$；

③ 在 1′点放样角度的误差 $m_{\beta 1}$ 所产生的横向误差 $\dfrac{m_{\beta 1}}{\rho''}y_1$；

④ 在 1′点放样长度的误差 m_{S2}；

⑤ 标定 1 点的误差 $m_{标1}$：

$$m_1^2 = m_{S1}^2 + m_{标1'}^2 + \left(\frac{m_{\beta1}}{\rho''}y_1\right)^2 + m_{S2}^2 + m_{标1}^2 \qquad (4-2-4-6)$$

式中的 $m_{标1}$、$m_{标1'}$ 在相同的观测条件下应相等。

3. 方向线交会法

方向线交会法是根据两条互相垂直的方向线相交后来定点，这种方法主要是应用格网控制点来设置两条相互垂直的直线，此方法适合于建立了厂区控制网或厂房控制网的大型厂矿工地在施工中恢复点位时应用。

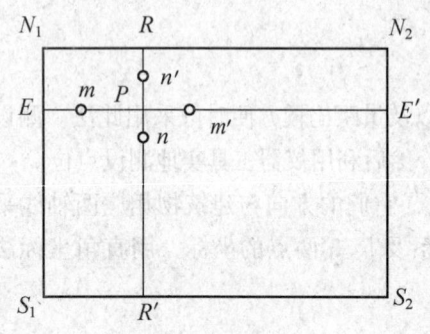

图 4-2-8 方向线交会法放样

如图 4-2-8 所示，N_1、N_2、S_1、S_2 为控制点，P 为待设点。放样 P 点具体步骤如下：

① 根据 P 点的设计坐标，计算出 EE' 与 N_1N_2 及 RR' 与 N_1S_1 的间距；

② 用水平距离放样的方法在 N_1N_2、S_1S_2、N_1S_1、N_2S_2 上分别定出 R、R'、E、E' 四个点；

③ 沿 $E-E'$ 和 $R-R'$ 方向线，在 P 点附近定出 m、m' 及 n、n' 点，然后拉线交出所需的 P 点。

4. 前方交会法

（1）角度前方交会法

如图 4-2-9 所示，在量距不方便的场合常用角度前方交会法放样定位，采用此方法的放样元素为两个水平角度，其值可用已知的三个点的坐标求出：

$$\alpha_{AB} = \arctan\frac{y_B - y_A}{x_B - x_A}$$

$$\alpha_{AP} = \arctan\frac{y_P - y_A}{x_P - x_A}$$

$$\alpha_{BP} = \arctan\frac{y_P - y_B}{x_P - x_B}$$

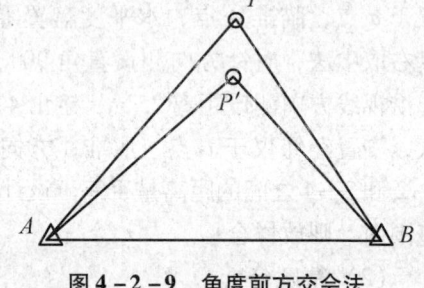

图 4-2-9 角度前方交会法

当现场放样时，在两已知点上架设两台经纬仪，分别放样相应的角度方向线，两方向线的交点为放样点。

（2）前方交会归化法放样点位

如图 4-2-10 所示，A、B 为已知点，其坐标已知，待定点 P 的设计坐标也已知。利用 A、B、P 三点坐标计算出 β_a、β_b 两个角度。

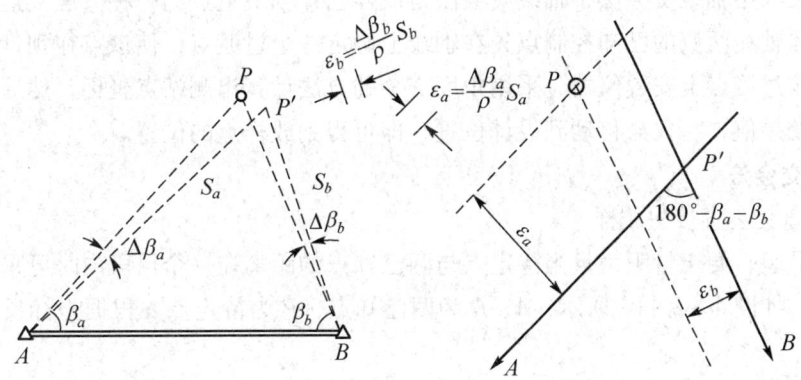

图 4–2–10　前方交会归化法放样点位

先用一般放样法放样 P' 点，然后分别在 A、B 设站，观测 β'_a、β'_b。

计算 $\Delta\beta_a = \beta_a - \beta'_a$，$\Delta\beta_b = \beta_b - \beta'_b$，然后用图解方法从 P' 点出发求得 P 点的点位。具体步骤如下：

① 在图纸适当的地方刺一点作为 P' 点。

② 画两线，使其夹角为 $(180° - \beta_a - \beta_b)$，并用箭头指明 $P'A$ 及 $P'B$ 方向。为此，可以根据 A、B 与 P'（或 P）各点的坐标差，按缩小的比例尺画出 A、B 两点的位置。

③ 计算平移量：

$$\varepsilon_a = \frac{\Delta\beta_a}{\rho} \cdot S_a$$

$$\varepsilon_b = \frac{\Delta\beta_b}{\rho} \cdot S_b$$

④ 作 PA、PB 两线，这两线平行于 $P'A$ 和 $P'B$ 方向，平行间距分别为 ε_a、ε_b。参考 $\Delta\beta_a$、$\Delta\beta_b$ 的正负号决定平行线在哪一侧。此两平行线的交点为 P 点。

⑤ 将画好的归化图拿到现场，让图纸上的 P' 点与实地 P' 点重合，$P'A$ 和 $P'B$ 两线与实地对应线重合，此时 P 点位置对应的地面点位置为归化后的 P' 点，将它转刺到实地。

这种方法计算比较简单，也比较直观，归化精度较高，也可称为秒差归化法或角差法。用前方交会归化法放样，因为放样点与已知点已定，所以可预先计算好各测站放样待定点的秒差和画好定位图上的交会方向线，当各测站作业员照准 P' 点读出角度值时，可以算得角差 $\Delta\phi$ 和该方向的横向位移 ΔS，并通知定点人员。定点人员则根据各横向位移，很快地在定位图上标出 P' 点，并求得归化量。定位中即使过渡点 P' 不是很稳定（如设在船上），也可以用同步观测方法得到其与设计位置的差值（δx、δy）。因此，它是一种快速放样（定位）的方法。另外，前方交会归化法定点纸质定位图时必须以三条平行线所得示误三角形的重心定点 P'。三方向交会精度高于两方向交会。在桥墩中心位置水下定位时常用此种方法。

有时还会采用轴线交会法,轴线交会法是放样已知轴线上点的一种方法。这种方法是利用轴线端点和轴线两侧的已知控制点先在轴线上确定一个过渡点,使该点在预计的放样点位置上,再在该过渡点上安置仪器,采用角度交会的方法计算出测站点坐标,然后与设计放样点的坐标比较差值,将仪器移动到设计位置,即可得到放样点的位置。

5. 距离交会法

(1) 距离交会直接法放样

当场地平坦、便于量距,且当待定点与两已知点的距离在一个尺段内时可采用距离交会直接法放样。如图4-2-11所示,A、B为两已知点,P为待定点。根据坐标反算可求得放样元素:

$$S_{AP} = \sqrt{(x_P - x_A)^2 + (y_P - y_A)^2}$$
$$S_{BP} = \sqrt{(x_P - x_B)^2 + (y_P - y_B)^2}$$

实际操作步骤如下:

① 以 A 点为圆心,S_{AP} 为半径画弧。

② 以 B 点为圆心,S_{BP} 为半径画弧,与①中所画的弧相交于 P 点,则 P 点为所求。

实际作业时应先判断 P 点在 AB 的左边还是右边,判断方法同直角坐标法中的判断方法。

(2) 距离交会归化法放样

在现场用一般放样法放样过渡点 P′,然后用距离交会归化法归化点位到 P 点。具体操作步骤如下:

① 在过渡点 P′ 上安置仪器,整平、对中。

② 分别测出 $S_{P'A}$ 和 $S_{P'B}$。

③ 计算 $\Delta S_a = S_{PA} - S_{P'A}$,$\Delta S_b = S_{PB} - S_{P'B}$。

④ 画归化图,如图4-2-12所示,得交点 P 点。

⑤ 将归化图纸带到实地,将 P′ 点与实地 P′ 点重合,AP′ 和 BP′ 与实地方向一致,则 P 点所对应的实地位置为所求的 P 点位置。将其标定到实地。

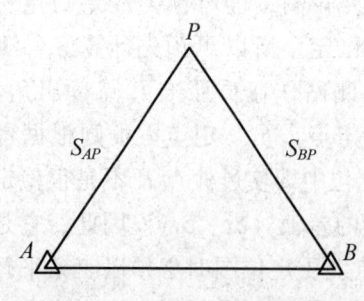

图4-2-11 距离交会直接法放样

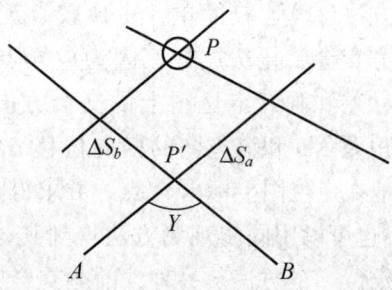

图4-2-12 距离交会归化法放样

6. GNSS – RTK 法

GNSS – RTK 是一种全天候、全方位的新型测量系统，是目前实时、准确地确定待测点位置的最佳方式，它由一台基准站接收机和一台或多台流动站接收机组成。RTK 定位技术是将基准站的相位观测数据及坐标信息通过数据链方式及时传送给动态用户，然后动态用户将收到的数据链连同自采集的相位观测数据进行实时差分处理，从而获得动态用户的实时三维位置。动态用户再将实时位置与设计值相比较，进而指导放样。

GNSS（实验）

（1）GNSS – RTK 法放样作业方法和作业流程

① 收集测区的控制点资料。任何测量工程进入测区，一定要先收集测区的控制点坐标资料，包括控制点的坐标、等级、中央子午线、坐标系等。

② 求定测区转换参数。GNSS – RTK 测量是在 WGS – 84 坐标系中进行的，而各种工程测量和定位是在当地坐标或国家 2000 坐标系上进行的，它们之间存在坐标转换的问题。在 GNSS 静态测量中，坐标转换是在事后处理时进行的，而 GNSS – RTK 是用于实时测量的，要求立即给出当地的坐标，因此，坐标转换工作更显重要。

坐标转换的必要条件：至少 3 个以上的大地点分别有 WGS – 84 坐标、国家 2000 坐标系或当地坐标、利用布尔莎（Bursa）模型求解 7 个转换参数。

在计算转换参数时，要注意以下两点：第一，已知点最好选在四周，中心分布均匀，且能有效控制测区。如果选在测区的一端，则应计算出满足给定的精度和控制的范围，切忌从一端无限制地向另一端外推。第二，为了提高精度，可利用最小二乘法选 3 个以上的点求解转换参数。为了检验转换参数的精度和正确性，还可以选用几个点不参加计算，而是代入公式进行检验，经过检验满足要求的转换参数认为是可靠的。

③ 工程项目参数设置。根据 GNSS 实时动态差分软件的要求，应输入下列参数：坐标系（如国家 2000 坐标系）的椭球参数（长轴和偏心率）；中央子午线；测区西南角和东北角的大致经纬度；测区坐标系间的转换参数。根据测量工程的要求，可输入放样点的设计坐标，以便野外实时放样。

④ 野外作业。将基准站 GNSS 接收机安置在参考点上，打开接收机，将设置的参数输入 GNSS 接收机，输入参考点的当地建筑坐标和天线高，基准站 GNSS 接收机通过转换参数将参考点的当地建筑坐标化为 WGS – 84 坐标，同时连续接收所有可视 GNSS 卫星信号，并通过数据发射电台将其测站坐标、观测值、卫星跟踪状态及接收机工作状态发送出去。流动站接收机在跟踪 GNSS 卫星信号的同时，接收来自基准站的数据，进行处理后获得流动站的三维 WGS – 84 坐标，再通过与基准站相同的坐标转换参数将 WGS – 84 坐标转换为当地建筑坐标，并在流动站的手控器上实时显示。接收机可将实时位置与设计值相比较，指导放样。

GNSS – RTK 定位技术具有与使用其他测量仪器所不同的优点。采用一般仪器（如全站仪等测量），既要求通视，又费工、费时，而且精度不均匀。RTK 测量拥有彼此不通视条件下远距离传递三维坐标的优势，并且不会产生误差累积，因此应用 RTK 直接坐标法能快速、高效率地完成测量放样任务。

（2）CORS 技术

利用多基站网络 RTK 技术建立的连续运行（卫星定位服务）基准站（Continuously Operating Reference Station，CORS），已成为城市全球定位系统（Global Positioning System，GPS）应用的发展热点之一。CORS 系统由基准站网、数据处理中心、数据传输系统、定位导航数据播发系统、用户应用系统五个部分组成，各基准站与监控分析中心间通过数据传输系统连接成一体，可形成专用网络。

CORS 系统的优点：彻底改变了传统 RTK 测量作业方式，改进了初始化时间，扩大了有效工作的范围；采用连续基准站，用户随时可以观测，使用方便，提高了工作效率；拥有完善的数据监控系统，可以有效地消除系统误差和周跳，增强差分作业的可靠性；用户不需要架设基准站，真正实现单机作业，减少了费用；使用固定可靠的数据链通信方式，减少了噪声干扰；提供远程 Internet 服务，实现了数据的共享；扩大了 GPS 在动态领域的应用范围，更有利于车辆、飞机和船舶的精密导航；为建设数字化城市提供了新的契机。

7. 中海达 GNSS – RTK 放样作业流程

中海达是指广州中海达卫星导航技术股份有限公司，是国内测绘地理信息技术装备领域的一家上市企业。下面介绍用中海达 GNSS – RTK 进行建筑工程测量放样的作业流程。

（1）新建项目

单击手簿桌面的"Hi – RTK Road.exe"快捷图标，打开手簿主程序，软件桌面如图 4 – 2 – 13 所示；新建一个项目，如图 4 – 2 – 14 所示；进行项目坐标系统设置，如图 4 – 2 – 15 所示。

（2）GNSS 和移动站主机链接

GPS 连接设置如图 4 – 2 – 16 所示：设置仪器型号、连接方式、端口、波特率，选择机型，进行蓝牙连接，如图 4 – 2 – 17 所示。如果连接成功会在接收机信息窗口显示连接 GPS 的机号。

连接蓝牙的注意事项：连接之前先进行"配置"→"手簿选择"→"选择手簿类型"；手簿与 GPS 主机距离最好在 10 m 内；选择串口连接时，周围 30 m 内无第三个蓝牙设备开启（同类手簿、GPS 主机都不能打开）。

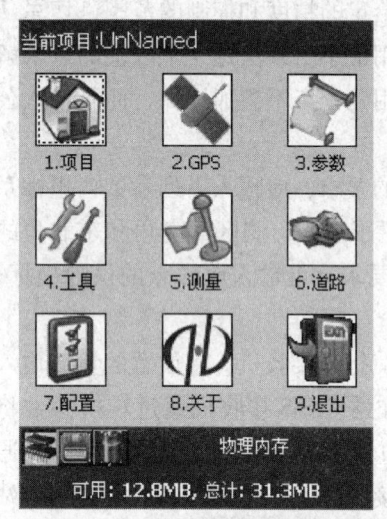

图 4 – 2 – 13　软件桌面

（3）移动站和 CORS 连接

设置移动站参数，"网络"为 CORS，"运营商""服务器 IP""端口"如图 4 – 2 – 18 所示。设置 CORS 连接参数，"源节点""用户名""密码"如图 4 – 2 – 19 所示。具体参数可联系品牌商提供，或购买千导等厘米级定位服务。

第4章 建筑工程施工放样

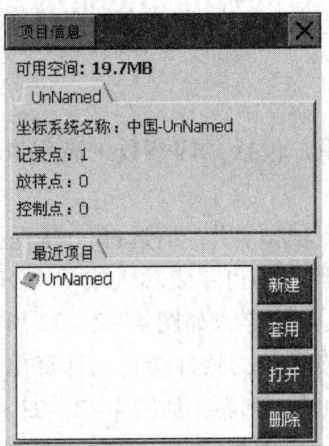

图4-2-14 新建项目

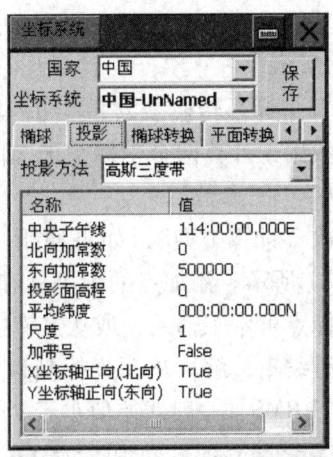

图4-2-15 坐标系统设置界面

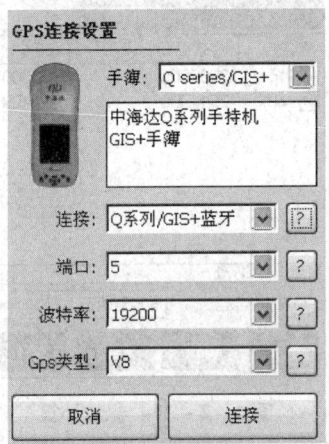

图4-2-16 GPS连接设置

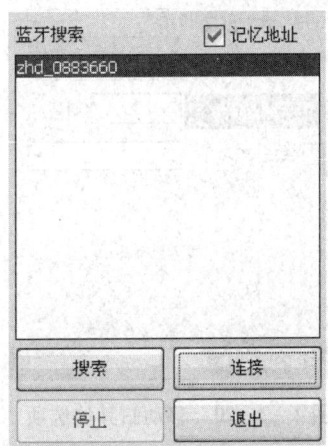

图4-2-17 蓝牙搜索

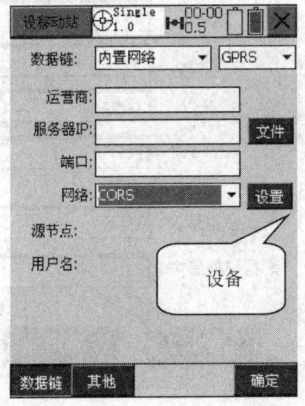

图4-2-18 设置CORS

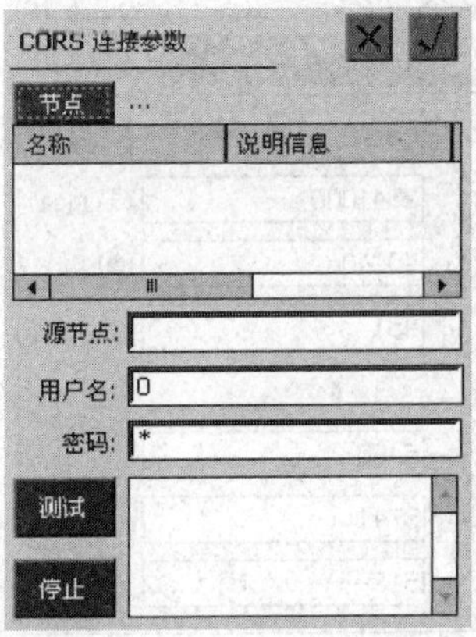

图4-2-19 设置CORS参数

建筑测量

移动站其他选项：设定差分电文格式、GPS 截止角、RTK 截止角、天线高等参数，如图 4-2-20 所示。

（4）计算坐标系转换参数

转换参数用于计算两个坐标系统之间的转换关系，包括"四参数+高程拟合""七参数""一步法""三参数"。

选择参数"计算类型"，如果使用"四参数+高程拟合"，请选择"高程拟合模型"，如图 4-2-21 所示。添加点的源坐标和目标坐标，源坐标可手工输入或从 GPS、点库、图上获取，目标点可手工输入，或从点库中获取，输入后保存，如图 4-2-22 所示。对选中的点坐标进行编辑，解算从源坐标到目标坐标的转换参数，软件会自动计算出各点的残差值：HRMS、VRMS，一般残差值小于 3cm，认为点的精度可靠，如图 4-2-23 所示。

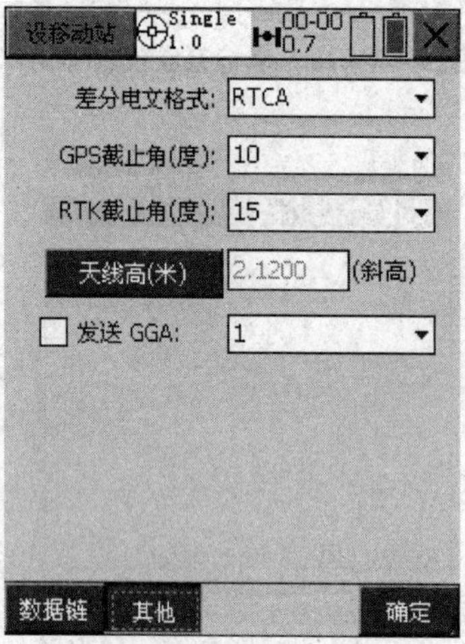

图 4-2-20 移动站其他选项

图 4-2-21 参数计算

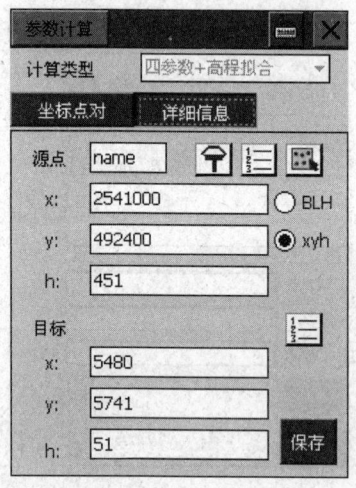

图 4-2-22 添加点

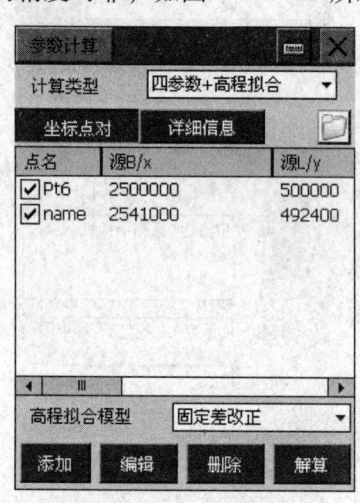

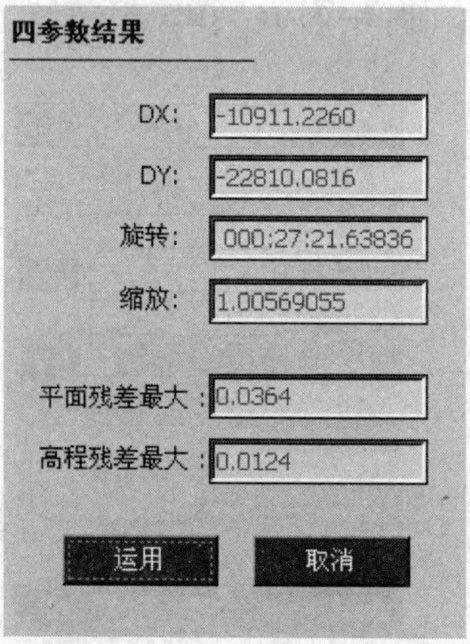

图 4-2-23 应用转换参数

将当前计算结果保存到 dam 文件里，并更新当前项目参数。同时，弹出更新过数据后的坐标系统界面，供用户确认，如图 4-2-24 所示，若参数运用成功，则移动站会将得到的坐标通过参数转换到当地坐标系。

使用四参数时：尺度参数一般都非常接近1，约为 $1.000x$ 或 $0.999x$。

使用三参数时：三个参数一般都要求小于120。

使用七参数时：七个参数都要求比较小，最好不超过1 000。

(5) 添加放样点入库

如图 4-2-25 和图 4-2-26 所示，添加放样点的坐标、里程到列表最末端，添加时可从 GPS、图上、坐标库选点。放样点库保存了所需要放样点的坐标数据，包括点名、x、y、h，可对点库中的点进行添加、编辑、过滤、删除、导出、新建、打开点库等操作。

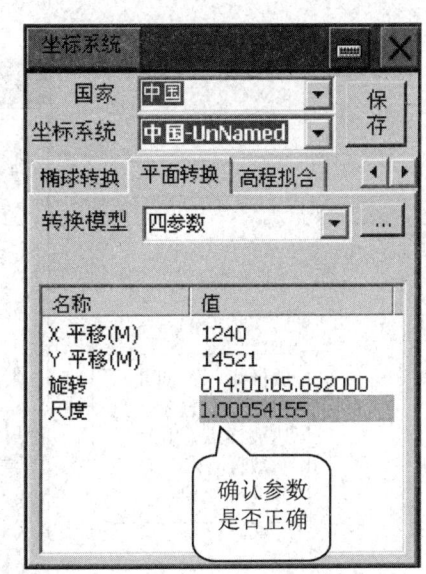

图 4-2-24 检查并打开参数

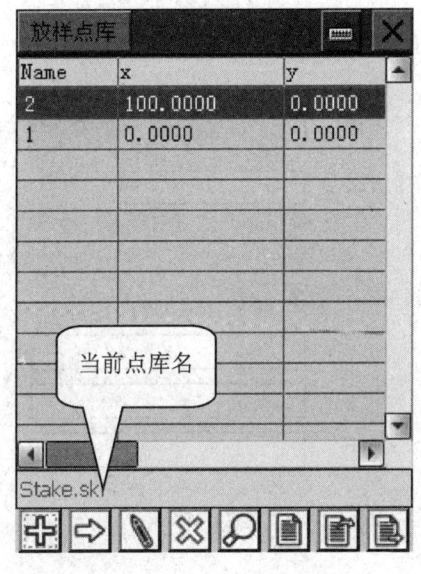

图 4-2-25 放样点库

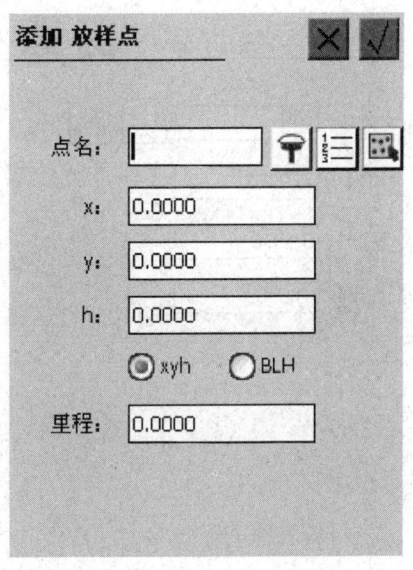

图 4-2-26 添加放样点

(6) 点放样

进入点放样界面，如图 4-2-27 所示。

进入选点界面，点放样可提供三种方式进行点的定义：直接输入，坐标库选点，图上选点，如图 4-2-28 ~ 图 4-2-31 所示。

建 筑 测 量

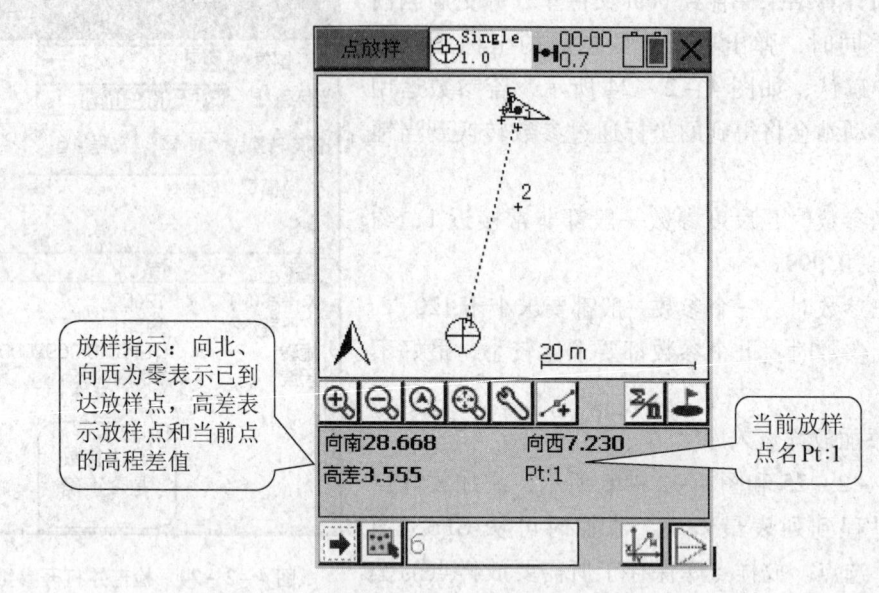

图 4-2-27 点放样界面

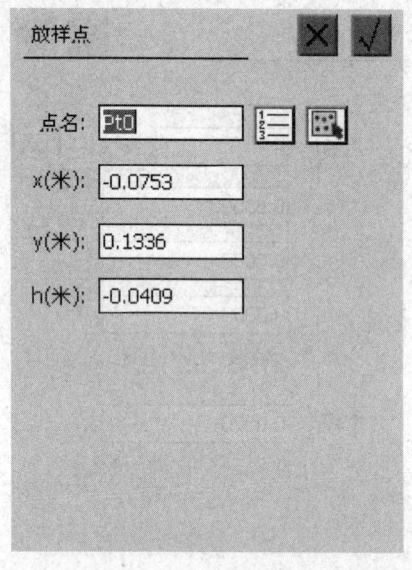

图 4-2-28 直接输入

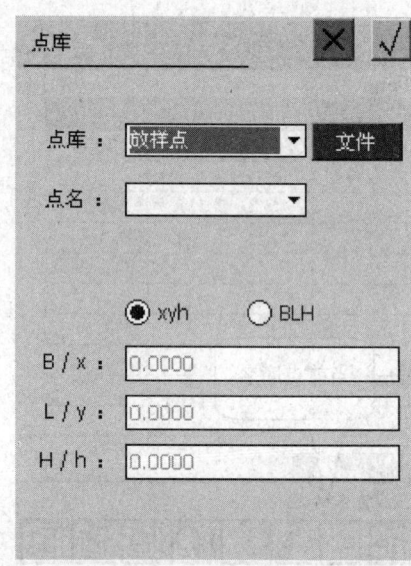

图 4-2-29 坐标库选点

如图 4-2-31 所示，打开参考线时，软件会自动绘制一条虚线，连接当前点和放样点，并作为参考线，之后在软件界面下方会显示当前点离放样点的距离、高差信息以及当前点离参考线的垂距。

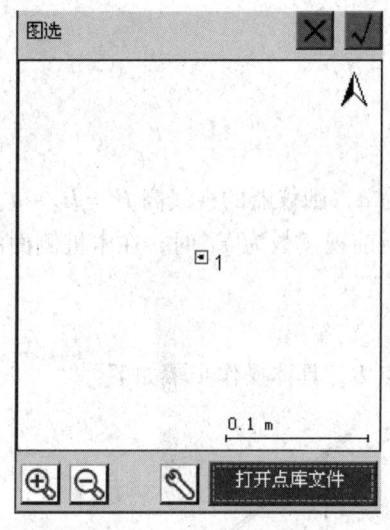

图 4-2-30　图上选点

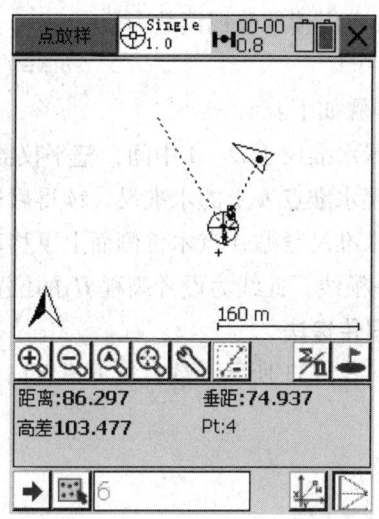

图 4-2-31　打开参考线

4.2.5　已知高程放样

高程放样工作主要采用几何水准的方法,有时采用三角高程测量来代替,在向高层建筑物和井下坑道放样高程时还要借助于钢尺和测绳来完成高程放样。

点高程放样

应用几何水准的方法放样高程时,在作业区域附近应有已知高程点,若没有,应从已知高程点处引测一个高程点到作业区域,并埋设固定标志。该点应有利于保存和放样,且应满足只架一次仪器就能放出所需要高程的条件。

1. 视线高法

如图 4-2-32 所示,欲根据高程为 H_B 的水准点 B 放样 A 点,使其高程为设计高程 H_A,

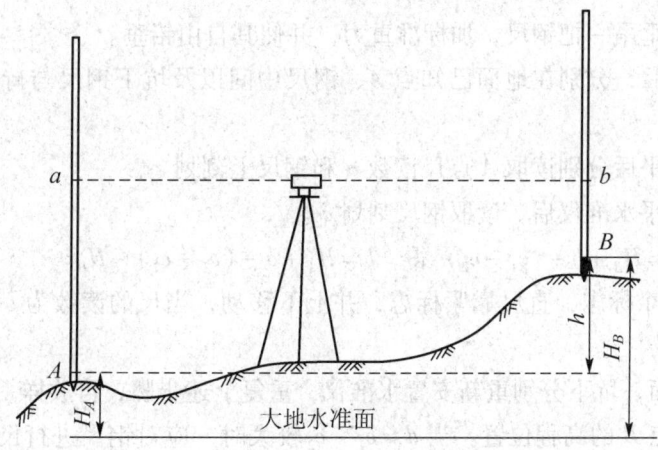

图 4-2-32　视线高法

则在尺上 A 点应读的前视读数为
$$b_{应} = (H_A + a) - H_B$$

放样步骤如下：

① 安置水准仪于 B、A 中间，整平仪器。

② 后视水准点 A 上的水准尺，读得后视读数为 a，则仪器的视线高 $H_i = H_A + a$。

③ 将水准尺紧贴 A 点木桩侧面上下移动，直至前视读数为 $b_{应}$ 时，在木桩侧面沿尺子零刻划处画一横线，此线为设计高程 H_A 的位置。

2. 高程传递法

如图 4 – 2 – 33 所示，欲在坑下设置已知高程点 B，具体操作步骤如下：

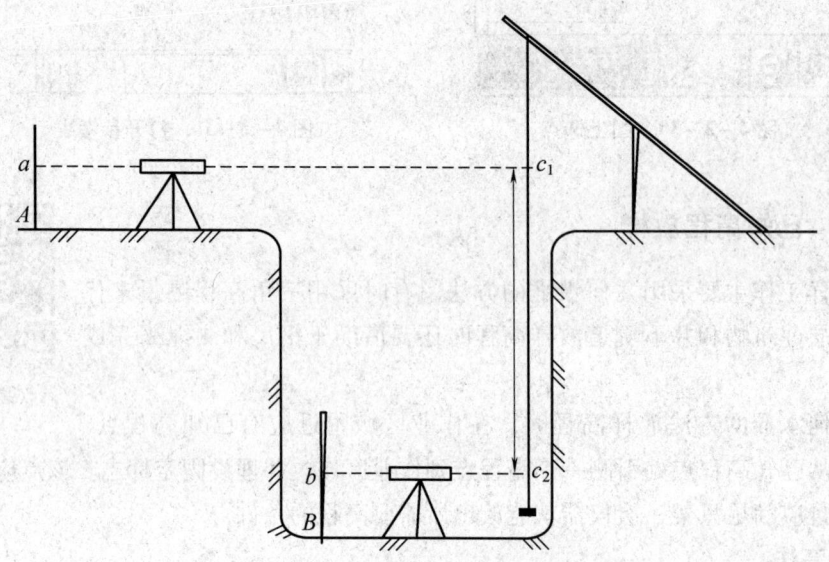

图 4 – 2 – 33 水准仪结合钢尺放样示意图

① 坑沿上自由垂吊一把钢尺，加标准重力，并使其自由铅垂。

② 待钢尺稳定后，分别在地面已知点 A、钢尺中间以及坑下钢尺与待定点之间安置水准仪。

③ 地面精确整平后分别读取 A 点尺读数 a 和钢尺上刻划 c_1。

④ 坑下精确整平水准仪后，读取钢尺刻划 c_2。

⑤ 根据 $H_A + a = H_B + b + (c_1 - c_2)$ 得，$b = H_A + a - (c_1 - c_2) - H_B$。

⑥ 在 B 点钉一个标志，直尺靠紧标志，并上下移动，当尺的读数为 b 时，尺底位置为待定点 B 的位置。

为了检核，地面、坑下分别重新安置水准仪，重复上述步骤，再放样一次，取两次位置的中间位置为待定点 B 的高程位置。当 $d = c_1 - c_2$ 较大时，应对钢尺进行尺长、温度、拉力和自重改正后再确定 B 的位置。

当需要将高程由低处传递至高处时，可采用同样方法进行，计算公式为
$$H_A = H_B + b + (c_1 - c_2) - a$$

3. 全站仪免仪器高法

对一些高低起伏较大的工程放样，如大型体育馆的网架、桥梁构件、厂房及机场屋架等，用水准仪放样比较困难，这时可用全站仪免仪器高法直接放样高程。

如图 4-2-34 所示，为了放样 B、C、D……目标点的高程，在 O 处架设全站仪，后视已知点 A（设目标高为 l，当目标采用反射片时 $l=0$），测得 OA 的距离 S_1 和垂直角 α_1，从而计算 O 点全站仪中心的高程为

$$H_0 = H_A + l - \Delta h_1 \qquad (4-2-5-1)$$

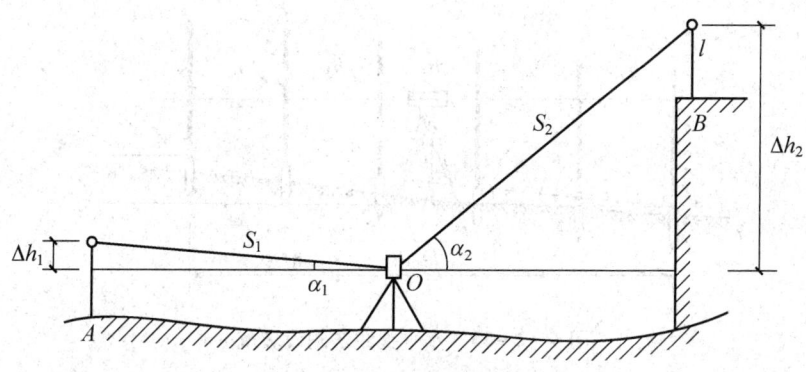

图 4-2-34 全站仪免仪器高法

其中，$\Delta h_1 = S_1 \cdot \sin\alpha_1$。

然后测得 OB 的距离 S_2 和垂直角 α_2，并根据式 (4-2-5-1)，从而计算出 B 点的高程为

$$H_B = H_0 + \Delta h_2 - l = H_A - \Delta h_1 + \Delta h_2 \qquad (4-2-5-2)$$

其中，$\Delta h_2 = S_2 \cdot \sin\alpha_2$。

将测得的 H_B 与设计值比较，指挥并放样出高程 B 点。从式 (4-2-5-2) 可以看出，此方法不需要测定仪器高，因而用全站仪免仪器高法同样具有很高的放样精度。

必须指出，当测站与目标点之间的距离超过 150 m 时，以上高差就应该考虑大气折光和地球曲率的影响：

$$\Delta h = D \cdot \tan\alpha + (1-k)\frac{D^2}{2R}$$

式中：D——水平距离；
α——垂直角；
k——大气垂直折光系数 0.14；
R——地球曲率半径，$R = 6\,371$ km。

4.2.6 坡度线放样

在平整场地、修筑道路和铺设管道等工程时，往往需要按一定的坡度施工，这时需要在现场测设坡度线，作为施工的依据。根据坡度大小和场地条件不同，坡度线放样方法有水平视线法和倾斜视线法。

1. 水平视线法

如图 4-2-35 所示，A、B 为设计坡度线的两个端点，A 点的设计高程为 H_A，设计坡度为 i，则 B 点的设计高程为

$$H_B = H_A + iD_{AB}$$

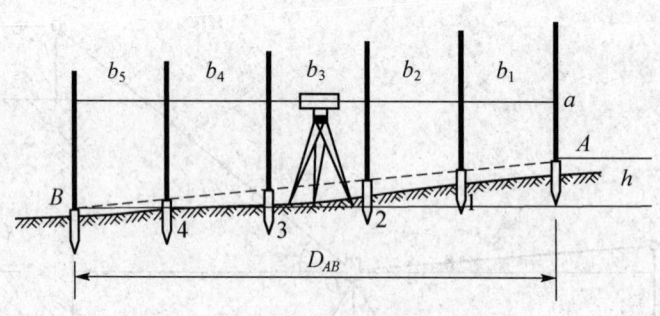

图 4-2-35 水平视线法测设坡度

水平视线法测设坡度的步骤如下：

① 先根据附近水准点，将 A、B 两点的设计高程测设于地面上，并打入木桩。

② 沿 AB 方向，根据施工需要，按一定的间距在地面上标定中间点 1、2、3、4 的位置，测定每相邻两桩间的距离分别为 b_1、b_2、b_3、b_4、b_5。

③ 根据坡度定义和水准测量高差法，推算每一个桩点的设计高程 H_n。

④ 安置水准仪，读取已知高程点 A 上的水准尺后视读数 a，则视线高程 $H_{视} = H_A + a$。

⑤ 按测设高程的方法，利用水准仪测量高法，算出每一个桩点水准尺的应读数 $b_n = H_{视} - H_n$。

⑥ 指挥打桩人员，仔细打桩，使水准仪的水平视线在各桩顶水准尺读数刚好等于各桩点的应读数 b_n，则桩顶连线为设计坡度线。

2. 倾斜视线法

根据当视线与设计坡度线平行时，两线之间的铅垂距离处处相等的原理，以确定设计坡度上的各点高程位置。此法适用于坡度较大，且地面自然坡度与设计坡度较一致的场合。

如图 4-2-36 所示，A、B 为设计坡度的两个端点，已知 A 点高程为 H_A，设 A 点的坡度为 i，则 B 点的设计高程可计算为

$$H_B = H_A + iD_{AB}$$

式中，坡度上升时 i 为正，反之为负。

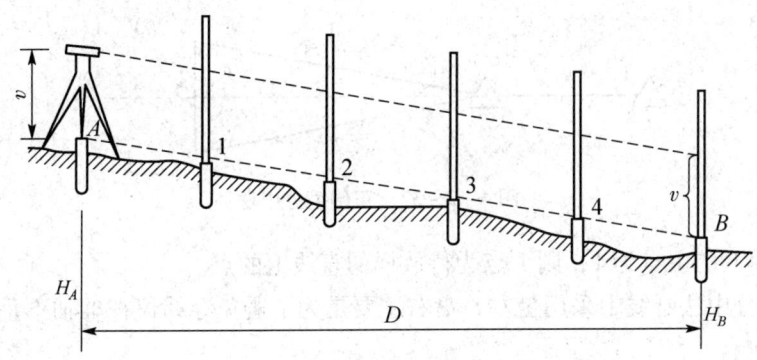

图 4-2-36 倾斜视线法测设坡度

测设步骤如下：

① 先根据附近水准点，将设计坡度线两端 A、B 的设计高程 H_A、H_B 测设于地面上，并打入木桩。

② 将水准仪安置于 A 点，并量取仪器高 v，安置时使一个脚螺旋在 AB 方向上。另两个脚螺旋的连线大致垂直于 AB 方向线。

③ 瞄准 B 点上的水准尺，旋转 AB 方向上的脚螺旋或微倾螺旋，使视线在 B 点标尺上的读数等于仪器高 v，此时水准仪的倾斜视线与设计坡度线平行。

④ 在 A、B 之间按一定距离打桩，当各桩点 1、2、3、4 上的水准尺读数都为仪器高 v 时，各桩顶连线就是所需测设的设计坡度。

由于水准仪望远镜纵向移动有限，若坡度较大，超出水准仪脚螺旋的调节范围时，则可使用经纬仪测设。

4.2.7 直线放样

1. 水平直线的放样

水平直线放样就是按设计要求，在实地定出直线上一系列点的工作。直线放样又称定线，它分为两种情况：一种是在两点之间连线上定出一些点位，称为内插定线；另一种是在两点的延长线上定点，称为外延定线。

在实际工作中，外延定线的方法通常有正倒镜分中法、旋转180°延线法等；内插定线的方法有正倒镜投点法等。下面对这些方法在实际中的具体应用和精度状况作简要介绍和分析。

(1) 正倒镜分中法

① 如图 4-2-37 所示，在 B 点架设经纬仪，对中、整平。

② 盘左用望远镜瞄准 A 点后，固定照准部。

③ 把望远镜绕横轴旋转180°定出待定点 $1'$。

④ 盘右重复步骤②和③得 $1''$。

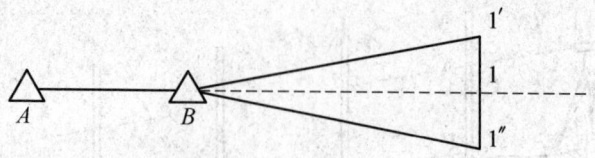

图 4-2-37　正倒镜分中法

⑤ 取 1′和 1″的中点为 1，则 1 点为待放样的直线上的点。

在正倒镜分中法延线中采用盘左、盘右主要是为了避免经纬仪视准轴不垂直于横轴的视准轴误差的影响。

（2）旋转 180°延线法

旋转 180°延线法如图 4-2-38 所示，操作步骤如下：

① 将仪器安置在 B 点，对中、整平。

② 盘左对准 A 点，顺时针旋转 180°，固定照准部，视线方向为延伸的直线方向。

③ 依次在此视线上定出 1′、2′、3′等点。

④ 盘右重复上述步骤得 1″、2″、3″等点。

⑤ 分别取 1′、1″、2′、2″、3′、3″……的中点 1、2、3……，即最后标定的直线点。

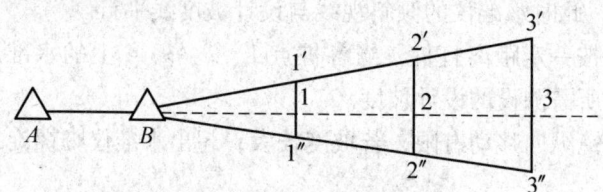

图 4-2-38　旋转 180°延线法

此法适用于仪器误差较小且不需延伸太长，或是精度要求不太高的情况。当在一个点上架设仪器不能标出所有点时，可搬迁测站，则此时应逆转望远镜照准部，如此反复。有延伸点时，相邻点间距离不应有太大的变化。

（3）正倒镜投点法

正倒镜投点法如图 4-2-39 所示，当已知两点无法安置仪器，或是两点之间因地形起伏而不通视时，可用正倒镜投点法定出直线上的点。

如图 4-2-39 所示，在 AB 直线上放样一点 P，使其与 A 点的距离为 S。具体操作步骤如下：

① 将经纬仪安置在靠近 AB 直线的某点 P′处，与 A 的距离为 S_{AP}。

② 盘左照准 A 点，倒转望远镜，在视线上靠近 B 点处取一点 B_1'。

③ 盘右照准 A 点，倒转望远镜，在视线上靠近 B 点处取一点 B_2'，并使 $P'B_1' = P'B_2'$。

④ 取 B_1'、B_2' 的中间位置 B′，量取 AP′、P′B 和 B′B，计算得

$$S_{PP'} = \frac{S_{AP'}}{S_{AB'}} S_{BB'}$$

⑤ 从 P' 点向直线 AB 方向量取 $S_{PP'}$，得 P 点。

⑥ 重复②~④步骤，直至 B' 与 B 点重合，说明 P 点在 AB 直线上，这时通过光学对中器在地上做出点标志，即 P 点。

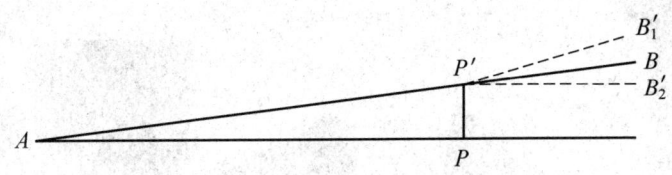

图 4-2-39　正倒镜投点法

正倒镜投点法定线的精度主要取决于望远镜瞄准的精度，与度盘读数误差的关系不大，且与轴系误差的关系也不大。虽然误差因素少，但是定线的瞄准误差通常比测角时的误差要大些。由于测角时目标是静止不动的，而定直线时目标是移动的，故放样直线时，主要误差为瞄准误差。

设瞄准误差为 m_β，其引起的相应待定点偏离直线的误差为 m_Δ，待定点至测站的距离为 $S(\mathrm{m})$，则参考图 4-2-40 有

$$m_\Delta = S \frac{m_\beta}{\rho} \tag{4-2-7-1}$$

式中，$\rho = \frac{180°}{\pi} = 206\,265''$。

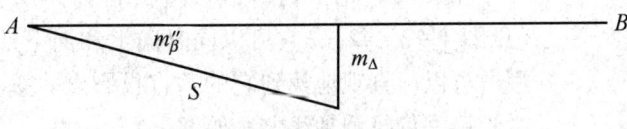

图 4-2-40　误差 m_Δ 示意图

显然，当 m_β 为定值时，m_Δ 与 S 成正比，即视线越长，定线的误差越大。在实际工作中应注意：当 S 较大时，要努力使 m_β 尽可能小些，即要求瞄准仔细些；反之，当 S 较小时，允许 m_β 放宽以提高工作速度。对于近的待定点，即使瞄准误差稍大也不难达到预期的值 m_Δ。

2. 铅垂线的放样

建造铁塔、高层建筑、烟囱等高耸建筑物或电梯井、地下铁道竖井等深入地下的建筑物时，需要保证建筑物的垂直度，因此就需要放样铅垂线。目前，多采用以下两种方式来放样铅垂线。

(1) 经纬仪+弯管目镜法

只要将通常所用的经纬仪（全站仪或激光经纬仪）卸下目镜，装上弯管目镜，如图4-2-41所示，望远镜的视线就可以指向天顶。实际操作时，通常使照准部每旋转90°向上投一点，这样就可得到四个对称点，取其中点为最终结果，就可以提高投点精度。

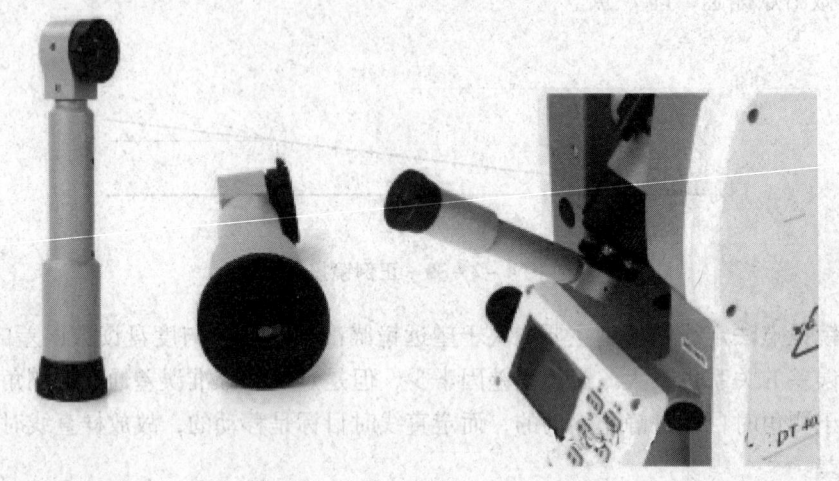

适用于：苏州一光DT402L/LT402L　　适用于：苏州一光DT402L/LT402L

图4-2-41　经纬仪+弯管目镜

由于这种方法利用现有仪器只需配一个弯管目镜即可实现操作，所以目前其在高层建筑的施工中用得最多。

(2) 激光铅垂仪法

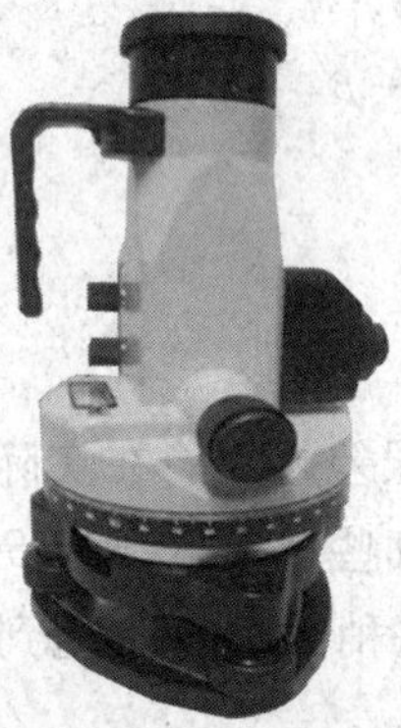

除了以上光学铅垂线以外，目前还有高精度激光铅垂仪（见图4-2-42），它可以同时向上和向下发射垂直激光，因此用户可以很直观地找到它的垂直投影点。垂直精度为1/30 000。

激光铅垂仪投测轴线方法如下：

① 在首层轴线控制点上安置激光铅垂仪，利用激光器底端（全反射棱镜端）所发射的激光束进行对中，通过调节基座整平螺旋，使管水准器气泡严格居中。

② 在上层施工楼面预留孔处，放置接受靶。

③ 接通激光电源后，激光启辉器发射铅直激光束，通过发射望远镜调焦，使激光束汇聚成红色耀目光斑，投射到接受靶上。

图4-2-42　激光铅垂仪

④ 移动接受靶，使靶心与红色光斑重合，然后固定接受靶，并在预留孔四周作出标记，此时，靶心位置为轴线控制点在该楼面上的投测点。

4.2.8 放样方法的选择

在实际放样工作中，由于工程建筑物复杂多样，施工场地环境千差万别，往往需要将几种方法综合应用才能完成放样工作，所以，若要快速准确地实施放样，放样方法的选择显得十分重要。

放样方法的选择应顾及以下因素：建筑物所在的地区条件，施工场地环境条件，建筑物的大小、种类和形状，放样的精度要求，控制点的分布情况，施工方法和放样的精度要求等。

根据前面对各种放样方法的介绍和分析可知，在工业厂区建设中，多采用坐标法或方向线交会法放样确定柱子或设备中心，而对于桥梁的桥墩中心或混凝土拱坝坝块则多采用前方交会法和坐标法放样确定。有时在同一项工程建设中，根据需要在不同情况下采用不同的方法进行施测，如进行直线型混凝土重力坝的底层浇筑时，根据设置在上、下游围堰及纵向围堰和岸边的施工控制网点，各坝块的中心采用方向线交会法放样确定，而上部坝块的中心利用两岸的控制点采用轴线交会法放样确定。对于高大的塔式建筑物和烟囱，为了满足滑模快速施工的要求，常采用激光铅垂仪进行投点以确定烟囱的施工中心。

在实际工程作业中，施工控制点的分布情况对放样方法的选择起着关键性的作用。这主要是因为不同的放样方法对控制点的要求有所不同。例如，方向线交会法要求两对控制点的连线要正交或形成矩形方格控制网。另外，不同控制点的选取也会对放样精度产生不同的影响。因此，选取合适的放样方法应该在进行施工控制网设计时作为重要方面予以重点考虑。

测量仪器设备条件对放样方法的确定也起到了不可忽视的作用。不同的仪器设备条件对同一个点的放样方法也有所不同。随着仪器设备技术的不断发展进步，有些放样方法会逐渐被新的放样方法逐步取代，同时也会有更多的新方法涌现出来。

为了保证建筑物放样的精度要求，在设计施工控制网精度时，应考虑各种放样方法及其在各种不同的条件下所能达到的精度，由此来确定放样测站点的加密方案及精度要求，进而结合具体工程建筑物的施工条件、现场环境条件来设计控制点的密度和加密方法与层次，并根据放样点的放样精度要求来推求对控制网的精度要求，以作为控制网设计的精度要求的依据。它也是选取放样方法时所要考虑的因素之一。

4.3 北斗导航卫星发展与思政点

习近平总书记在党的二十大报告中阐述过去五年的工作和新时代十年的伟大变革时指出，基础研究和原始创新不断加强，一些关键核心技术实现突破，战略性新兴产业发展壮大，载人航天、探月探火、深海深地探测、超级计算机、卫星导航、量子信息、核电技术、大飞机制造、生物医药等取得重大成果，进入创新型国家行列。北斗人孕育了"自主创新、开放融合、万众一心、追求卓越"的新时代北斗精神。

北斗逐步进入我们的测绘行业，北斗卫星导航系统除了设计 27 颗 MEO 卫星（全球卫星），同时在我国上空设计了 5 颗 GEO 卫星（地球同步卫星），3 颗 IGSO 卫星（以地球作为参照物，以我国上空为中心，来回南北半球转动），这样使北斗卫星导航系统在亚太地区的应用效果远远好于 GPS 卫星，特别是在高遮挡地区或遮挡环境。北斗导航系统使 GNSS - RTK 技术更广泛用于建筑测设。

2020 年 7 月 31 日，北斗三号全球卫星导航系统建成暨开通仪式在人民大会堂隆重举行。习近平总书记在人民大会堂郑重宣布："北斗三号全球卫星导航系统正式开通！"这标志着中国自主建设、独立运行的全球卫星导航系统已全面建成开通，中国北斗迈进了高质量服务全球、造福人类的新时代。

1. 蹒跚起步的第一代

20 世纪 70 年代，我国就想建立自己的卫星导航系统。结合当时国内经济和技术条件，陈芳允院士于 1983 年创新性地提出了双星定位的设想。之后，北斗系统工程首任总设计师孙家栋院士，进一步组织研究，提出"三步走"发展战略。

第一步，2000 年，建成北斗一号系统（北斗卫星导航试验系统），为中国用户提供服务。

第二步，2012 年，建成北斗二号系统，为亚太地区用户提供服务。

第三步，2020 年，建成北斗全球系统，为全球用户提供服务。

1994 年，我国正式启动了北斗一号系统的建设。2000 年，我国发射了 2 颗地球静止轨道卫星，建成系统并投入使用。北斗一号采用有源定位体制，为中国用户提供定位、授时、广域差分和短报文通信服务。2003 年，我国又发射第 3 颗地球静止轨道卫星，进一步增强北斗一号系统的性能。

北斗一号使中国成为继美国、俄罗斯之后第三个拥有卫星导航系统的国家。北斗一号是探索性的第一步，初步满足中国及周边区域的定位导航授时需求。北斗一号巧妙设计了双向短报文通信功能，这种通导一体化的设计，是北斗的独创。

2. 突飞猛进的第二代

2004 年，我国启动了北斗二号系统的建设。北斗二号并不是北斗一号的简单延伸，它克服了北斗一号系统存在的缺点，提供海、陆、空全方位的全球导航定位服务，类似于美国的 GPS 和欧洲的伽利略定位系统。

2007 年 4 月 14 日 4 时 11 分，第一颗北斗二号导航卫星从西昌卫星发射中心被长征三号甲运载火箭送入太空。2009 年 4 月 15 日，第二颗北斗导航卫星由长征三号丙火箭顺利发射，位于地球静止同步轨道。随后，北斗卫星导航系统的建设开始突飞猛进。2010 年，西昌卫星发射中心在一年之内接连发射了 5 颗北斗导航卫星。在接下来的几年里，只有 2013 年和 2014 年没有发射卫星，其他年份每年都有 3 颗以上的卫星被发射上天。2012 年，我国完成 14 颗卫星的发射组网。这 14 颗卫星分别运行在 3 种不同的轨道上，其中 5 颗是地球静止轨道卫星、5 颗是倾斜地球同步轨道卫星，还有 4 颗是中圆地球轨道卫星。北斗二号在兼容北斗一号技术体制基础上，增加无源定位体制，为亚太地区提供定位、测速、授时和短报文通信服务。

这种中高轨混合星座架构，为全世界发展卫星导航系统提供了全新范式。

2019年5月17日23时48分，我国在西昌卫星发射中心用长征三号丙运载火箭，成功发射了第四十五颗北斗导航卫星。该卫星是我国北斗二号工程的第四颗备份卫星，至此，我国北斗二号区域导航系统建设圆满收官。

3. 服务全球的第三代

2009年，我国启动了北斗三号系统的建设。2017年11月5日，第一颗北斗三号卫星发射升空。北斗三号系统的建设速度更加惊人。到2019年12月，仅两年多的时间，科研人员就将28颗北斗三号组网卫星和2颗北斗二号备份卫星成功地送入预定轨道，以平均每个月1.2颗卫星的发射密度，刷新了全球卫星导航系统组网速度的世界纪录。

北斗三号要实现全球导航服务的目标，就必须与其他卫星导航系统同台竞技，它必须在性能和服务水平上都做到世界一流。因此，科研人员在信号体制上进行创新性设计，同时对影响信号质量性能的设备进行攻关，攻克了卫星使用的高精度、铷钟、氢钟、铯钟等时频技术，信号生成和播发设备性能已达到国际同类产品的先进水平，增加星钟自主平稳切换和信号完好性监测等功能，保证信号连续性，极大地提高了导航服务的可靠性，在局部上处于领先水平。

如今，经过北斗科研团队的艰苦努力，北斗三号全球卫星导航系统已全面建成，正在向全球提供安全可靠、连续稳定的高精度导航定位与授时服务。

为确保我国卫星上使用的产品都是自主可控的，通过发动国内元器件、单机产品研制单位攻坚克难，使卫星上的产品全部由中国制造。37年来，一代代中国航天人前赴后继，书写了北斗从"人有我无"到"人无我有、人有我优"的篇章。

本章小结

本章主要内容是采用极坐标法、直角坐标法、前方交会法、全站仪坐标和 GNSSS–RTK 放样点位的平面位置；采用视线高法、高程传递法放样已知高程点。通过本章节学习能够按照工程测量相关规范的要求进行施工测量中的基本放样工作，满足工程施工的需要。

思考题

1. 测设的基本工作有哪几项？测设与测量有何不同？
2. 放样平面点位有哪几种方法？各适用于什么场合？
3. 在深基坑或高楼施工时，通常采用什么方法传递高程？
4. 在放样水平角时，为何需用盘左、盘右取中的方法？
5. 用经纬仪极坐标法放样点的平面位置时，需要什么放样数据？怎样获取这些放样数据？
6. 使用全站仪放样与使用 GNSS–RTK 放样有何异同？各自的优势和适用场合有哪些？
7. 何谓施工放样一体化？其包含哪些内容？如何实现？谈谈你的看法。

第5章　建筑工程控制测量

5.1　建筑工程控制测量任务

建筑施工控制测量（一）

5.1.1　任务要求

为了满足建筑工程施工放样的需要，建筑场地上需要建立施工控制网。施工控制网的建立应满足放样方便（一般采用独立坐标系）、控制点有足够的精度和密度的要求。施工控制网多采用建筑方格网的形式，高程控制网点一般尽量与平面控制网点合为一体。

5.1.2　学习目标

◆ 能力目标
① 掌握施工控制网的设计。
② 能够进行施工控制网点的放样和调整。
◆ 知识目标
① 熟悉工程施工控制网的精度要求。
② 掌握工程施工控制网放样的方法。
◆ 素质目标
① 养成诚信、敬业、科学、严谨的工作态度。
② 强化学生的遵守规范意识。
◆ 思政目标
培养学生树立终身学习理念，实现以中华民族伟大复兴为己任的远大理想。

5.1.3　用到的仪器及记录表格

◆ 仪器
全站仪等。
◆ 其他
无。

5.1.4　操作步骤

1. 建筑方格网的布置

由正方形或矩形的格网组成的建筑场地的施工控制网，称为建筑方格网，其适用于大型的建筑场地。建筑方格网的布置应根据建筑设计总平面图上各种建筑物、道路、管线的分布情况，并结合现场地形情况而拟定。布置建筑方格网时，先选定两条互相垂直的主轴线，如图 5-1-1 中的 AOB 和 COD，再全面布设方格网。方格网可布设成正方形或矩形。当建筑场地占地面积较大时，通常分两级布设，首级为基本网，先测设十字形、口字形或田字形的主轴线，然后加密次级的方格网；当场地面积不大时，尽量布设成全面方格网。

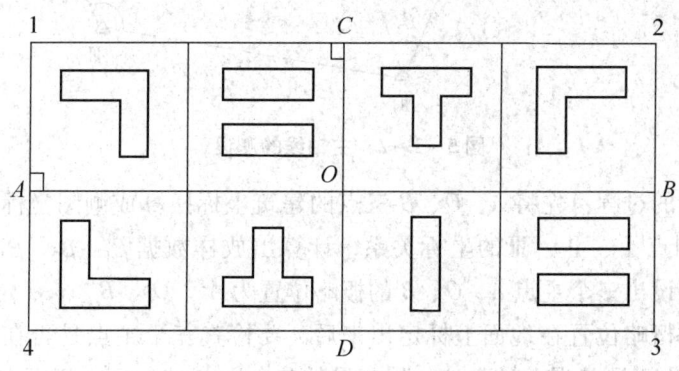

图 5-1-1 建筑方格网

建筑方格网的主轴线应布设在整个建筑场地的中央，其方向应与主要建筑物的轴线平行或垂直，并且长轴线上的定位点不得少于 3 个。主轴线的各端点应延伸到场地的边缘，以便控制整个场地。主轴线上的点位必须建立永久性标志，以便长期保存。

当建筑方格网的主轴线选定后，就可根据建筑物的大小和分布情况而加密格网。在选定方格网点时，应以简单、实用为原则，在满足测角、量距的前提下，方格网点的点数应尽量减少。方格网的转折角应严格为 90°，相邻方格网点要保持通视，点位要能长期保存。

建筑方格网的主要技术要求见表 5-1-1。

表 5-1-1 建筑方格网的主要技术要求

等级	边长/m	测角中误差	边长相对中误差
Ⅰ级	100~300	5″	≤1/30 000
Ⅱ级	100~300	8″	≤1/20 000

2. 建筑方格网的测设

（1）主轴线的测设

由于建筑方格网是根据场地主轴线布置的，所以在测设时，应首先根据场地原有的测图控制点，测设出主轴线的三个主点。

如图 5-1-2 所示，Ⅰ、Ⅱ、Ⅲ三点为附近已有的测图控制点，其坐标已知；A、O、B 三点为选定的主轴线上的主点，其坐标可采用极坐标法根据三个测图控制点测设得出。

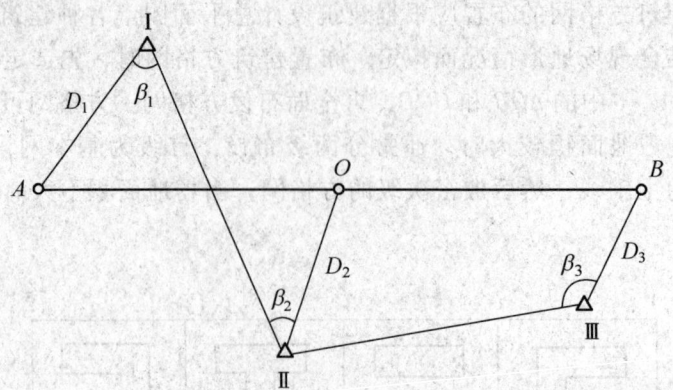

图 5-1-2 主轴线的测设

测设三个主点的过程：先将 A、O、B 三点的建筑坐标换算成测图坐标；其次根据它们的坐标与测图控制点 Ⅰ、Ⅱ、Ⅲ 的坐标关系，计算出放样数据 β_1、β_2、β_3 和 D_1、D_2、D_3；最后用极坐标法测设出三个主点 A、O、B 的概略位置为 A'、O'、B'。

当三个主点的概略位置在地面上标定出来后，要检查三个主点是否在一条直线上。如图 5-1-3 所示，由于测量误差的存在，使测设的三个主点 A'、O'、B' 不在一条直线上，故安置经纬仪于 O' 点上，精确检测 $\angle A'O'B'$ 的角度 β，如果 β 与 $180°$ 之差超过了表 5-1-1 规定的容许值，则需要对点位进行调整。

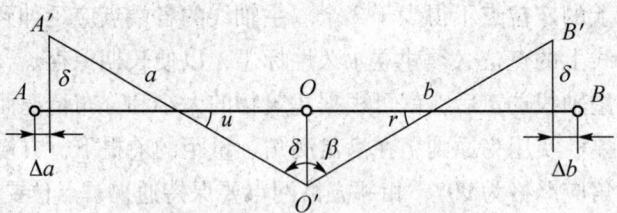

图 5-1-3 主轴线的调整

如图 5-1-3 所示，由于主点测设误差的影响，三个主点不在一条直线上，并且点与点之间的距离也不等于设计值。在 O' 点安置 $2''$ 全站仪，测量 $\angle A'O'B'$ 并检查两段距离。若角度误差超过 $5''$，或边长检查值与设计值相差超过 5 mm，都应该进行点位调整，各主点应沿 AOB 的垂线方向移动同一改正数 δ，使三主点成为一条直线。如图 5-1-3 所示，由于 u 和 r 的角度均很小，故

$$u = \frac{\delta}{\frac{a}{2}}\rho = \frac{2\delta}{a}\rho, \quad r = \frac{\delta}{\frac{b}{2}}\rho = \frac{2\delta}{b}\rho$$

又 $$u + r + \beta = 180°$$

则 $$\delta = \frac{ab}{a+b}\left(90° - \frac{\beta}{2}\right)\frac{1}{\rho} \qquad (5-1-4-1)$$

调整三个主点的位置时，应先根据三个主点间的距离 a 和 b 计算调整值 δ。

将 A'、O'、B' 三点沿与轴线垂直方向移动一个改正值 δ，但 O' 点与 $A'B'$ 两点移动的方向相反，移动后得 A、O、B 三点。为了保证测设的精度，应再重复检测 $\angle AOB$，如果检测结果与 $180°$ 之差仍超过限差，需再进行调整，直到误差在容许值以内为止。

除了调整角度之外，还要调整三个主点间的距离。先丈量检查 AO 及 OB 间的距离，若检查结果与设计长度之差的相对中误差大于表 5-1-1 的规定，则以 O 点为准，按设计长度调整 A、B 两点。调整需反复进行，直到误差在容许值以内为止。

当主轴线的三个主点 A、O、B 定位好后，就可测设与 AOB 主轴线相垂直的另一条主轴线 COD。如图 5-1-4 所示，将经纬仪安置在 O 点上，照准 A 点，分别向左、向右测设 $90°$；并根据 CO 和 OD 间的距离，在地面上标定出 C、D 两点的概略位置为 C'、D'；然后分别精确测出 $\angle AOC'$ 和 $\angle AOD'$ 的值，其角值与 $90°$ 之差分别为 ε_1 和 ε_2，若 ε_1 和 ε_2 大于表 5-1-1 的规定，则按式（5-1-4-2）求改正数 l：

$$l = L \cdot \varepsilon / \rho'' \tag{5-1-4-2}$$

式中：L——OC' 或 OD' 的距离。

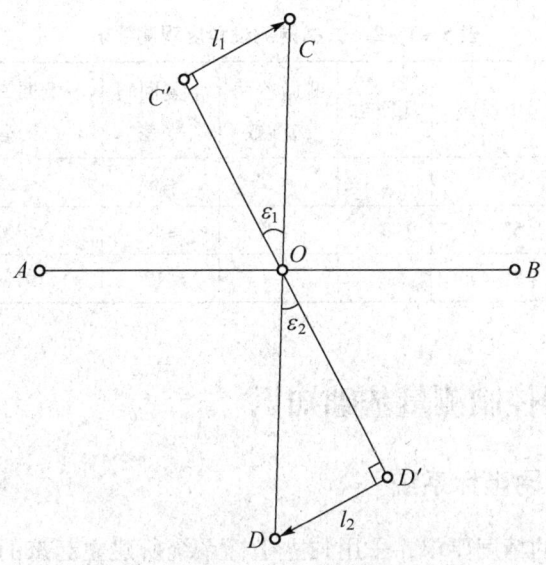

图 5-1-4　测设另一条主轴线 COD

根据改正数，将 C'、D' 两点分别沿 OC'、OD' 的垂直方向移动 l_1、l_2，得 C、D 两点。然后检测 $\angle COD$，其值与 $180°$ 之差应在表 5-1-1 规定的限差之内，否则需要再次进行调整。

（2）建筑方格网点的测设

主轴线确定后，先进行主方格网的测设，然后在主方格网内进行方格网的加密。主方格网的测设采用角度交会法定出方格网点。其作业过程如图 5-1-5 所示，用两台经纬仪分别安置在 A、C 两点上，均以 O 点为起始方向，分别向左、向右精确地测设出 $90°$，在测设方向上交会在 1 点，交点 1 的位置确定后，进行交角的检测和调整，同法测设出主方格网点

2、3、4，这样就构成了田字形的主方格网。当主方格网测定后，以主方格网点为基础，进行加密，得到其余各方格网点。

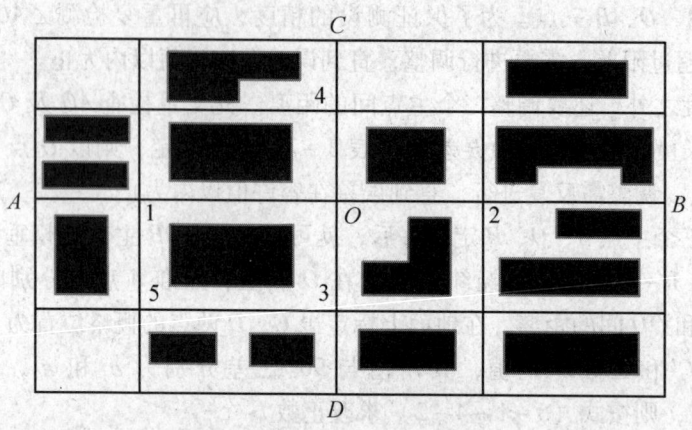

图 5-1-5 建筑方格网点测设

进行方格网测设时，其角度观测应符合表 5-1-2 的规定。

表 5-1-2 方格网测设角度观测要求

方格网等级	经纬仪型号	测角中误差	测回数	测微器两次读数	半测回归零差	一测回 2C 值互差	各测回方向互差
Ⅰ级	DJ1	5″	2	≤1″	≤6″	≤9″	≤6″
	DJ2	5″	3	≤3″	≤8″	≤13″	≤9″
Ⅱ级	DJ2	8″	2	—	≤12″	≤18″	≤12″

5.2 建筑工程控制测量基础知识

5.2.1 施工控制网坐标系统

为了满足施工放样的精度要求，采用独立坐标系所建立起来的不同形状的控制网称为施工控制网。

建筑施工控制测量（二）

为了进行施工测量，必须建立施工控制网。在工程的勘测阶段所建立的施工控制网主要是服务于工程勘测及地形测图，而工程建设施工阶段对控制网的精度、点位布置等方面的要求不同，施工控制网的精度取决于工程建设的性质和质量要求。

建筑物在建设场地的布置（总图设计）是根据生产的工艺流程要求和场地的实际地形情况进行的。主要建筑物的轴线往往不能与勘测期间测量坐标系的坐标轴平行（或垂直），而总是会沿地势平坦的方向布设。这样设计建筑物的坐标计算如果在勘测坐标系中进行，计算工作会比较复杂。因此，设计人员往往根据现场地形情况选定独立的建筑坐标系，使该坐标系的纵坐标轴与主要建筑物的长轴线方向相一致。独立建筑坐标系的原点多选在场地的西南角，这就使建筑物设计定位时计算较简单，而且坐标数据均为正值。如图 5-2-1 所示，$AO'B$ 为建筑坐标系，xOy 为勘测坐标系。

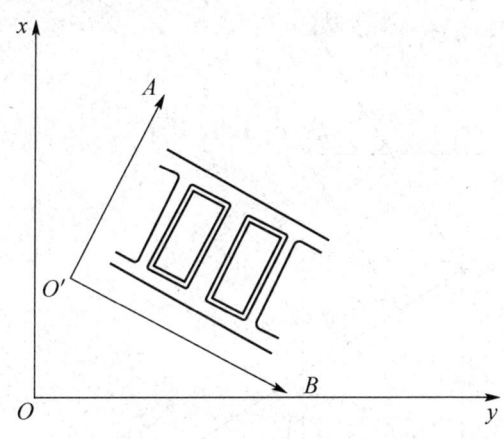

图 5-2-1　坐标系统图

现代工业建设规模一般都很大，各种建（构）筑物种类繁多，分布很广，因而建筑场地的占地面积较大，有时可达几平方千米，甚至几十平方千米，使得工程测量的任务十分繁重。工程施工测量工作与其他的一般测量工作不同，它要求与施工进度配合及时，满足施工的需要。原有的勘测控制网在布点的施测精度方面主要考虑满足测绘大比例尺地形图的需要，不可能考虑将来建筑物的分布及施工放样对点位的布设要求。因此，在施工期间这些测量控制点大部分会遭到破坏，即使保留下来，也往往不能通视，无法满足施工测量的需要。因此，工业企业建筑物在施工之前都要在原有勘测控制网的基础上建立施工控制网。我国的许多大型工业企业在工程施工之前都建立了施工控制网。更多的实践经验表明，建立施工控制网可为工程建筑物的施工放样提供一个合理的测量控制基础，对工程建筑物的施工十分有利。

施工控制网应满足具体工程的要求。首先，施工控制网应在建筑坐标系中建立，所有施工控制网点的坐标均应以建筑坐标表示，施工控制网点应埋设在建筑物间的净空地带，保证其不受施工的影响和破坏；其次，施工控制网点的密度应以施工放样时使用方便为准，一般要求最低一级施工控制网上相邻两点的距离以不大于 200 m 为宜；最后，施工控制网的精度应能满足工程建筑物定位精度的要求。

施工控制网建立之前必须将设计的以建筑坐标表示的施工控制网点（特别是主轴点）的坐标换算为勘测坐标系的坐标，以便根据勘测控制网点将其测设到实地上去。这对于施工控制网点的初步放样是必须的。建筑坐标换算为勘测坐标的计算公式为

$$\left.\begin{array}{l}x = x_0 + A\cos\alpha - B\sin\alpha \\ y = y_0 + B\cos\alpha + A\sin\alpha\end{array}\right\} \tag{5-2-1-1}$$

式中：x_0、y_0——建筑坐标系原点 O' 在勘测坐标系中的坐标；

α——两坐标系的纵轴（x 轴与 A 轴）间的正向夹角，即由 x 坐标轴方向顺时针旋转到 A 坐标轴方向所转过的角度，如图 5-2-2 所示。

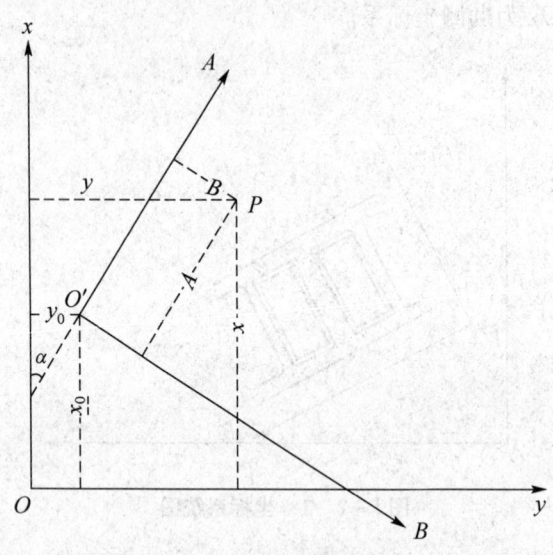

图 5-2-2 建筑坐标系

实际上两坐标系之间的换算公式在建筑物设计时已由设计人员确定，故式 (5-2-1-1) 可以在设计文件中查到。

在工程施工时，位于厂区边缘部分的工程点位有时需要根据场区外的勘测控制网点进行放样。这时需要将勘测控制网点的勘测坐标换算为建筑坐标。其换算公式为

$$\left. \begin{array}{l} A = (x - x_0)\cos\alpha + (y - y_0)\sin\alpha \\ B = (y - y_0)\cos\alpha - (x - x_0)\sin\alpha \end{array} \right\} \quad (5-2-1-2)$$

如图 5-2-2 所示 P 点在建筑坐标系中的坐标为 A 和 B，在勘测坐标系中的坐标为 x 和 y，式 (5-2-1-1) 和式 (5-2-1-2) 可将两种坐标系的坐标进行互相转换。

5.2.2 施工控制网的精度

施工控制网是为了工程建筑物施工放样而建立的，其精度应当由工程建筑物建成后的容许偏差（建筑限差）来确定。正确地确定施工控制网的精度具有重要的意义，精度要求提高了会使测量工作量增加，工期拖延；反之则会影响放样精度，无法满足工程施工的需要，造成质量事故。

建筑场地上工程建筑物的种类很多，施工的精度要求也各不相同。不同的建筑、不同的施工方法，精度要求也不相同。例如，有的连续生产设备流水线的中心线横向偏差要求不超过 ±1 mm；钢结构的工业厂房，钢柱中心线间的距离差要求不超过 2 mm。如果根据工程建筑物的局部精度要求来确定建筑方格网的精度，势必要求整个建筑方格网的精度很高，这就会给测量工作带来很大困难，花费大量的人力和物力。新中国成立初期，由于经验缺乏，有

时会盲目地把方格网边长丈量的精度提高到十几万分之一甚至二十几万分之一。随着工程建设数量的增多和建筑业的发展，我国的广大工程测量工作者在总结实践经验的基础上提出，厂区建筑方格网的主要任务是用来放样各独立工程系统的中心线和各独立工程系统之间连接建筑物的，如放样厂房的中心线，高炉和焦炉的中心线，皮带通廊、铁路和管道等。至于各独立工程系统内部精度要求很高的大量中心线的放样工作，可单独建立各独立工程系统的施工控制网，如厂房控制网、高炉和焦炉的控制网。各系统的局部控制网不需要强制附和在整个厂区的建筑方格网上，也不需要在厂区建筑方格网的基础上加密得到，而是根据厂区建筑方格网放样独立工程系统的主要轴线，进行工程定位，然后在放样各独立工程系统轴线的基础上，再建立独立的控制网。因此，厂区建筑方格网的精度主要取决于系统内各工程间连接建（构）筑物的施工精度。

工业场地上的自流管道（如生活下水及雨水管道）对测量的精度要求最高。按照《安装工程施工及验收规范》的规定推算，在150 m的距离上，容许的横向偏差为48 mm，即容许的横向相对中误差为1/3 200。而铁路中心线在50 m的距离上，容许的横向偏差为30 mm，即容许的横向相对中误差为1/17 000。上述的容许值是竣工后的最低质量要求，可以理解为极限误差，即低于该标准的工程需推倒重来。

根据工程建设过程可知，工程竣工允许误差是由构件制作误差 $m_{制}$、施工误差 $m_{施}$ 和测量误差 $m_{测}$ 综合影响产生的。当我们取竣工后的中误差 m 等于建筑限差的1/2时，有

$$m = \frac{1}{2}\Delta = \pm\sqrt{m_{制}^2 + m_{施}^2 + m_{测}^2} \qquad (5-2-2-1)$$

假定这三种误差的影响相同，即 $m_{制} = m_{施} = m_{测}$，将此关系代入式（5-2-2-1），可得

$$m_{测} = \pm\frac{1}{\sqrt{3}}m \qquad (5-2-2-2)$$

测量误差 $m_{测}$ 包括控制测量的误差 $m_{控}$ 及细部放样的误差 $m_{放}$，这时

$$m_{测}^2 = m_{控}^2 + m_{放}^2 \qquad (5-2-2-3)$$

令

$$m_{控} = \frac{1}{\sqrt{2}}m_{放}$$

或

$$m_{放} = \sqrt{2}\,m_{控} \qquad (5-2-2-4)$$

将式（5-2-2-4）代入式（5-2-2-3），有

$$m_{控} = \frac{1}{\sqrt{3}}m_{测} \qquad (5-2-2-5)$$

将式（5-2-2-5）代入式（5-2-2-2），可得

$$m_{控} = \frac{1}{\sqrt{3}}\left(\frac{1}{\sqrt{3}}m\right) = \frac{1}{3}m = \frac{1}{6}\Delta \qquad (5-2-2-6)$$

在皮带通廊、管道和铁路的竣工容许误差中，自流管道的要求最高，我们以它的容许竣工误差 48 mm 作为连接建筑物的精度标准，将此限差代入式（5-2-2-6），得

$$m_{控} = \frac{1}{6}\Delta = 8 \text{（mm）}$$

由式（5-2-2-6）算得的数值是控制网在 150 m 长度上的横向误差，若要求纵向与横向误差相等，则控制网在 150 m 边长上的纵向误差也应为 ±8 mm。这时边长的相对中误差则为

$$\left(\frac{m_S}{S}\right)_{控} = \frac{8}{150\ 000} = \frac{1}{18\ 750}$$

式中：S——控制网边长，m。

根据以上计算，取 1/20 000 作为施工控制网边长的相对中误差。

作为建筑方格网的矩形导线网，为了使纵、横向的精度均匀，应当使测角精度与测边精度相匹配。按照这个要求，建筑方格网的角度中误差应为

$$m_\beta = \pm \frac{\rho}{20\ 000} = \pm 10.3''$$

式中：m_β——建筑方格网的测角中误差；
　　　ρ——常数 206 265″。

5.2.3　施工控制网特点

工程施工阶段建立施工控制网的主要目的：在工程施工期间为建（构）筑物的放样提供测量的控制基础；在工程建成后的运营管理阶段为工程的维护保养、扩建改建提供依据。因此，施工控制网应密切结合工程施工的需要及建筑场地的地形情况选择布设形式，确定合理的布设方法。对于位于山岭地区的工程，如水利枢纽、桥梁、隧道等工程，一般可采用三角测量（或边角测量）的方法建网；对于地形平坦的建设场地，则可采用任意形式的导线网；对于建筑物布置密集而且规则的工业建设场地，可采用矩形控制网，即建筑方格网。有时布设形式可以混合使用，如首级控制网采用三角网，在其下加密的控制网可以采用矩形网。

与测图控制网相比，施工控制网具有以下特点。

1. 范围小、密度大、精度高

在工程勘测期间所布设的测图控制网，其控制范围总是大于工程建设的区域。水利枢纽工程、隧道工程和大型工业建设场地控制面积在十几平方千米到几十平方千米，而一般的工业建设场地控制面积大都在一平方千米以下。由于工程建设需要放样的点、线十分密集，若没有较为稠密的测量控制点，则会给放样工作带来困难。至于点位的精度要求，测图控制网点是从满足测图要求出发提出的，而施工控制网的精度是从满足工程放样的要求确定的。工业建筑施工控制网在 200 m 的边长上，其相对精度应达到 1/20 000 的要求。对于隧道控制网，当隧道长度在 4 km 以下时，其相向开挖的横向贯通容许误差不应大于 10 cm；大型桥

梁施工时，桥墩定位的误差一般不得超过 2 cm。由此可见，建筑工程施工控制网的精度比一般测图控制网要高。

2. 点位布设有特殊要求

如前所述，施工控制网是为工程施工服务的。因此，为施工测量应用方便，一些工程对点位的埋设有一定的要求，如桥梁施工控制网、隧道施工控制网和水利枢纽工程施工控制网要求在梁中心线、隧道中心线和堤坝轴线的两端分别埋设控制点，以便准确地标定工程的位置，减少放样测量的误差。此外，在工业建筑场地，还要求施工控制网点连线与主要建筑物主轴线相平行或相垂直，而且其坐标值尽量为 1 m 的整倍数，以利于施工放样的计算工作。

3. 使用频繁，容易受施工干扰

一方面，在施工过程中，大型工程不同的工序和不同的高程上都有不同的形式和不同的尺寸，往往要频繁地进行放样，施工控制网点反复被使用，有的可能要多达数十次。另一方面，工程的现代化施工经常采用立体交叉作业的方法，一些建筑物比较高大，工程机械运输、施工人员来来往往，对视线形成了严重的阻碍。因此，施工控制网点应保证位置恰当、坚固稳定、方便使用、易于保存，且密度也应较大，以便使用时有灵活选择的余地。

由于施工控制网具有上述的这些特点，所以其应该成为施工总平面图设计的一部分。设计点位时应充分考虑建筑物的分布、施工顺序、施工方法以及施工场地的布置情况，将施工控制网点设计在施工总平面图相应的位置上，并要求施工人员爱护测量标志，注意保护点位。

对于高程控制网，由于在勘测期间所建立的高程控制点在点位的分布和密度方面不能满足施工的要求，所以必须进行适当加密。施工期间的高程控制网通常也可分两级布设，首级为三等水准，还可再加密为四等水准。在起伏较大的山岭地区，平面控制网和高程控制网通常是各自单独布设；在平坦地区（如工业建筑场地），常常将平面控制网点作为高程控制点，组成水准网进行高程测量，使两种控制网点合为一体。但高程起算的水准基点组则要按专门的设计单独进行埋设。

5.2.4 矩形控制网布设

应根据建筑场地的条件和建筑物的布置情况选择不同形式的工程控制网。若建筑场地地势平坦，建筑物布置规整，则宜采用矩形控制网，或称建筑方格网。

矩形控制网是在建筑坐标系中建立的，网中的几何图形一般均为矩形，即相邻边的交角均为 90°，矩形的边与主要建筑物的主轴线平行或垂直，而新建厂区的建筑物的布置轴线也大都与建筑坐标轴相平行或垂直。在这种建筑控制之下，若采用直角坐标法进行工程放样，其放样数据可由放样点与矩形控制网点的坐标之差求得，运算极为简单。因此，这种形式的控制网对于平坦地区的新建工程是很适宜的。

厂区平面控制网应根据厂区条件和建筑物的布置情况布设成方格网、三角网、导线网和测边网等形式，若厂区地势平坦、建筑物布置规则，宜建立建筑方格网作为施工控制网。

在山区兴建的工程，工程施工的首级控制网（简称首级网）采用三角网，各独立工程系统的施工又以首级控制网为基础，分别布设矩形控制网。有时扩建工程的控制网也因建筑场地控制点稀少而依据少量的点构成三角网，其下再布设矩形控制网作为厂房施工的依据。

在平坦地区的新建工程，以矩形控制网作为施工控制网是较为普遍的。

1. 矩形控制网布设

《建筑施工测量标准》（JGJ/T 408—2017）规定，当建筑区域面积大于一平方千米时，可分两级布网。首级网可以采用"口"字形、"田"字形或者并联"田"字形。首级网下用二级矩形网分区加密。矩形控制网的布设方案如图5-2-3所示。如图5-2-3（a）所示为"口"字形首级网下加密的二级网；如图5-2-3（b）所示为"田"字形首级网下分区加密的二级网；如图5-2-3（c）所示为并联"田"字形首级网下加密的二级网。当厂区面积小于一平方千米时，可只布设二级矩形控制网。实际应用时，首级网是否以二级网全面加密，要根据具体情况而定。当工程建筑物的规模较大，连续生产轴线较长且跨数较多时，首级网下可以不用二级网加密，直接在首级网下测设厂房控制网。

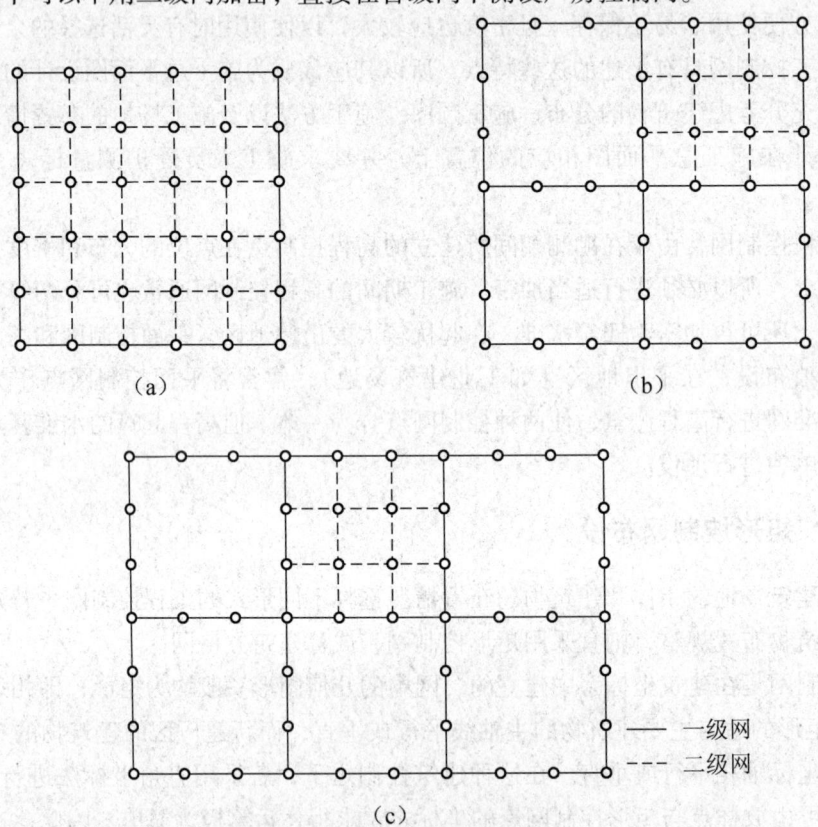

图5-2-3 矩形控制网的布设方案
（a）"口"字形首级网下加密的二级网；（b）"田"字形首级网下分区加密的二级网；
（c）并联"田"字形首级网下加密的二级网

厂区矩形控制网的设计应根据施工总平面图和厂区的地形图进行。工业厂区的施工总平面图是工业建设的总体布置图，图上绘有各系统工程的主要厂房、道路、循环供水管道、上水管道、下水管道、排水管道、热力管道以及电缆地沟等。各种建（构）筑物除以相应符号表示于总图上之外，还用坐标数据标定。厂区地形图是反映厂区原有地势起伏状态和地物分布的图纸。以上两种图纸是矩形控制网设计的主要依据。设计的总原则是满足工程施工定位的要求，使用方便，易于长期保存。矩形控制网的设计步骤如下。

（1）确定横向主轴线

横向主轴线是贯穿全厂区的主要轴线，是矩形控制网布设的基础。横向主轴线应大致位于厂区中央，并且靠近主要建筑物。横向主轴线的方向应与建筑坐标系的某坐标轴相平行或垂直，其位置常选在厂区主要道路一侧，并避开一切建（构）筑物，如管道工程等，离开管沟的距离应不小于 2 m，应尽量选在没有地下管线一侧的道路旁，如图 5-2-4 所示的Ⅰ-Ⅱ轴线。

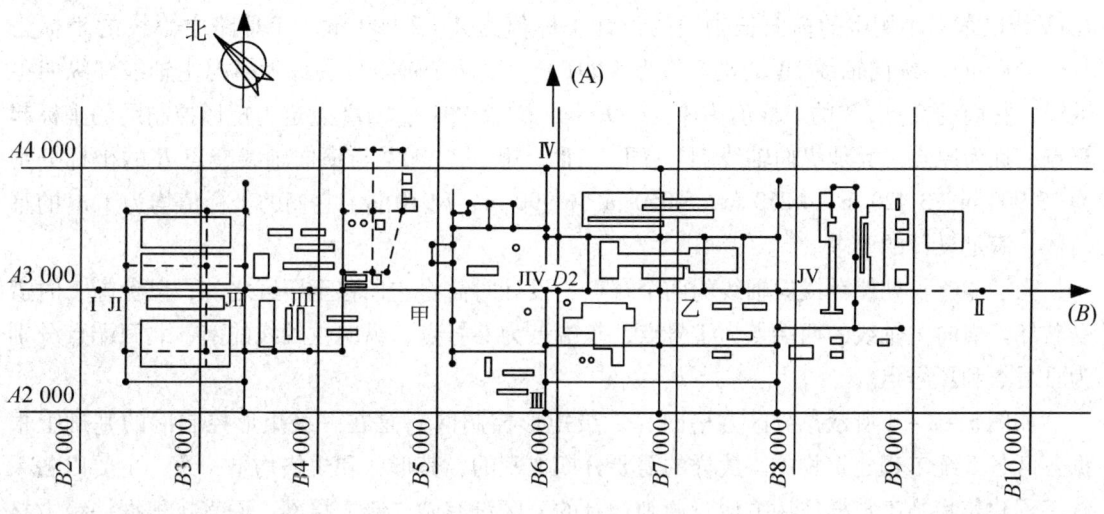

图 5-2-4 矩形控制网布设

（2）确定纵向主轴线

纵向主轴线是与横向主轴线相垂直的控制轴线。当横向主轴线不超过 2 km 时，可以只选一条纵向主轴线，否则视情况可以设置若干条与横向轴线相垂直的纵向轴线。

（3）确定主轴点及其他矩形控制点

纵、横向主轴线确定之后，首先决定主轴线上的主轴点。所谓主轴点，就是主轴线上的主要标志点，将来主轴线在实地定位时，可通过测设主轴点达到主轴线定位的目的。每条主轴线上的主轴点应不少于 3 个，测设之后以便有检核条件。纵、横向主轴线的两边延伸至厂区的边界，并在地势较高处选定端点，一般均以轴线的两端点及纵、横轴线的交点作为主轴点。

纵、横向主轴线和主轴点确定后，还要在主轴线上确定矩形控制网点的位置。控制网点间的距离一般以 100～300 m 为宜。控制网点主要设置在道路交叉处，尽量考虑加密二级网的需要，并与各建筑物的布置相适应。控制网点的设计坐标尽量为 1 m 的整倍数，特殊情况下亦可为 1 dm 的整倍数。轴线上所有网点的设计坐标均应以建筑坐标表示。

（4）确定周边封闭直线的位置

纵、横轴线及轴线上的网点确定以后，要在轴线的端点间决定周边的封闭直线以及该直线上控制网点的位置。

二级矩形控制网应在一级矩形控制网的基础上根据施工的要求分期布置。矩形控制网点的位置与控制网点间的相互连接应根据建筑物的分布情况决定。

如图 5-2-4 所示为矩形控制网布设的实例。首级控制网是一个由沿纬Ⅲ路布设的横向长轴线、与横向长轴线互相垂直的 7 条纵向短轴线及一个闭合的多边形组成。纵向短轴线与横向长轴线的交点自西向东依次为 JⅠ、JⅡ、JⅢ、甲、JⅣ、乙、JⅤ 等号点，闭合多边形处在 JⅤ 线以东。本例中的横向长轴线的设计坐标值为 $A = 2\ 990$ m（纬Ⅲ路中心线的坐标为 $A = 3\ 000$ m），纵向轴线 JⅣ 的坐标值为 5 991 m，这两条轴线分别称为横向主轴线和纵向主轴线，它们的交点 D2 的坐标值为 $A = 2\ 990$ m，$B = 5\ 991$ m。D2 点定为矩形控制网的坐标起算点，称为原点。其他纵向轴线 JⅠ、JⅡ、JⅢ、甲、乙、JⅤ 与横向轴线交点 B 的坐标分别为 23 900 m、3 420 m、4 213 m、5 050 m、6 990 m、7 910 m。它们的坐标值均为 1 m 的整倍数，满足设计的要求。

为了能够长期保存横向轴线的两个端点，设计时需将它们移至厂区之外，以免施工时遭受破坏。横向主轴线的西端点为Ⅰ号点，东端点为Ⅱ号点。纵向主轴线的南、北两端点分别为Ⅲ号点和Ⅳ号点。

如图 5-2-4 所示，分区方格网（二级矩形控制网）是在一级矩形控制网的基础上根据各区各系统工程建筑物施工放样的需要分期加密的，其形状和规格均不一致，主要以各系统工程建筑物施工放样应用方便为原则。有的分区没有做二级方格网，而直接根据一级方格网测设厂房控制网，同样也能满足施工的需要。

2. 矩形控制网主轴线放样

矩形控制网主轴线的放样是建立矩形控制网的首要步骤。工程建筑物的测设又是根据矩形控制网进行的。因此主轴线的定位也就是整个工业厂区工程建筑物的定位。一般工业总平面图的平面设计和竖向布置是根据建筑场地的地形状况确定的，在满足生产流程要求的条件下，使平整场地的土方量为最少。如果主轴线放样的精度不高，依据它所测设的工程建筑物将发生相对于设计位置的位移，从而造成土石方工程量的变化。不仅如此，工程建筑物定位的偏差还将影响厂内与厂外连接建筑物的错位，如道路工程、上下水管线工程及输电线路工程等，都将因主轴线放样的误差而发生连接误差。因此，主轴线的放样应该有必要的精度要求。

（1）主轴点放样的精度要求

《工程测量通用规范》（GB 55018—2021）规定，主轴线的点应以一级小三角以上工程勘测控制网为依据测设，点位中误差（相对于邻近的勘测控制网点而言）不得大于 5 cm。

如图 5-2-5 所示，点 A、O 和 B 为主轴线点，C 为一级方格网的角点，K 为原有勘测控制网点，G 为厂区最边缘的工程点位。假定 G 点的定位分别由 C 点和 K 点进行。根据方格网放样的 G 点与勘测控制网放样的同一工程点位必定存在衔接误差，此误差是由放样的起始点、起始方向的误差以及放样过程的误差而产生。根据工程施工的经验，当管线工程的衔接误差在 200 mm 以内时，进行预先调正，使其强制连接，将不会对工程产生明显的影响。因此，可以认为由施工控制网点或由勘测控制点放样 G 点的容许误差 δ_G 应为

$$\delta_G = \pm \frac{1}{\sqrt{2}} m_{接} \approx \pm 141.4 (\text{mm})$$

m_G 应为

$$m_G = \pm \frac{1}{2} \delta_G = \pm 70.7 (\text{mm})$$

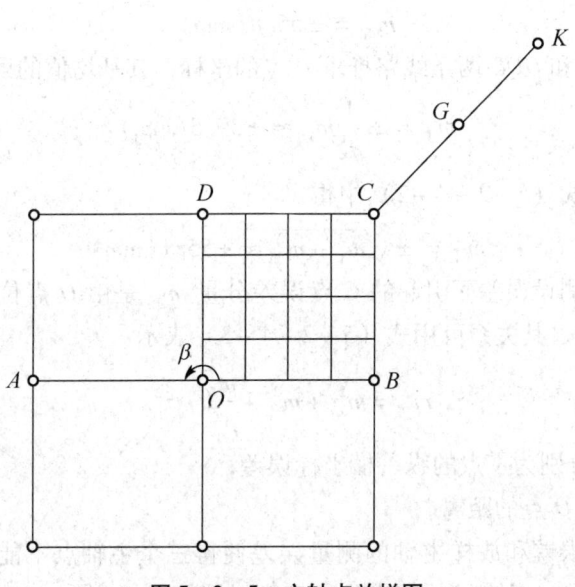

图 5-2-5 主轴点放样图

由于施工控制网点（或由勘测控制网点）放样 G 点的点位中误差 m_G 是由起始数据误差 m_C 和放样误差 m_V 共同影响产生的，其中误差关系为

$$m_G^2 = m_C^2 + m_V^2$$

放样误差 m_V 一般不超过 ±20 mm，故 m_C 为

$$m_C = (m_G^2 - m_V^2)^{\frac{1}{2}} \approx \pm 68 (\text{mm})$$

然而 C 点的误差是主轴线定位误差和矩形控制网本身的测量误差共同影响的结果，因此有

$$m_C^2 = m_{测}^2 + m_{主}^2 \tag{5-2-4-1}$$

式中：$m_{测}$——矩形控制网测量的误差；

$m_{主}$——主轴线定位的误差。

由矩形控制网本身的测量误差而引起的 C 点相对于矩形控制网坐标起算点 O 的误差 $m_{测}$，可以将由 O 点到 C 点路线视为导线，根据支导线端点误差的估算公式求出：

$$m_{端} = \pm \sqrt{n(m_S^2) + \left(\frac{m_\beta}{\rho''}\right)^2 (D_{n+1,i}^2)} \tag{5-2-4-2}$$

式中：n——支导线的边数；

m_S——矩形控制网边长测量的误差；

m_β——矩形控制网角度测量的误差；

$D_{n+1,i}$——支导线端点至各导线的距离。

《建筑施工测量标准》（JGJ/T 408—2017）规定，一级矩形控制网的边长 $S = 200$ m，$m_S = \pm 5$ mm，$m_\beta = \pm 4''$，对 OBC 线路，具体数据代入式（5-2-4-2）之后得

$$m_{端} = \pm 55.8 (\text{mm})$$

考虑到可由 OBC 和 ODC 两条线路推求 C 点的坐标，其平均值的误差 $m_{测}$ 为

$$m_{测} = \pm \frac{1}{\sqrt{2}} m_{端} \approx \pm 39.5 (\text{mm})$$

将求得的值代入式（5-2-4-2）中得

$$m_{主} = \pm \sqrt{m_C^2 - m_{测}^2} \approx \pm 55.1 (\text{mm})$$

显然，由主轴线测设误差而引起的 C 点误差分量 $m_{主}$ 是由 O 点位误差和主轴线的方向的误差 m_α 共同引起的，其关系可用式（5-2-4-3）表示：

$$m_{主}^2 = m_{x_0}^2 + m_{y_0}^2 + \frac{m_\alpha^2}{\rho''^2} \cdot S_{CO}^2 \tag{5-2-4-3}$$

式中：m_{x_0}、m_{y_0}——分别为零点的纵、横坐标误差；

S_{CO}——C 点至 O 点的距离。

勘测控制网点的误差和放样主轴的测量误差使得三个主轴点不能严格地位于一条直线上。为使其满足居于同一条直线的要求，《工程测量通用规范》（GB 55018—2021）规定，主轴点放样之后，要在 O 点安置经纬仪，以不低于 $\pm 2.5''$ 的精度测定 β，若不为 $180°$，则按近似或严密平差方法求出各主点的横向改正数 v_x，然后根据改正数在现场改正点位，使其位于一条直线上。经调整后的主轴线，其方向误差一般不应超过 $\pm 2.5''$。以 $m_\alpha = \pm 2.5''$、$S = 1$ km 代入式（5-2-4-3），解得

$$m_O = \pm \sqrt{m_{x_0}^2 + m_{y_0}^2} = \pm \sqrt{m_{主}^2 - \frac{m_\alpha^2}{\rho''^2} \cdot S_{CO}^2} = \pm \sqrt{55.1^2 - \left(\frac{2.5}{206\,265} \times 1 \times 10^5\right)^2} \approx \pm 53.6 (\text{mm})$$

也就是说，主点测设的中误差取整后不大于 50 mm，这与《工程测量通用规范》（GB 55018—2021）中的规定是一致的。

（2）主轴点放样的方法

主轴点的放样应根据主轴点的设计坐标和一级小三角以上的勘测控制网点（或 GNSS-RTK 点）进行。放样之前，应根据对主轴点的设计数据及有关勘测控制网的计算资料进行核对、检查，确保原始数据正确、可靠，然后将主轴点的建筑坐标换算为勘测坐标。初步放样的主轴点均需用直径不小于 100 mm 的木桩临时标定，如图 5-2-6 所示的 A、O、B 为初步放样的主轴点。放样方法应根据已知点的分布和现场的具体情况决定。当现场通视条件较好时，一般采用极坐标法对主轴点进行直接放样，如图 5-2-6 所示的 O、B 两点的放样。当现场通视条件较差及控制点的分布较少时常采用间接放样法或 GNSS-RTK 放样。所谓间接放样法，是指根据地形情况预先在欲放样的主轴点附近选择一个近位点，与周围的勘测控制网点组成适当的测量控制图形，以不低于 ±5″ 的精度测定其坐标，然后以此点为基础，采用极坐标法放样主轴点的方法。如图 5-2-6 所示的 A' 点的放样采用的是间接放样法，A' 点为近位点。

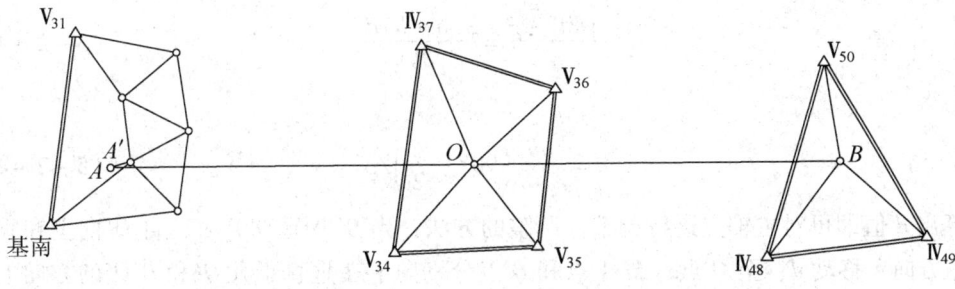

图 5-2-6 主轴点建立图

为了提高主轴点放样的精度，《工程测量通用规范》（GB 55018—2021）规定，必须对初步放样的主轴点进行精密测量，经平差计算求出其实际坐标值，并与设计坐标进行比较，然后用归化法将初步放样的点位改正至设计位置。

（3）主轴线的检测与校正

勘测网点放样主轴点的测量误差的共同影响使放样出的三个主轴点通常不在一条直线上。为使三个主轴点满足居于同一条直线上的要求，要对主轴线进行检测与校正。检测的方法是在主轴点 O 上安置经纬仪，以 ±2.5″ 的精度测定 $\angle A'OB'$，设为 β，如图 5-2-7 所示。如果 β 与 180° 之差大于 ±2.5″，必须调整主轴点的位置，使其位于一条直线上。

主轴点调整的方法：

① 近似法。这种方法的主导思想是认为 A、O、B 三个主轴点的精度相同，它们各自偏离设计直线的距离相等，其值为 d，如图 5-2-7 所示。根据观测角 β 及相邻主轴点之间的距离 a 和 b 计算出偏离值 d。

建筑测量

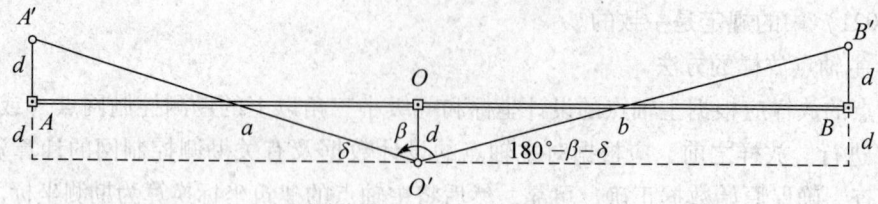

图 5-2-7 主轴线改化图

过 O' 点作平行于 AB 的直线,设该直线与 $O'A'$ 的夹角为 δ,与 $O'B'$ 的夹角为 $(180°-\beta-\delta)$。由于这两个角都很小,故分别可以表示为

$$\frac{\delta}{\rho''}=\sin\delta=\frac{2d}{a} \qquad (5-2-4-4)$$

$$\frac{180°-\beta-\delta}{\rho''}=\sin(180°-\beta-\delta)=\frac{2d}{b} \qquad (5-2-4-5)$$

将式 (5-2-4-4) 与式 (5-2-4-5) 相加得

$$\frac{180°-\beta}{\rho''}=\frac{2(a+b)d}{ab} \qquad (5-2-4-6)$$

移项后得

$$d=\frac{ab}{a+b}\left(90°-\frac{\beta}{2}\right)/\rho'' \qquad (5-2-4-7)$$

算出 d 值即可对主轴点进行调整。调整的方法:当 β 小于 $180°$ 时,自 O' 向上在垂直于 $O'A'$ 的方向上移动 d,至 O 点;自 A' 点和 B' 点分别向下在垂直于 $A'O$ 和 $B'O$ 的方向上移动 A' 和 B' 点至 A 和 B。当 β 大于 $180°$ 时,应往相反的方向调整。

调整点位后,还需在调整后的点位 O 上安置经纬仪,对 $\angle AOB$ 进行检查,若 β 与 $180°$ 之差不大于 $\pm 2.5''$,则说明主轴线的放样已满足要求;否则仍应按前述方法进行改正,直至满足要求为止。

② 严密法。这种方法的出发点是三个主轴点位于同一条直线上。列出坐标改正数的条件方程式,然后按最小二乘法求解,算出各主轴点的坐标改正数,再进行调正。实质上是在坐标改正数平方和为最小的条件下对主轴线进行调整,这比近似法更为合理。根据 A'、O'、B' 三点所处的建筑坐标系,其直线条件方程式为

$$\left(\frac{1}{a}+\frac{1}{b}\right)v'_{x_O}-\frac{1}{a}v'_{x_A}-\frac{1}{b}v'_{x_B}+\frac{W_\beta}{\rho''}=0 \qquad (5-2-4-8)$$

$$W_\beta=\beta-180° \qquad (5-2-4-9)$$

由条件式 (5-2-4-7) 建立的法方程为

$$2\left(\frac{a^2+b^2+ab}{a^2b^2}\right)k+\frac{W_\beta}{\rho''}=0$$

联系数为

$$k = -\frac{a^2 b^2}{2(a^2+b^2+ab)} \cdot \frac{W_\beta}{\rho''}$$

于是

$$\left.\begin{array}{l} v'_{x_o} = \dfrac{-(a+b)ab}{2(a^2+b^2+ab)} \cdot \dfrac{W_\beta}{\rho''} \\[2mm] v'_{x_A} = \dfrac{ab^2}{2(a^2+b^2+ab)} \cdot \dfrac{W_\beta}{\rho''} \end{array}\right\} \qquad (5-2-4-10)$$

【例 5-1】 若 $a=800\text{ m}$，$b=1\,000\text{ m}$，$\beta=179°59'50''$，试分别采用近似法和严密法计算改正数 d。

解： 按式（5-2-4-7）计算的改正数为

$$d = \frac{ab}{a+b}\left(90° - \frac{\beta}{2}\right)/\rho'' = 10.8 \text{ (mm)}$$

采用严密法，按式（5-2-4-10）算得的改正数为

$$v'_{x_o} = \frac{-(a+b)ab}{2(a^2+b^2+ab)} \cdot \frac{W_\beta}{\rho''} = 14.3 \text{ (mm)}$$

$$v'_{x_A} = \frac{ab^2}{2(a^2+b^2+ab)} \cdot \frac{W_\beta}{\rho''} = -7.9 \text{ (mm)}$$

$$v'_{x_B} = \frac{a^2 b}{2(a^2+b^2+ab)} \cdot \frac{W_\beta}{\rho''} = -6.3 \text{ (mm)}$$

主轴点经改正后，还要在改正后的 O 点安置经纬仪，以 $\pm 2.5''$ 的精度测定 $\angle AOB = \beta$，若 β 与 $180°$ 之差不超过 $\pm 2.5''$，则认为已符合要求，否则仍需按前述方法进行改正。直至满足要求为止。

（4）纵向轴线的放样与校正

横向主轴线经放样与调整之后，即可进行纵向轴线的放样。纵向轴线的放样方法与横向主轴线的放样方法相同。纵向轴线的校正是在已调整好的横向主轴线的基础上进行的，如图 5-2-8 所示，C 和 D 为纵向轴线的两端点，其设计要求是 C、O、D 位于一条直线上，并与横向主轴线 AOB 垂直。

为了保证纵、横向主轴线相互垂直的条件，需要在 O 点安置经纬仪测定纵向主轴线端点 C'（放样点）与 O 点连线 OC' 分别与 OA 及 OB 两直线的夹角 β_1、β_2，其精度要求与观测横向主轴线 β 的要求相同。若 β_1、β_2 不相等，则应按式（5-2-4-11）计算 C' 点对设计纵向主轴线 OC 的横向偏离距离 d

$$d = \frac{(\beta_1 - \beta_2)}{2\rho''}l \qquad (5-2-4-11)$$

式中：l——纵向主轴线端点至两轴线交点的距离。

根据 d 对 C' 点的位置进行改正，当计算的 d 为正时，应将 C' 向左改正，否则向右改正。

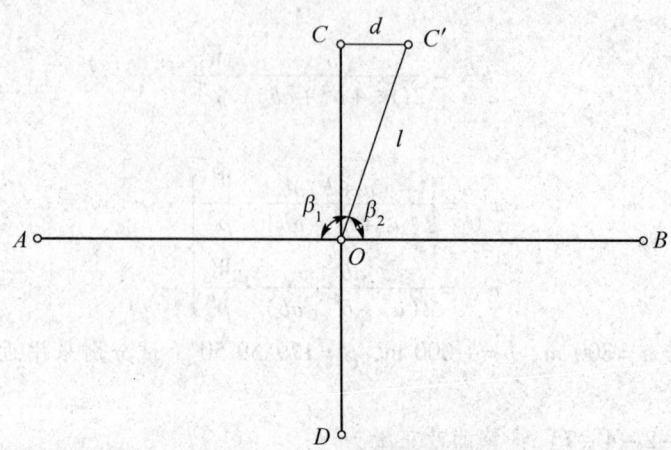

图 5-2-8 纵向主轴线改化图

同样，应对 D 点进行改正。点位改正之后仍需检测，直至达到纵、横向轴线的夹角 $90°\pm2.5″$ 的要求为止。

当建筑场地面积较大时，不只一条纵向主轴线，仍采用前述的方法放样轴线的交点和端点。如图 5-2-9 所示，E 为第 2 条纵向轴线与横向主轴线的交点。设该点初步放样以后的位置为 E'，其不在已调整好的轴线 AOB 上。为将 E' 点调整至 AO 直线上，首先应在 E' 点安置经纬仪，仍以 $\pm2.5″$ 的精度测定 $\angle AOE'=\beta$，并按式 (5-2-4-12) 计算改正数 d：

$$d=\frac{ab}{a+b}(180°-\beta)/\rho'' \qquad (5-2-4-12)$$

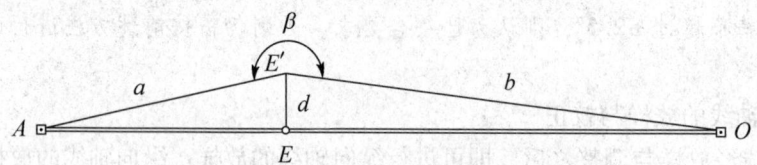

图 5-2-9 其他纵向轴线改化图

改正时，将 E' 点移动 d，移动的方向是，当 d 为负时，自 E' 点向下移动，否则向上移动。改正后仍需按同法检查，直至满足 $180°\pm2.5″$ 的要求为止。

纵、横轴线的交点 E 调整好以后，还要对纵向轴线进行检查与调整，方法同前。

矩形控制网主轴线改化之后，在建筑场地上构成一个相互正交的轴线系统，它是矩形控制网点进一步放样的基础。其中，横向主轴线与纵向主轴线的交点 O 称为矩形控制网的原点，网中其余各点的坐标均由该点起算，横向主轴线的方向可作为起算方向。

(5) 主轴点标石埋设

主轴点经放样、检测、调整之后，已处于设计位置，这时应将临时标定的木桩换埋永久标石。《建筑施工测量标准》（JGJ/T 408—2017）规定的钢筋混凝土标石的规格如图 5-2-10 所示，图中所注尺寸的单位为 cm。标石的长度及底部的宽度尺寸未予确定，主要考虑其兼作水准点时，其底部应埋在冻土层以下，这时标石的长度及底部的宽度应随冻土的深度而定。

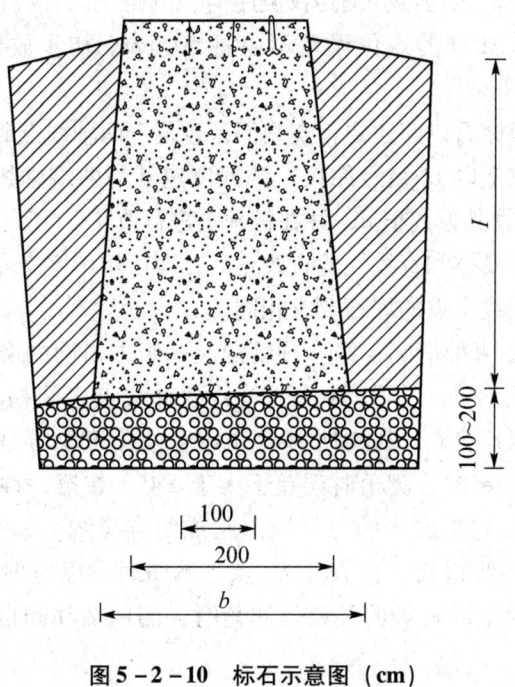

图 5-2-10　标石示意图（cm）

作为矩形控制网点（厂房控制网也用此种规格的标石），考虑到在桩顶归化改点的方便，故在混凝土中，标石顶面需要埋设"丌"字形标板。标板一般为 150 mm × 150 mm × 3 mm 的不锈钢板，其下面预先焊上两个弯钉，钳入混凝土中。此外，如需兼作高程控制点，还应在标石顶面上预先埋设圆头钉，以供测定高程之用。

换埋标桩的方法是，以两台（最好三台）经纬仪分别安置在临时标桩附近 2 m 以外处，使其与控制点的连线相互垂直（或呈 120°交角）。仪器整平后，调节焦距，以竖丝瞄准临时点位，并将仪器的水平制动螺旋固定。将临时标桩挖掉，换埋永久标石。永久标石入坑后，观测者指挥调整标石，使标板中心位于两仪器视线的交点上，标石顶面露出地面 50～100 mm，就位后，边填土、边捣实。标石埋好后，最后将两仪器视线的交点投测到标石顶面的标板上，检查无误后，用钢针划十字线，以标定点位，或以 1 mm 直的钻头在点位上钻孔，并在孔内滴入红铅油，以标志点位。

3. 矩形网的放样、归化与改正

在主轴线放样的基础上，将一级方格网所有各点均在实地放样出来。先进行初步放样，然后进行精测，通过计算求得各点初步位置的坐标，再将其改正到设计位置。放样的方法是，以相邻的两轴线点决定直线定向，沿此方向以检定过的钢卷尺或红外测距仪测定距离，决定方格网点的初步位置。当两轴线点的距离大于 1 km 时，为了减少定向的误差，应在轴线点间设置节点桩，以经纬仪两测回观测节点上的直线角，并按式（5-2-4-11）计算改正数 d，然后将其改正到两轴线点决定的直线上。采用钢卷尺量距时，应加入尺长改正、温度改正和倾斜改正。采用红外测距仪测距时，测距仪的标称误差不得大于（$10+5\times10^{-6}S$）mm，以保证初步放样的点位误差不超过 50 mm。初步放样的点位均以木桩随时标定。

临时方格网点在换埋标石以前还要检查它们是否位于两轴线点确定的直线上。检查的方法是，在每一个临时点位上以J2级经纬仪三测回测定其与两端轴线点所形成的夹角 β，仍以式（5-2-4-11）计算其偏离值 d，并在桩顶上进行改正。

临时方格网点经初步放样和直线性检查改正后，即可用十字交点法埋设永久性标石。标石的规格及埋设要求与轴线交点的埋石要求相同。

一级方格网的放样分两种情况：第一种情况是一级方格网的网形是由纵、横向轴线构成的支导线系，网形是开放的；第二种情况是将两轴线点之间初步放样的方格网点组成闭合导线，如图 5-2-11 所示，观测所有导线点上的角度和导线边长。在 D_1、D_2 点上测角时均以对向的轴线点定向，测角时误差不大于 $\pm4''$。在第一种情况下，方格网点放样的方法是将两轴线点之间初步放样的方格网点组成闭合导线，如图 5-2-11 所示，观测所有导线点上的角度和导线边长。在 D_1、D_2 点上测角时均以对向的轴线点定向。测角中误差不大于 $\pm4''$。当使用不同种类的经纬仪测角时，测回数和测量限差应符合表 5-2-1 的规定。

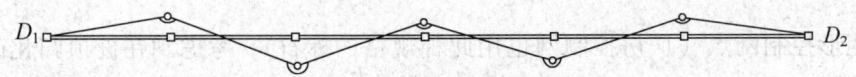

图 5-2-11　方格网点放样图

表 5-2-1　测回数和测量限差技术指标

类别	测角中误差	测回数	半测回归零差	2C 值变动	各测回较差
J1	$\pm4''$	2	$6''$	$8''$	$5''$
J2	$\pm4''$	4	$8''$	$12''$	$8''$
	$\pm8''$、$\pm10''$	2	$8''$	$12''$	$8''$

闭合导线容许角度闭合差计算公式如下：

$$W_\beta = \pm8''\sqrt{n}$$

式中：n——角度的个数。

当使用钢尺测量时，两轴线点间的闭合导线的边长应符合表 5-2-2 的规定。采用红外测距仪测距时，测边误差不得大于（$3+10^{-5}\times S$）mm。

表 5–2–2 方格网技术指标

方格网等级	边长相对中误差	丈量方法	钢尺数	丈量次数 往返	丈量次数 测回	观测要求 估读/mm	观测要求 次数	观测要求 较差/mm	各边边长经改正后的较差/mm	备注
I	1:40 000	悬 空	2	1	2	0.1	3	0.5	$6\sqrt{n}$	

注：$n = S/200$，S 为方格网的边长，单位为 m。

观测导线后，先将角度闭合差平均分配在各观测角中，用改正后的角度推算各边的方位角，再根据各边的方位角和观测边长推算各边的坐标增量。在建筑方格网的轴线放样中，通过初步放样、精测改正、轴线校正之后，横向主轴线与纵向主轴线的方向及交点 D_2（原点）的坐标均已确定，横向主轴线与纵向主轴线的方向也已确定。但轴线点放样后，点间的距离精度不能控制一级方格网实测的边长，因此轴线点间的距离均为未知值。这样横向主轴线上两轴线控制点间导线的 A 坐标增量应为零。如不为 0，则其产生闭合差 W_A。各边 A 坐标增量的改正数 V_{AA_i} 的计算公式为

$$V_{AA_i} = -\frac{W_A}{[S]}S_i$$

式中：$[S]$——导线总长；

S_i——导线任意边长。

将此改正数加入各相应边的增量中，可得平差后的 A 坐标增量值。相同过程计算平差后导线上各点的 B 坐标增量，再将计算得到的坐标值与设计的坐标值进行比较，求出坐标差，在标石顶面的钢板上进行改正，然后在改正后的点位上钻孔，并用红铅油圈上。一级方格网各主轴点间的方格网、各主轴点间的方格网点均按上述方法和步骤测设。

若一级建筑方格网布设成田字形或多口字形导线网时，则一级方格网点在两轴线点间初步放样后应进行导线测量，再经过方格网整体严密平差，求得各点坐标，然后将各点的实际点位归化到设计位置上。一级方格网放样后，若网点的密度不能满足施工测量需要，还须在一级方格网基础上进行加密布设二级方格网。

二级方格网可根据施工的需要分期、分区布设。二级方格网点的初步放样可采用导线法或角度交会法进行。初步放样的点位用木桩标定，其位置误差相对于设计坐标不得大于 50 mm，经检查调整后，埋设永久性标石。二级方格网点一般只埋设标石，其规格和式样与一级方格网点的标石相同。埋设标石后，可进行测角和量边。二级方格网独立布设时，测角中误差不得大于 ±8″，在一级方格网控制下加密时，测角中误差不得大于 ±10″，采用 J2 级经纬仪两测回观测。边长丈量可采用钢尺或测距仪。当使用钢尺量距时，一般应使用两根钢尺一次往测串尺三次读数，最小读数为 0.5 mm，同一尺段量得的长度之差不得超过

1.5 mm。同一条边经两根钢尺丈量改正后的结果之差不应大于 $\pm 10\sqrt{\dfrac{S}{200}}$ mm。采用测距仪时，测距仪的测距误差不得大于 $\pm(5+10\times10^{-6})$。

二级方格网观测后，应进行平差计算，按规程规定可采用近似平差法。先根据平差后的边长和角度计算各点的坐标，然后将点位改正至设计位置上，改正的要求和方法与一级方格网相同。

建筑方格网经过平差计算以后，便可得各点的实际坐标。由于初步放样不可避免地带有误差，故初步放样点位的实际坐标与设计坐标都是不相等的。为了施工放样使用方便，要对实测的点位在桩顶面的钢板上进行改正，将点位归化到设计的坐标位置上。这项工作称为方格网的归化和改正。

比较实测坐标与设计坐标，得

$$\delta_A = A_{实测} - A_{设计}$$
$$\delta_B = B_{实测} - B_{设计}$$

根据计算的坐标差 δ_A 和 δ_B，在室内预先制成改点模片，然后到现场进行改正。制作模片的方法是在事先准备好的方格网纸上选择一点作为设计点位，将其设计坐标写在相应的坐标线上，然后根据计算的坐标差 δ_A 和 δ_B 将实际点位展绘在方格纸上。如图 5-2-12 所示 17 点：

设计坐标为

$$A_{设计}=600.000\ 0\ \text{m}, B_{设计}=1\ 000.000\ 0\ \text{m}$$

实测坐标为

$$A_{实测}=600.007\ 8\ \text{m}, B_{实测}=999.986\ 5\ \text{m}$$

坐标差为

$$\delta_A = 600.007\ 8 - 600.000\ 0 = +0.007\ 8\ \text{m}$$
$$\delta_B = 999.986\ 5 - 1\ 000.000\ 0 = 0.013\ 5\ \text{m}$$

如图 5-2-12 所示，在毫米方格纸上选择一点 17 作为设计点位，通过该点绘出坐标位置后，再根据坐标差展绘实际点位 17′，从而得到实际点位和设计点的相对位置图，称为改点模片。改点时，将此片带到现场，使 17′点与标石顶面的临时点位相重合，以测斜照准仪工作边放在过 17′点的 A（或 B）坐标线上，一边转动模片，一边通过测斜仪的觇孔和竖丝瞄准另一端的方格网点。选择另一方向检查，确认无误后用网针将 17 点投在钢板上，并钻一个直径为 1 mm 的小孔，用红铅油圈上，此为归化后的方格网点 17。

由于个别点位初测时误差较大，归化改正时设计点位可能落在桩顶面之外，这时需要用极坐标法先将设计点位在地面上放样出来。如图 5-2-13 所示，M' 点为实际点位，其坐标值为 A'_M 和 B'_M。假定设计点位为 M，它的坐标为 A_M 和 B_M，根据实际坐标和设计坐标，以极坐标法放样 M 点，并标定该点的控制桩。做好上述工作后，可将 M' 点的标石移至 M 点的位置，埋好捣实后恢复 M 点并投测到标石顶面的钢板上。新点钻孔后，要在钢板上废掉原来的点位。

第5章 建筑工程控制测量

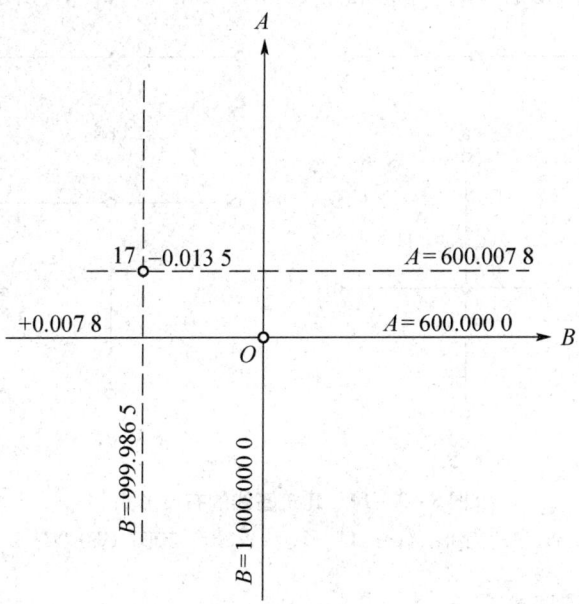

图 5-2-12 方格纸改正图

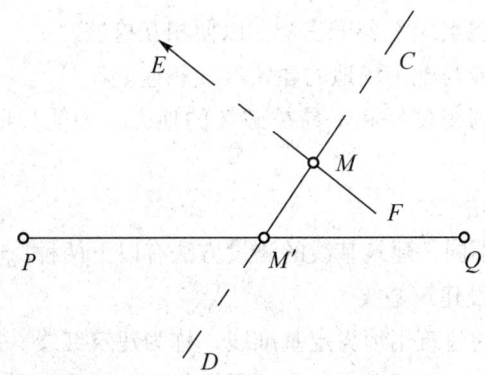

图 5-2-13 误差大时改正图

方格网点归化改正后,为了检查其设置的正确性,还要在改正后的方格网点上进行检查。用 J1 型经纬仪六测回测定其相邻方格网边的夹角,观测角与设计角之差最大不得超过该网测角中误差的 2 倍,否则应查明原因。

5.2.5 建筑基线布设

建筑基线是建筑场地的施工控制基准线,即在建筑场地布置一条或几条轴线。它适用于建筑设计总平面图布置比较简单的小型建筑场地。

建筑基线的布设形式应根据建筑物的分布、施工场地地形等因素来确定。常用的布设形式有"一"字形、"L"形、"十"字形和"T"形,如图5-2-14所示。

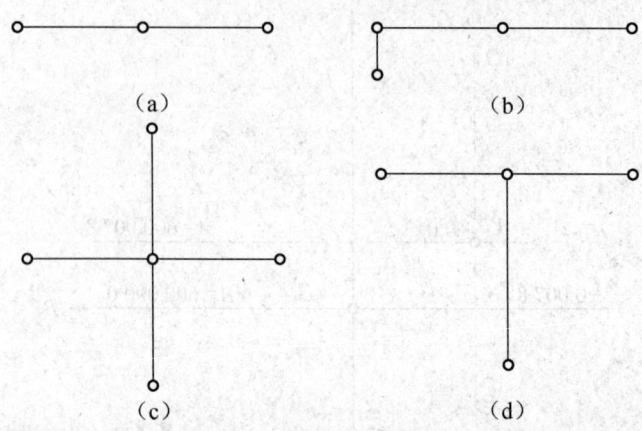

图5-2-14 建筑基线的布设形式
(a)"一"字形;(b)"L"形;(c)"十"字形;(d)"T"形

1. 建筑基线的布设要求

(1)建筑基线应尽可能靠近拟建的主要建筑物,并与其主要轴线平行,以便使用比较简单的直角坐标法进行建筑物的定位。

(2)建筑基线上的基线点应不少于三个,以便相互检核。

(3)建筑基线应尽可能与施工场地的建筑红线相连。

(4)基线点位应选在通视良好和不易被破坏的地方,为能长期保存,应埋设永久性的混凝土桩。

2. 建筑基线的测设方法

根据施工场地的条件不同,建筑基线的测设方法有以下两种。

(1)根据建筑红线测设建筑基线

由城市测绘部门测定的建筑用地界定基准线,称为建筑红线。在城市建设区,建筑红线可用作建筑基线测设的依据。如图5-2-15所示,AB、AC为建筑红线,1、2、3为建筑基线点,利用建筑红线测设建筑基线的方法如下:

首先,从A点沿AB方向量取d_2定出P点,沿AC方向量取d_1定出Q点。

其次,过B点作AB的垂线,沿垂线量取d_1定出2点,作出标志;过C点作AC的垂线,沿垂线量取d_2定出3点,作出标志;用细线拉出直线$P3$和$Q2$,两条直线的交点即为1点,作出标志。

最后,在1点安置经纬仪,精确观测∠213,其与90°的差值应小于±20″。

(2)根据附近已有控制点测设建筑基线

在新建筑区,可以利用建筑基线的设计坐标和附近已有控制点的坐标,用极坐标法测设建筑基线。如图5-2-16所示,A、B为附近已有控制点,1、2、3为选定的建筑基线点。

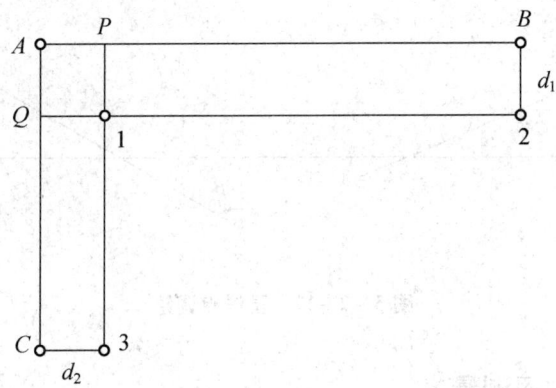

图 5-2-15 根据建筑红线测设建筑基线

测设方法如下：

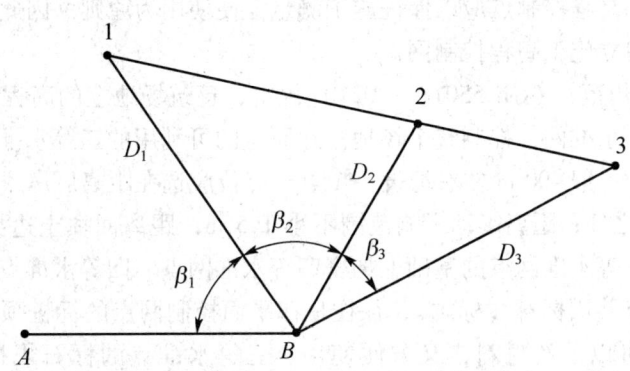

图 5-2-16 根据附近已有控制点测设建筑基线

先根据已知控制点和建筑基线点的坐标，计算出测设数据 β_1、D_1、β_2、D_2、β_3、D_3。然后，用极坐标法测设 1、2、3 点。

由于存在测量误差，测设的基线点往往不在同一直线上，且点与点之间的距离与设计值也不完全相符，因此，需要精确测出已测设直线的折角和距离，并与设计值相比较。如图 5-2-17 所示，如果 $\Delta\beta = \beta - 180°$ 超过 $\pm 15''$，则应对 1′、2′、3′点在与基线垂直的方向上进行等量调整，调整量计算公式如下：

$$\delta = \frac{ab}{a+b} \times \frac{\Delta\beta}{2\rho}$$

式中：δ——各点的调整值，m；

a、b——分别为 12、23 的长度，m。

如果测设距离超限，如 $\frac{\Delta D}{D} = \frac{D' - D}{D} > \frac{1}{10\,000}$，则以 2 点为准，按设计长度沿基线方向调

整 1′、3′点。

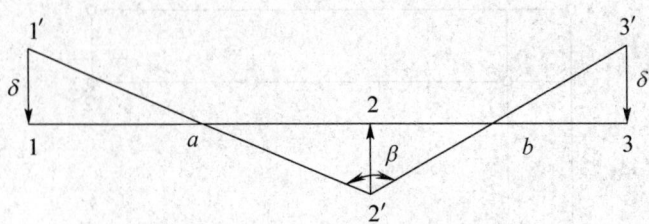

图 5-2-17 基线点调整

5.2.6 高程控制网测量

与平面控制网一样，工程施工期间，对于高程控制点的建立也有明确的需求。在精度上，高程控制点应能满足工程施工中高程放样的要求，以及施工期间建筑物基础沉降监测的要求。在密度方面，高程控制点应以保证施工测量方便使用为原则。因此，在建立施工平面控制网的同时还要建立施工高程控制网。

《工程测量通用规范》（GB 55018—2021）规定，建筑场地上的高程控制网一般分为两级布设。首级为三等水准网，控制整个场地。除原有的可利用的三等水准点外，还必须增设部分新点。在厂区，一般400 m左右埋设一个点。点位应选在距离厂房或高大建筑物（如烟囱、水塔等）25 m之外；距离震动影响范围不小于5 m；距离回填土边界不小于15 m。第二级高程控制是在三等水准网点的基础上加密四等水准网点。四等水准点一般不需要单独埋设，可与平面控制点共用标石（标志），往往是在平面控制网点的标桩顶面上预埋可共用的点位标志，这样既可以节约材料，又方便使用。三等水准点的标石规格可参阅有关规范要求。

独立布设的四等水准网应与附近的国家水准点连测，作为推算高程的依据。四等水准点一般根据施工的需要分区加密。所有水准网点应进行定期复测，以检查水准点是否稳定。为此，在厂区内应建立深埋式的水准基点组，其点数不得少于3个。水准基点间的高差应用二等水准测量的方法测定，以后每隔半年进行一次复测，将新测高差与原高差进行比较，可发现水准基点的高程有无变化。厂区水准网复测时应与水准基点组进行连测，以便使高程计算有可靠的依据。

另外，在厂房施工中，为了方便高程放样，常常在厂房内建立施工专用水准点。点位埋设以后，要将其带标志的顶面调整到厂房地坪的设计高程，这样的水准点称为±0水准点。由于厂房内各部分的设计标高是以±0为准的，故使用时特别方便。

水准点埋设可参考有关规程进行。

本章小结

本章主要内容是完成建筑施工平面及高程控制网测量，主要包括矩形控制网布设及放样，高程控制网布设及放样。通过本章节学习能够按照工程测量相关规范的要求完成满足实际工程需求得建筑控制网测量。

思考题

1. 在大型工业厂区施工中，厂区施工控制网有哪些形式？试述其特点和适用场合。
2. 施工控制网与测量控制网有何异同？

第 6 章　建筑施工测量

6.1　建筑施工测量任务

6.1.1　任务要求

建筑场地平整、建筑物的定位与轴线放样、建筑物轴线的传递和建筑物高程传递等任务。

6.1.2　学习目标

◆ 能力目标
① 能够进行建筑场地平整的量的土方量平衡计算。
② 掌握高程传递、建筑物轴线传递的方法。
◆ 知识目标
① 熟悉建筑施工放样的基本知识。
② 掌握建筑场地平整的理论方法。
③ 理解建筑物轴线传递的方法和精度要求。
④ 掌握建筑物高程传递的方法和精度要求。
◆ 素质目标
① 培养诚信、敬业、科学、严谨的工作态度。
② 强化学生的遵守规范意识。
◆ 思政目标
培养学生具有科技兴国的责任及担当。

6.1.3　用到的仪器及记录表格

◆ 仪器
DS3 水准仪、全站仪等。
◆ 其他
GNSS 软件。

6.1.4　操作步骤

1. 基于 CASS 软件的方格网法计算挖填土方量

CASS 软件是广东南方数码科技股份有限公司基于 CAD 平台开发的一套集地形、地籍、空间数据建库、工程应用、土方量计算等功能为一体的软件系统。基于 CASS 软件的方格网法计算挖填土方量的操作步骤如下。

① 用复合线画出所要计算土方的区域，其一定要闭合，但是尽量不要拟合。选择"工程应用—方格网法土方计算"命令，当命令行提示"选择计算区域边界线"后，选择土方计算区域的边界线（闭合复合线）。

② 屏幕上将弹出如图 6-1-1 所示的"方格网土方计算"对话框，在对话框中选择所需的坐标文件；在"设计面"栏选择"平面"，并输入具体目标的高程；在"方格宽度"栏，输入方格网的宽度，这是每个方格的边长，默认值为 20 m。方格的宽度越小，计算精度越高，但如果给的值太小，超过了野外采集的点的密度，就没有实际意义。

③ 单击"确定"按钮，命令行提示"最小高程=××.×××，最大高程=××.×××，总填方=××××.×立方米，总挖方=×××.×立方米"。同时，图上绘出所分析的方格网，填挖方的分界线（绿色折线），并给出每个方格的填挖方，每行的挖方和每列的填方，如图 6-1-2 所示。

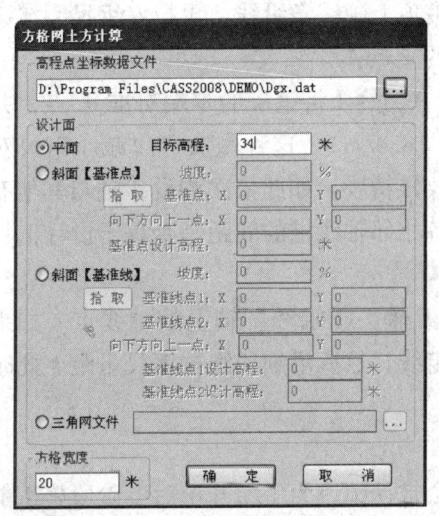

图 6-1-1 "方格网土方计算"对话框

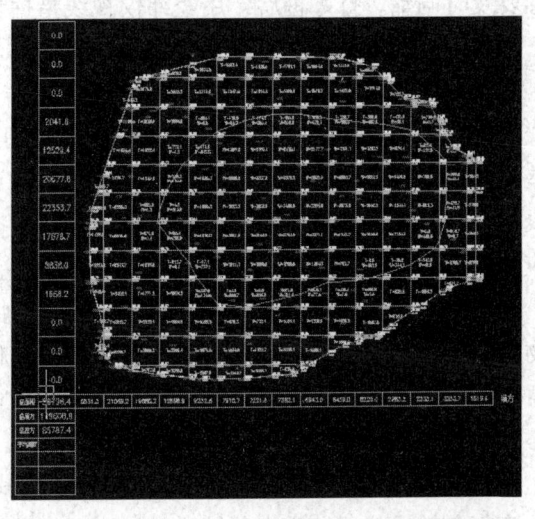

图 6-1-2 方格网法进行土方计算成果

2. 建筑物放线

（1）测设细部轴线交点

如图 6-1-3 所示，A 轴、E 轴、①轴和⑦轴是建筑物的四条外墙主轴线，A 轴与①轴、A 轴与⑦轴、E 轴与①轴、E 轴与⑦轴的交点 A_1、A_7、E_1、E_7 是建筑物的定位点，这些定位点已在地面上测设完毕并打好桩点，各主次轴线间隔如图 6-1-3 所示，现欲测设次要轴线与主轴线的交点。

民用建筑物的放线

在 A_1 点安置经纬仪，照准 A_7 点，把钢尺的零端对准 A_1 点，沿视线方向拉钢尺，在钢尺上读数等于①轴和②轴间距（4.2 m）的地方打下木桩，打桩的过程中要用仪器检查桩顶是否偏离视线方向，并不时拉一下钢尺，看钢尺读数是否还在桩顶上，如有

175

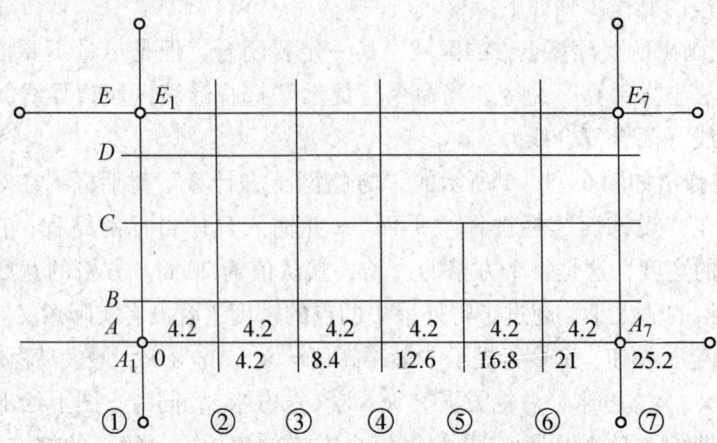

图 6-1-3 测设细部轴线交点（单位：mm）

偏移要及时调整。打好桩后，用经纬仪视线指挥在桩顶上画一条纵线，再拉好钢尺，在读数等于轴间距处画一条横线，两线交点即 A 轴与②轴的交点 A_2。

在测设 A 轴与③轴的交点 A_3 时，方法同上，注意仍然要将钢尺的零端对准 A_1 点，并沿视线方向拉钢尺，而钢尺读数应为①轴和③轴间距（8.4 m）。这种做法可以减小钢尺对点误差，避免轴线放样过程中距离误差的累积，保证放样精度。如此依次测设 A 轴与其他有关轴线的交点。测设完最后一个交点后，用钢尺检查各相邻轴线桩的间距是否等于设计值，误差应小于 1/3 000。

测设完 A 轴上的轴线点后，用同样的方法测设 E 轴、①轴和⑦轴上的轴线点。如果建筑物尺寸较小，也可用拉细线绳的方法代替经纬仪定线，然后沿细线绳拉钢尺量距。此时要注意细线绳不要碰到物体，并且风大时也不宜作业。

（2）引测轴线

在基槽或基坑开挖时，定位桩和细部轴线桩均会被挖掉，为了使开挖后各阶段施工能准确地恢复各轴线位置，应把各轴线延长到开挖范围以外的地方并做好标志，这个工作称为引测轴线，具体有设置轴线控制桩和龙门板两种形式。

① 设置轴线控制桩。轴线控制桩又称为引桩，设置在轴线延长线的两端基槽外，作为开槽后各施工阶段恢复轴线的依据。轴线控制桩的安装位置应避免施工干扰和便于引测。轴线控制桩离基槽外边线的距离应根据施工场地条件而定，如图 6-1-4 所示，控制桩 A-A、E-E、1-1、7-7 一般设置在基槽外 2~4 m 处。如果附近有建筑物，也可把轴线投测到建筑物上，用红漆作出标志，以代替轴线控制桩。

为了保证轴线控制桩的精度，最好在测设轴线桩的同时，一并测设轴线控制桩。为了保护轴线控制桩，需先打下木桩，桩顶钉上小钉，准确标出轴线位置，并用混凝土包裹好木桩，如图 6-1-5 所示。

② 设置龙门板。在小型民用建筑施工中，为施工方便，常将各轴线引测到基槽外一定

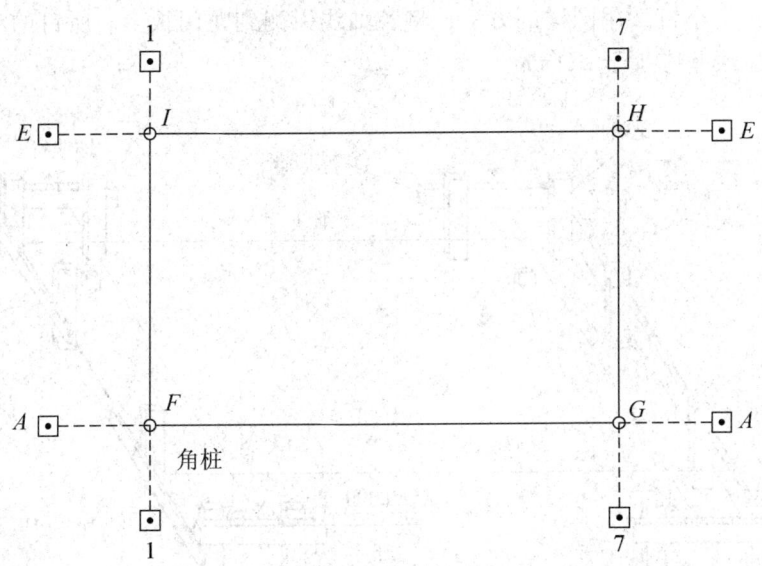

图6-1-4 轴线控制桩设置位置示意图

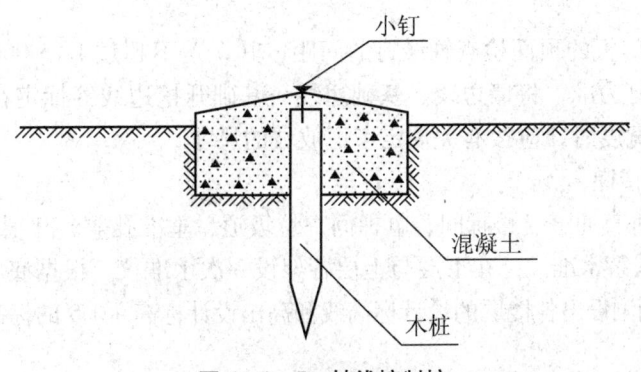

图6-1-5 轴线控制桩

距离的水平木板上。水平木板称为龙门板,固定龙门板的木桩称为龙门桩,如图6-1-6所示。设置龙门板的步骤和要求如下:

a. 在建筑物四角和中间定位轴线的基槽开挖边界线以外1.5~3 m的地方钉设龙门桩。龙门桩要钉得竖直、牢固,并且龙门桩的外侧面应与基槽平行。

b. 根据施工场地的水准点,用水准仪在每个龙门桩外侧,测设出该建筑物室内地坪设计高程线(±0标高线),并用红铅笔画线作出标志。

c. 沿龙门桩上±0标高线钉设龙门板,使龙门板顶面的高程正好为±0。若现场条件不许可,也可测设比±0 m高或低一整数的高程。然后,用水准仪校核龙门板的高程,如有差错应及时纠正,其允许误差为±5 mm。

d. 在各中心桩上安置经纬仪,将相关轴线投测到龙门板顶面上。例如,在N点安置经纬仪,瞄准P点,沿视线方向在龙门板上定出一点,用小钉作标志,旋转望远镜在M点的龙门板上也钉一个小钉。用同样的方法，将各轴线引测到龙门板上。所钉的小钉称为轴线钉，轴线钉定位误差应小于±5 mm。

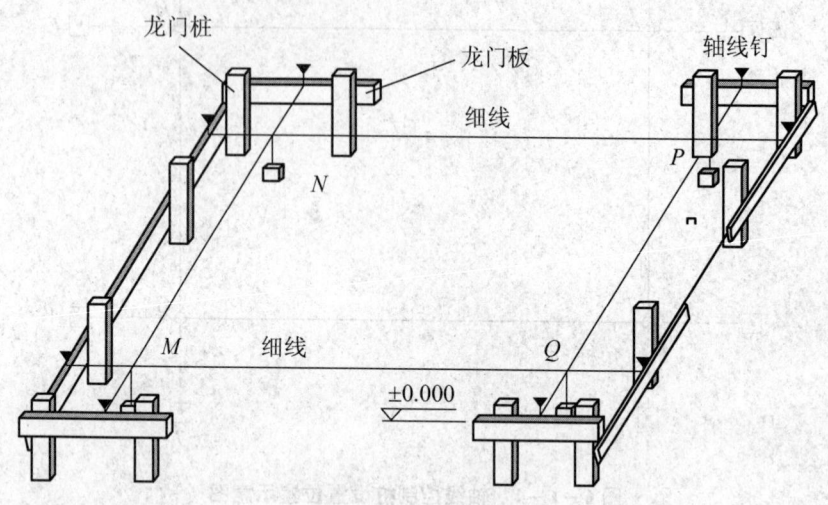

图6-1-6 龙门桩

e. 用钢尺沿龙门板的顶面检查轴线钉的间距，其误差不超过1：5 000~1：2 000。经检查合格后，以轴线钉为准，将墙边线、基础边线、基础开挖边线等标定在龙门板上。此外，标定基槽上口开挖宽度时，应按有关规定考虑放坡的尺寸。

3. 建筑物标高传递

在高层建筑的垂直通道（楼梯间、电梯间、垃圾道、垂准孔等）中悬吊钢尺，钢尺下端负一重锤，用钢尺代替水准尺，在下层与上层各架设一次水准仪，根据底层+0.5的标高线将高程向上传递，从而测设出各楼层的设计标高线和高出设计标高+0.5的标高线，如图6-1-7所示。

具体步骤如下：

① 沿建筑垂吊一钢尺，加标准重力，并使其自由铅垂。

② 待钢尺稳定后，分别在地面已知点B与钢尺中间以及传递标高层钢尺与待定点之间安置水准仪。

③ 地面精确整平后分别读取A点尺读数a_1和钢尺上刻划b_1。

④ 精确整平水准仪后，读取钢尺刻划a_2和b_2，则

$$a_1 = H_B + b_2 + (b_1 - a_2) - H_A$$

⑤ 在A点钉一标志，使直尺靠紧标志，并上下移动，当尺的读数为a_1时，尺底位置即待定点A的位置。

为了检核，应分别在地面、坑下重新安置水准仪，重复上述步骤，再放样一次，取两次位置的中间位置为待定点A的高程位置。当两次放样位置偏差较大时，应对钢尺进行尺长、温度、拉力和自重改正后，再确定A点的位置。

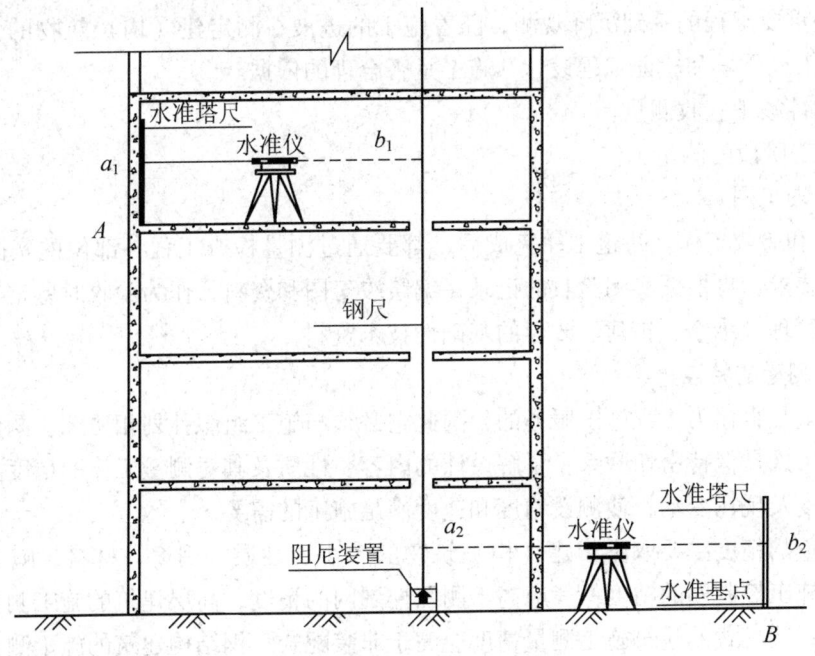

图 6-1-7 建筑物标高传递

6.2 建筑施工测量基础知识

民用建筑是指住宅、医院、办公楼和学校等，民用建筑施工测量就是按照设计要求，配合施工进度，将民用建筑的平面位置和高程进行实地测设。民用建筑的类型、结构和层数各不相同，因而施工测量的方法和精度要求也有所不同，但施工测量的过程基本一样，主要包括建筑物定位、细部轴线放样、基础施工测量和墙体施工测量等。

6.2.1 建筑施工测量概述

1. 建筑施工测量内容

施工测量贯穿于建筑施工的全过程，按工程建设的顺序，其主要内容有以下3点。

(1) 施工准备阶段的测量工作

① 建立与工程相适应的施工控制网。

② 场地平整测量。

③ 建（构）筑物的定位、放线测量。

(2) 施工阶段的测量工作

① 基础施工测量。

② 建筑物轴线的投测和高程传递。

③ 某些重要工程的基础沉降观测，随着施工的进展，测定建（构）筑物的位移和沉降可作为鉴定工程质量和验证工程设计、施工是否合理的依据。

④ 阶段性竣工验收测量。

(3) 竣工阶段的测量工作

① 测绘竣工图。

② 检查和验收工作。每道工序完成后，都要通过测量检查工程各部位的实际位置和高程是否符合要求，再根据实测验收的记录，编绘竣工图和资料，作为验收时鉴定工程质量和工程交付后管理、维修、扩建、改建的基础性技术资料。

2. 施工测量的特点

施工测量是直接为工程施工服务的，因此它必须与施工组织计划相协调。测量人员必须与设计、施工人员保持密切联系，了解设计的内容、性质及其对测量工作的精度要求，随时掌握工程进度及现场变动，使测设精度和速度满足施工的需要。

施工测量的精度主要取决于建（构）筑物的大小、性质、用途、材料、施工方法等因素。例如，施工控制网的精度一般应高于测图控制网的精度；高层建筑的施工测量精度应高于低层建筑；装配式的建筑施工测量精度应高于非装配式；钢结构建筑的施工测量精度应高于钢筋混凝土结构、砖石结构建筑；局部精度往往高于整体定位精度。施工测量精度不够，将造成质量事故；精度要求过高，则导致人力、物力及时间的浪费，因此，选择合理的施工测量精度非常重要。

由于施工现场各工序作业交叉、材料堆放、运输频繁、场地变动及施工机械振动等，测量标志易遭破坏，所以测量标志从形式、选点到埋设均应考虑便于使用、保管和检查，如有破坏，应及时恢复。

现代建筑工程规模大，施工进度快，测量精度要求高，因此在施工测量前应做好一系列准备工作，认真核算图纸上的尺寸与数据；校检好仪器和工具；制定合理的测设方案。此外，在测设过程中要注意仪器和人身安全。

3. 施工测量的原则与要求

为了保证各个建（构）筑物的平面位置和高程都符合设计要求，施工测量也应遵循"从整体到局部，先控制后碎部"的原则。也就是说，在施工现场先建立统一的平面控制网和高程控制网，然后，根据控制点的点位，测设各个建（构）筑物的位置。

此外，施工测量的检核工作也很重要。因此，必须加强外业和内业的检核工作。

(1) 对施工测量记录的要求

① 测量记录应原始、真实，数字正确，内容完整，字体工整。

② 记录应填写在规定的表格中，表中项目要记录完整。

③ 记录应在现场随测随记，不准转抄。

④ 记录字体要工整、清楚、整齐，对于记错或读错的秒值或厘米以下的数字应重测；

对于记错、读错的分值以上或厘米以上的数字,以及计算错的数字,也不得涂改,应将错的数字画一斜线,然后将正确的数字写在错的数字上方。

⑤ 记录中数字的取位应一致,并反映观测的精度。

⑥ 记录中的草图(示意图)应在现场勾绘,并注记清楚、详细。

⑦ 测量的各种记录、计算手簿,应妥善保管,工作结束后统一归档。

(2) 对施工测量计算的要求

① 施工测量的各项计算应依据可靠、方法正确、计算有序、步步校核、结果可靠。

② 在计算之前,应对各种外业记录、计算进行检核。严防测错、记错或超限出现。

③ 计算中应做到步步校核,校核的方法可采用复算校核、对算校核、总和校核、几何条件校核和改变计算方法校核。

④ 计算中的数字取位应与观测精度相适应,并遵守数字的"四舍、六入,逢五单进双不进"取舍原则。

6.2.2 建筑场地平整测量原理

地面的自然地形并非总能满足建筑设计的要求,因此在建筑施工前,有必要改造地面的现有形态。特别是为了保证生产运输有良好的联系及合理地组织场地排水,必须要按竖向布置设计的要求,对建筑场地或整个厂区的自然地形加以平整改造。

场地平整测量的内容:实测场地地形,按填挖土方平衡原则进行竖向设计计算,最后进行现场高程放样,以作为平整场地的依据。

场地平整测量常采用的方法有方格网法、等高线法、断面法。

1. 方格网法

方格网法适用于高低起伏较小、地面坡度变化均匀的场地,其施测步骤如下。

(1) 测设方格网

先根据已有的地形图划分若干方格网,方格网边尽量与测量坐标系的纵、横坐标轴平行。方格的大小视地形情况和平整场地的施工方法而定,一般机械施工采用 50 m×50 m 或 100 m×100 m 的方格,人力施工采用 20 m×20 m 的方格,为了便于计算,各方格网点一般按纵、横行列进行编号。

然后,根据控制点将设计的方格网点测设到实地上,用木桩进行标定,并绘制一张计算略图,如图 6-2-1 所示。

(2) 测量各方格网点的地面高程

根据场地内或附近已有的水准点,测出各方格网点处的地面高程(取位至厘米),并分别标注在图上各方格网点旁。测量方法可采用水准测量,即将水准仪置于场地中央,依次读取水准点和各方格网点上的标尺读数,最后经计算,求得各方格网点的地面高程。

(3) 计算各方格网点的设计高程

计算各方格网点的设计高程,求得各点的填(挖)高度,并确定场地上的填挖分界线。

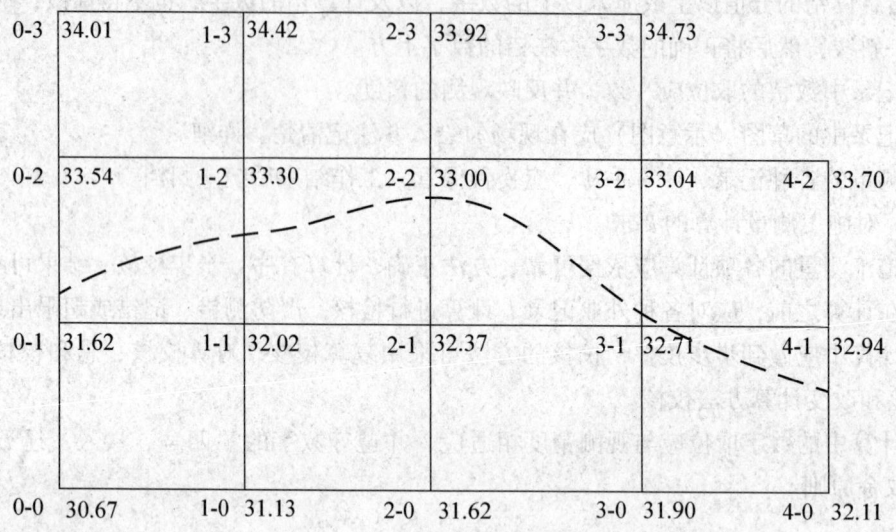

图 6-2-1 场地平整测量略图

在填挖土方量平衡的前提下,若将场地整成水平面,则此水平面的设计高程应等于现场地面的平均高程。但是,场地平均高程不能简单地取各方格网点高程的算术平均值,因与各点高程相关的方格数不同,所以在计算设计高程时,应乘以每点高程所用的次数后,求其总和,再除以总共用的次数。也就是说,要考虑各点高程在计算时所占比例的大小,进行加权平均。

若认为相邻各点间的地面坡度是均匀的,并以四分之一方格作为一个单位面积,定其权为1,则方格网中各点地面高程的权分别是,角点为1,边点为2,拐点为3,中心点为4(见图6-2-2)。这样就可按加权平均值的算法,利用各方格网点的高程求得场地地面平均高程 H_0:

$$H_0 = \frac{\sum P_i \cdot H_i}{\sum P_i}$$

式中:H_i——方格网点 i 的地面高程;

P_i——方格网点 i 的权。

也可以计算如下:

$$H_0 = \frac{\sum_1^n H_i^{均}}{n}$$

式中:$H_i^{均}$——每个方格的四个顶点的高程平均值;

n——方格总数。

假设如图6-2-1所示为某场地平整原始地表示意图,欲将该地区平整成为水平场地,试按填挖平衡计算平整后的设计高程。

为了计算方便,以高程30.00 m为准,先求各点减去30 m后的平均高程值。

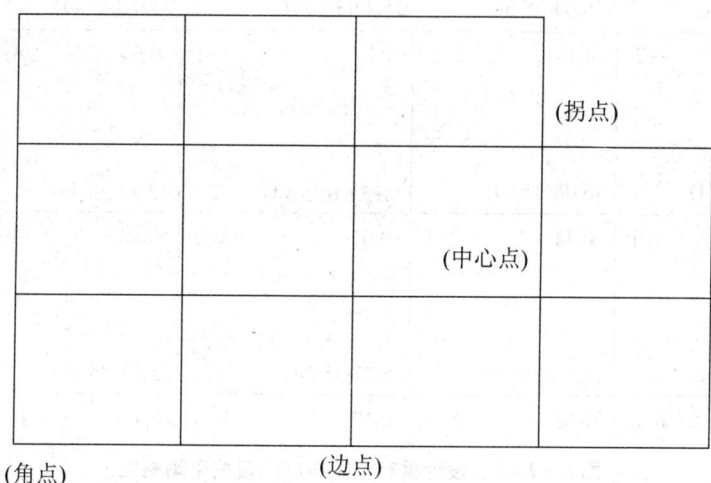

图 6-2-2　方格网点分类示意图

5 个角点的 $P \times H_{总和} = 1 \times (0.67 + 2.11 + 3.70 + 4.73 + 4.01) = 15.22$
8 个边点的 $P \times H_{总和} = 2 \times (1.13 + 1.62 + 1.90 + 2.94 + 3.92 + 4.42 + 3.54 + 1.62) = 42.18$
1 个拐点的 $P \times H = 3 \times 3.04 = 9.12$
5 个中心点的 $P \times H_{总和} = 4 \times (2.02 + 2.37 + 2.71 + 3.00 + 3.30) = 53.60$
则地面平均高程为

$$H_0 = 30.00 + \frac{\sum P_i \cdot H_i}{\sum P_i} = 30.00 + \frac{15.22 + 42.18 + 9.12 + 53.60}{1 \times 5 + 2 \times 8 + 3 \times 1 + 4 \times 5} = 32.73 \text{（m）}$$

若要求将场地平整为水平场地，则求得的场地平均高程 H_0 就是各点的设计高程。但如果要求把场地平整为有一定坡度的斜面，则在求得场地平均高程后，再分别计算各方格网点的设计高程。如图 6-2-3 所示，要求将该场地平整成自西向东倾斜的斜平面，倾斜坡度为 -5‰，方格的边长为 20 m。按图 6-2-3 中所示的方格网点处地面高程求得该场地的平均高程为 $H_0 = 35.54$ m。

各方格网点设计高程的计算方法如下：由立体几何可以证明，若以场地的平均地面高程作为整个场地平面形状重心处的设计高程，则整个场地无论平整成向哪个方向倾斜的斜平面，其填挖的土方量总是平衡的。因此，场地若需平整成有一定坡度的斜平面，首先确定场地的平面重心点的设计高程，其次由其他各方格网点至重心点的距离和坡度求得相应高差，最后可推出各方格网点的设计高程。

图 6-2-3 所示场地平面重心为 2-1 点，其设计高程为 H_0，0-1、1-1、3-1、4-1 点距 2-1 点的距离分别为 40 m、20 m、20 m、40 m，相应的设计坡度为 5‰，因此各点设计高程相对于 2-1 点设计高程的高差分别为 +0.20 m、+0.10 m、-0.10 m、-0.20 m。于是可得到这些点的设计高程为 $H_{0-1} = 35.74$ m，$H_{1-1} = 35.64$ m，$H_{3-1} = 35.44$ m，$H_{4-1} =$

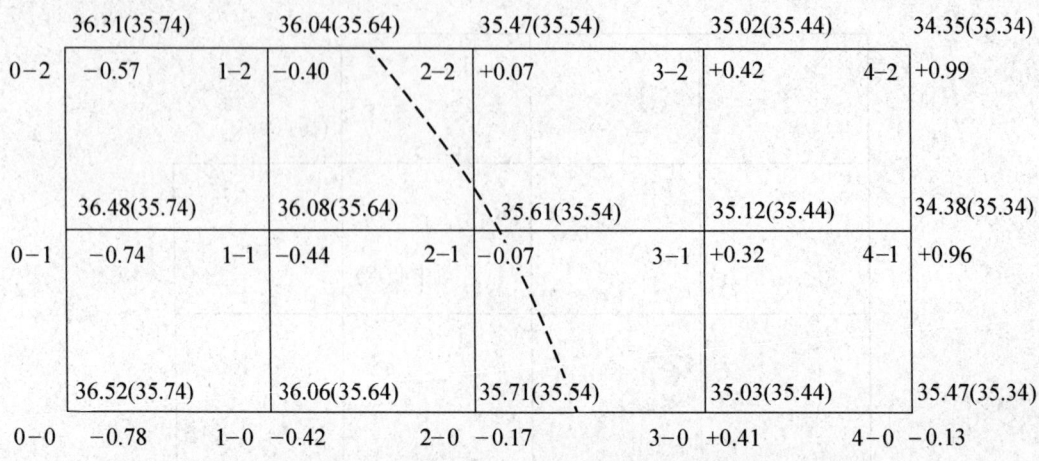

图6-2-3 设计具有一定坡度的填挖平衡略图

35.34 m。因为南北方向无坡度,所以同一列上的方格网点设计高程相同。最后,将各方格网点的设计高程填注于计算略图上,如图6-2-3所示各点右上方括号内数字。

(4) 计算各方格网点的填挖高度

当求得各方格网点的设计高程后,可计算各点处的填高或挖深的尺寸,即填挖高度(填挖数):

$$填挖高度 = (设计高程) - (地面高程)$$

填挖高度为"+"时,表示填土高度;填挖高度为"-"时,表示挖土高度。各点的填挖高度应注在相应方格网点右下方,如图6-2-3所示。

(5) 填挖分界线位置的确定

在相邻填方点和挖方点,如图6-2-3所示的方格网点3-1和方格网点2-1之间,必定有一个不填不挖点,为填挖分界点,或称为"零点"。把相邻方格边上的零点连接起来,就是填挖分界线或称为零线,即设计的地面与原自然地面的交线。零点和填挖分界线是计算填挖土方量和施工的重要依据。

"零点"的位置可根据相邻填方点和挖方点之间的距离及填挖高度来确定。如图6-2-4所示,欲确定点3-1至点2-1方格边上的"零点",按照相似三角形成比例的关系,可得"零点"至方格2-1的距离 x 为

$$x = \frac{|h_1|}{|h_1| + |h_2|} \cdot l \qquad (6-2-2-1)$$

式中:l——方格边长;

h_1、h_2——方格网点2-1、方格网点3-1填挖高度。

已知方格边长为20 m,将图6-2-3所示填挖数代入式(6-2-2-1),则得 $x = 3.6$ m。

如图6-2-3所示的虚线就是依据式(6-2-2-1)计算出各零点位置连成的填挖分界线。

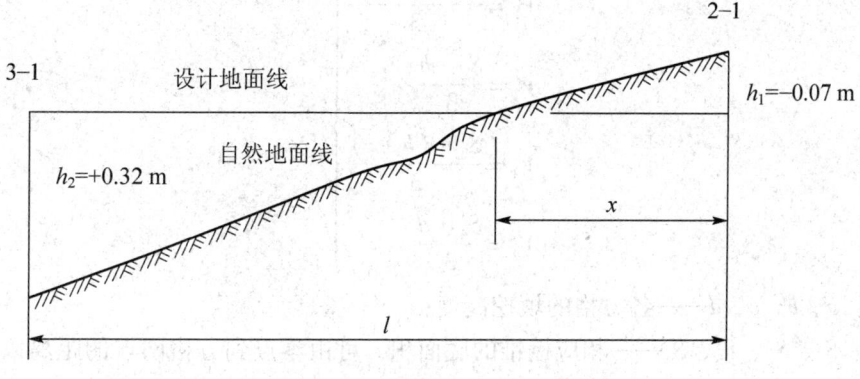

图6-2-4 内插"零点"示意图

(6) 土方量计算

土方量的计算可以验证场地设计高程是否正确。同时，算得的土方量可以作为工程投资费用预算的依据之一。

土方量是按方格逐格计算，然后将填挖方分别求总和，填方量和挖方量在理论上应相等。但是，因计算中大多数采用近似公式，所以实际结果会略有出入。如相差较大时，须检查计算是否有错误。若计算无误，则说明确定的设计高程不太合适，应查明原因后重新计算。

各方格的填挖方量计算可有两种情况：一种是整格为填或挖；另一种是方格中有填亦有挖（填挖分界线位于方格中，见图6-2-5）。

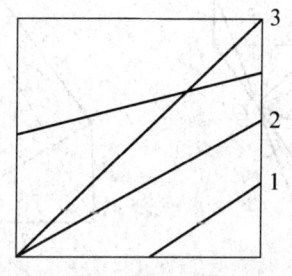

图6-2-5 方格内填挖分界线

① 整格为填（或挖）的可采用式（6-2-2-2）计算方格的填方（或挖方）量：

$$V_i = \frac{a+b+c+d}{4} \cdot l^2 \qquad (6-2-2-2)$$

式中：a、b、c、d——方格四角点的填（或挖）土深度；
l——方格边长。

② 当方格中有填有挖时，因为填挖分界线在方格中所处的位置不同，所以相应的立体底面形状又可分为四种情况，在计算其体积时应分别对待。

第一种情况的立体图如图6-2-6所示，可将它分解为四个锥体，每个锥体的土方量按式（6-2-2-3）分别计算：

$$V_1 = \frac{S_1 \cdot (a+b)}{3}$$
$$V_2 = \frac{S_2 \cdot b}{3}$$
$$V_3 = \frac{S_3 \cdot (b+c)}{3}$$
$$V_4 = \frac{S_4 \cdot d}{3}$$

(6-2-2-3)

式中：a、b、c、d——各方格的填挖高度；

S_1、S_2、S_3、S_4——相应棱锥的底面积，可由零点到方格网点的距离以及方格的边长算得。

第二、第三种情况分别可按三个锥体和两个锥体来计算填挖土方量。

第四种情况的立方体如图6-2-7所示，可将其看作两个棱柱体，用式（6-2-2-4）分别计算立体的体积：

$$V_1 = \frac{S_1}{4} \cdot (a+b) = \frac{1}{8}l(x+y)(a+b)$$
$$V_2 = \frac{S_2}{4} \cdot (c+d) = \frac{1}{8}l(l-x)+(l-y)(c+d)$$

(6-2-2-4)

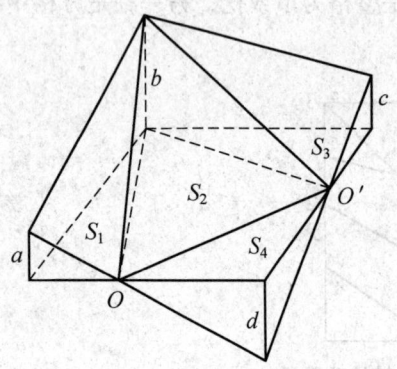

图6-2-6 一点填三点挖示意图

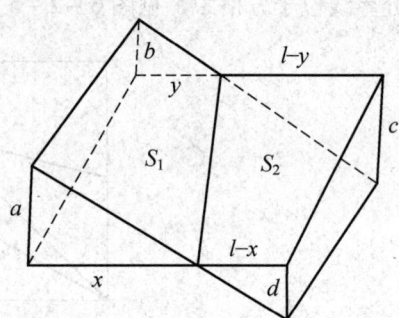

图6-2-7 二点填二点挖示意图

应当指出，以上计算是对致密土壤而言的，因填土是松土，所以实际计算总填方量时，还应考虑土壤的松散系数。

可以看出，以上计算方法过于麻烦，并且对于土方工程量的计算也不要求这样精确。在实际工作中，通常采用下述方法进行计算。

计算填挖平衡的设计高程，先计算每一个方格的平均高程：

$$H_i = \frac{H_{i1} + H_{i2} + H_{i3} + H_{i4}}{4}$$

再计算所有方格的平均高程，这个平均高程就是填挖平衡的设计高程：

$$H_0 = \frac{H_1 + H_2 + \cdots\cdots + H_n}{n}$$

式中：H_i——相应方格的平均高程；
　　　n——方格总数。

（7）填挖边界和填挖深度的测设

当填挖边界和土方量计算无误后，可根据土方量计算图，在现场用量距法定出各零点的位置，然后用白灰线将相邻零点连接起来，即得到实地填挖分界线。

填挖深度要注记在相应的方格网点木桩上，作为施工依据。

2. 等高线法

当场地地形高低起伏大，且坡度变化较大时，利用方格网点的高程计算地面平均高程的误差太大，此时可改用等高线法计算场地平均高程。

计算方法是，先将场地范围标绘在地形图上，从图上求出场地内各等高线所围起来的面积；再用相邻等高线各自所围起的面积的中数乘以等高距 h，即这两根等高线的土方量；最后将所有相邻等高线的土方量取总和，就是场地内最低等高线（或最低点）的高程 H_0 以上的总土方量 V，则场地的平均高程 $H_平$ 为

$$H_平 = H_0 + \frac{V}{A} \qquad (6-2-2-5)$$

式中：H_0——场地内最低等高线（或最低点）的高程；
　　　V——场地内最低等高线（或过最低点水平面）以上土方量；
　　　A——场地总面积。

场地的地面平均高程如图 6-2-8 所示，土方量计算见表 6-2-1，计算得到场地平均

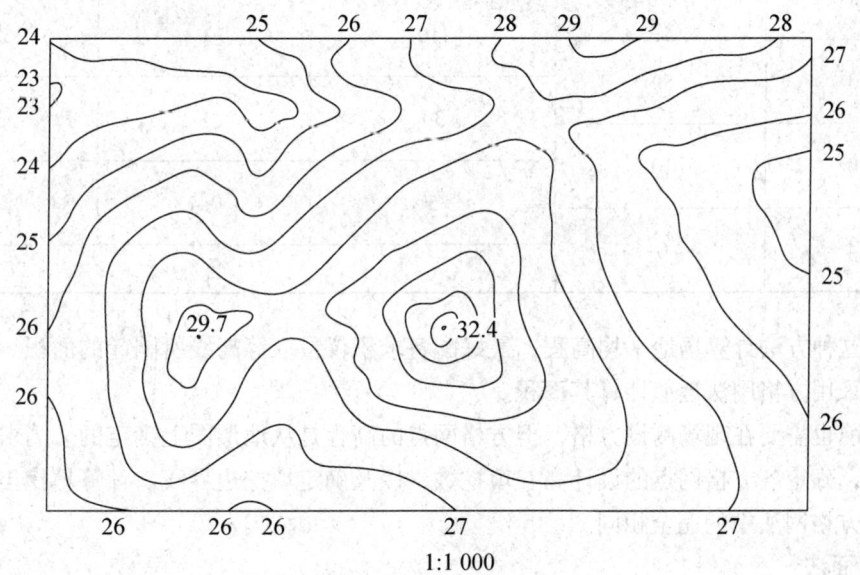

图 6-2-8　等高线法示意图

高程为

$$H_{平} = 22.8 + \frac{20\ 611}{4\ 800} \approx 27.09\ (\text{m})$$

表 6-2-1　土方量计算

高程/m	面积/m²	平均面积/m²	高差/m	土方量/m³
22.8	4 800			
		4 795	0.2	959
23.0	4 790			
		4 715	1	4 715
24.0	4 640			
		4 490	1	4 490
25.0	4 340			
		4 030	1	4 030
26.0	3 720			
		3 105	1	3 105
27.0	2 490			
		1 910	1	1 910
28.0	1 330			
		920	1	920
29.0	510			
		340	1	340
30.0	170			
		110	1	110
31.0	50			
		30	1	30
32.0	10			
		5	0.4	2
32.4	0			
			$\sum V_i$	20 611

采用这种方法计算场地平均高程，最好配备求积仪量取等高线所围起的面积。若没有求积仪，可采用方格网法近似计算其面积。

计算前也需要在现场测设方格，但方格网点的高程是从地形图上确定的。当求得场地平均高程后，确定各方格网点的设计高、填挖数，以及确定填挖边界线。计算填挖土方量等工作与上面方格网法中的完全相同。

3. 断面法

断面法适用于狭长带状形的场地，其施测步骤如下。

(1) 确定横断面

根据地形图，竖向设计或现场测设布置横断面，即将拟计算的场地划分为若干个横断面。横断面布设的原则为垂直于等高线或垂直于主要建筑物边长；各横断面的间距应根据场地条件和计算精度要求而定，一般为 10 m 或 20 m，在平坦地区可大些，但最大不应超过 50 m。

(2) 绘制横断面图

根据地形图或实测结果，按比例绘制横断面图，即在横断面上绘出自然地面轮廓线和设计地面轮廓线。

(3) 计算横断面面积

在横断面图中，自然地面轮廓线与设计地面轮廓线之间的面积为横断面中挖方或填方的面积。

横断面面积的计算方法有以下几种：

① 图解法。图解法是将不规则图形分解为多个规则图形，分别计算后求和。

② 解析法。解析法是根据图形各角点的直角坐标，如图 6-2-9 所示，用式（6-2-2-6）或式（6-2-2-7）计算面积。

$$P = \frac{1}{2}\sum_{i=1}^{n} x_i(y_{i+1} - y_{i-1}) \qquad (6-2-2-6)$$

$$P = \frac{1}{2}\sum_{i=1}^{n} y_i(x_{i+1} - x_{i-1}) \qquad (6-2-2-7)$$

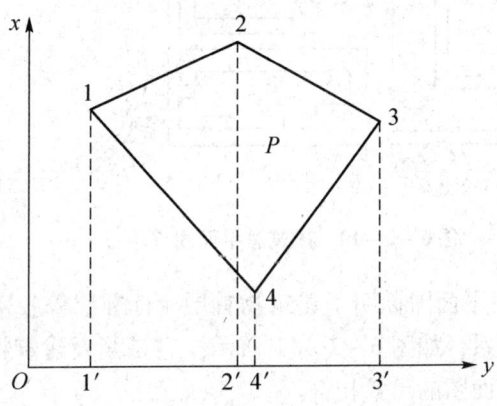

图 6-2-9　解析法计算横断面面积

(4) 土方量计算

断面法的土方量计算如下：

$$V = \frac{S_i + S_{i+1}}{2} \cdot l$$

式中：S_i、S_{i+1}——相邻两横断面的面积；

　　　l——相邻两横断面的距离；

　　　V——相邻两横断面间的土方量。

最后将各横断面间的土方量相加,即得场区的总填(挖)土方量,从而可计算出场地的平均高程。其余步骤同方格网法。

6.2.3 建筑物的定位与轴线放样

1. 施工测量的准备工作

(1) 熟悉图纸

设计图纸是施工测量的主要依据,测设前应充分熟悉各种有关的设计图纸,以便了解施工建筑物与相邻地物的相互关系,以及建筑物本身的内部尺寸关系,准确无误地获取测设工作中所需要的各种定位数据。与测设工作有关的设计图纸主要有以下几种。

① 建筑总平面图。建筑总平面图给出了建筑场地上所有建筑物和道路的平面位置及其主要点的坐标,标出了相邻建筑物之间的尺寸关系,注明了各栋建筑物室内地坪高程,这些是测设建筑物总体位置和高程的重要依据,如图6-2-10所示。要注意其与相邻建筑物、用地红线、道路红线及高压线等的间距是否符合要求。

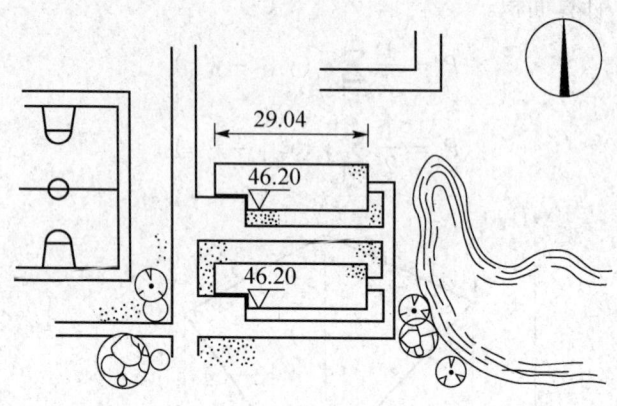

图6-2-10 建筑总平面图(单位:m)

② 建筑平面图。建筑平面图标明了建筑物首层、标准层等各楼层的总尺寸,以及楼层内部各轴线之间的尺寸关系,如图6-2-11所示。它是测设建筑物细部轴线的依据,要注意其尺寸是否与建筑总平面图的尺寸相符。

③ 基础平面图及基础详图。基础平面图及基础详图标明了基础形式、基础平面布置、基础中心或中线的位置、基础边线与定位轴线之间的尺寸关系、基础横断面的形状和大小,以及不同基础部位的设计标高等。它是测设基槽(坑)开挖边线和开挖深度的依据,也是基础定位及细部放样的依据,如图6-2-12所示。

④ 立面图和剖面图。立面图和剖面图标明了室内地坪、门窗、楼梯平台、楼板、屋面及屋架等的设计高程,这些高程通常是以±0标高为起算点的相对高程,它是测设建筑物各部位高程的依据,如图6-2-13所示。

在熟悉图纸的过程中,应仔细核对各种图纸上相同部位的尺寸是否一致,同一图纸上总

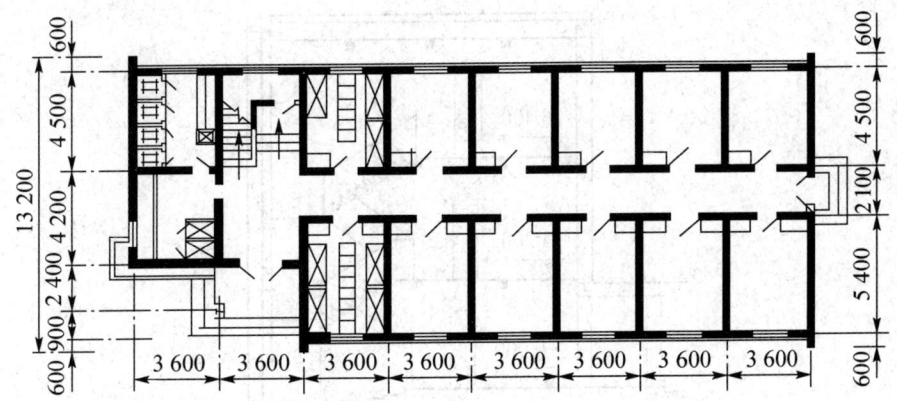

图 6-2-11 建筑平面图（单位：mm）

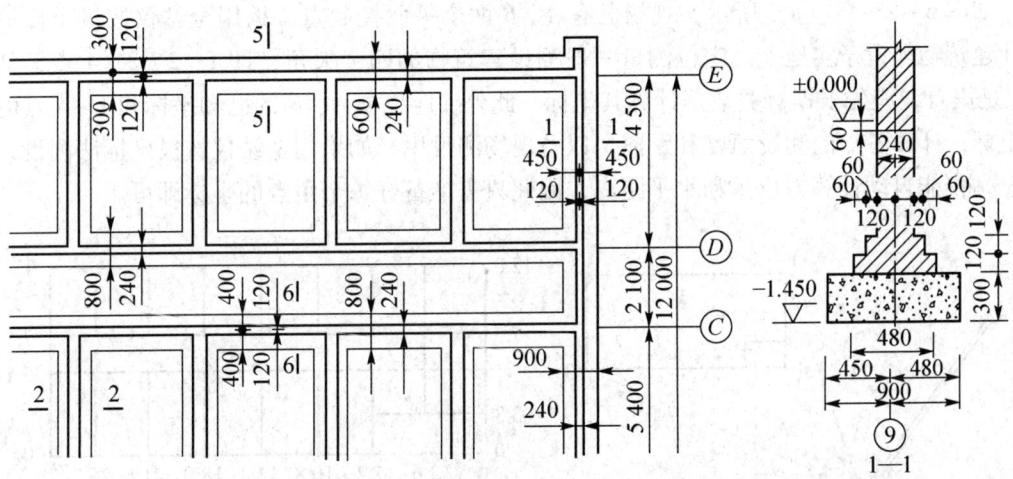

图 6-2-12 基础平面图及基础详图（单位：mm）

尺寸与各有关部位尺寸之和是否一致，以免发生错误。

(2) 现场踏勘

为了解施工现场上地物、地貌以及现有测量控制点的分布情况，应进行现场踏勘，以便根据实际情况考虑测设方案。

(3) 确定测设方案和准备测设数据

在熟悉设计图纸、掌握施工计划和施工进度的基础上，结合现场条件和实际情况，拟定测设方案。测设方案包括测设方法、测设步骤、采用的仪器工具、精度要求、时间安排等。

在每次现场测设之前，应根据设计图纸和测量控制点的分布情况，准备好相应的测设数据并对数据进行检核，需要时还应绘出测设略图，把测设数据标注在略图上，使现场测设时更方便快速，并减少出错的可能。

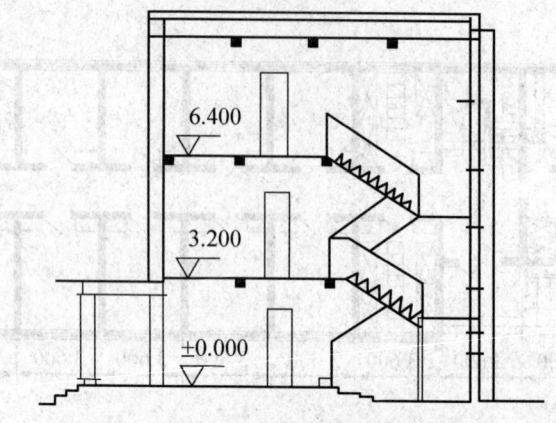

图 6-2-13 立面图和剖面图（单位：m）

如图 6-2-14（a）所示，现场已有 A、B 两个平面控制点，欲用全站仪按极坐标法将设计建筑物测设于实地上。定位测量一般测设建筑物的四个大角，即 1、2、3、4 点，其中 4 点是虚点，应先根据有关数据计算其坐标。此外，应根据 A、B 的已知坐标和 1~4 点的设计坐标，计算各点的测设角度和距离，以备现场测设用。如果用全站仪按极坐标法测设，由于全站仪能自动计算方位角和水平距离，因此只需准备好每个角点的坐标即可。

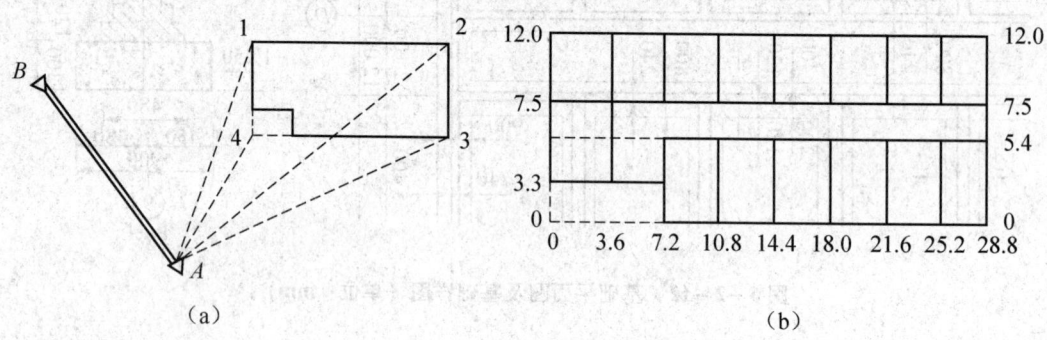

图 6-2-14 测设数据草图（单位：m）
(a) 测设建筑物；(b) 建筑物测设草图

上述建筑物的四个主轴线点测设好后，再测设细部轴线点，这时一般用全站仪定线，然后以主轴线点为起点，依次测设次要轴线点。准备测设数据时，应根据其建筑平面的轴线间距，计算每条次要轴线至主轴线的距离，并绘出标有测设数据的草图，如图 6-2-14（b）所示。

2. 建筑物的定位和放线

目前，在建筑物的定位和放线过程中，普遍采用全站仪。在使用全站仪的过程中，必须根据定位和放线的精度选择使用满足精度要求的全站仪。

(1) 建筑物的定位

建筑物四周外廓主要轴线的交点决定了建筑物在地面上的位置,称为定位点或角点。建筑物的定位就是根据设计条件,将这些轴线交点测设到地面上,作为细部轴线放线和基础放线的依据。由于设计条件和现场条件不同,建筑物的定位方法也有所不同,下面介绍三种常见的定位方法。

民用建筑物的定位

① 根据控制点定位。如果待定位建筑物的定位点设计坐标是已知的,且附近有高级控制点可供利用,则可根据实际情况选用极坐标法、角度交会法或距离交会法来测设定位点。在这三种方法中,极坐标法适用性最强,是工程现场应用最多的一种定位方法。如图 6-2-14 (a) 所示,在 A 控制点设置全站仪,B 控制点定向,根据设计数据采用极坐标法将建筑物测设于实地上。定位测量一般测设建筑物的四个大角。

② 根据建筑方格网和建筑基线定位。如果待定位建筑物的定位点设计坐标是已知的,且建筑场地已设有建筑方格网或建筑基线,可利用直角坐标法测设定位点,当然也可用极坐标法等其他方法进行测设,但直角坐标法所需要的测设数据的计算较为简便,并且在使用全站仪或经纬仪和钢尺实地测设时,建筑物总尺寸和四大角的精度容易控制和检核。

如图 6-2-15 所示,基于道路规划红线点 A 设站,可采用极坐标法放样民用房屋角点 M 和 N,也可以基于点 BC 和 EC 采用距离交会法放样点 N。

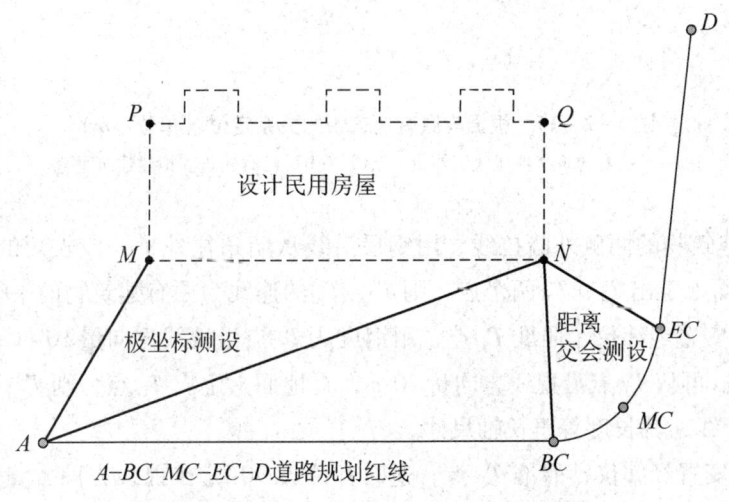

图 6-2-15 基于道路规划红线测设建筑

③ 根据与原有建筑物和道路的关系定位。如果设计图上只给出新建筑物与附近原有建筑物或道路的相互关系,而没有提供建筑物定位点的坐标,并且周围又没有测量控制点、建筑方格网和建筑基线可供利用,则可根据原有建筑物的边线或道路中心线,将新建筑物的定位点测设出来。

具体测设方法随实际情况的不同而不同,但基本过程是一致的,就是在现场先找出原有建筑物的边线或道路中心线,再用全站仪或经纬仪和钢尺将其延长、平移、旋转或相交,得到新建筑物的一条定位轴线,然后根据这条定位轴线,用经纬仪测设角度(一般是直角)、用钢尺测设长度,得到其他定位轴线或定位点,最后检核四个大角和四条定位轴线长度是否与设计值一致。下面分三种情况说明具体测设的方法。

第一种情况,如图6-2-16(a)所示,拟建建筑物的外墙边线与原有建筑的外墙边线在同一条直线上,两栋建筑物的间距为10 m,拟建建筑物的长轴为40 m,短轴为18 m,轴线与外墙边线间距为0.12 m,则可按下述方法测设其四个轴线交点:

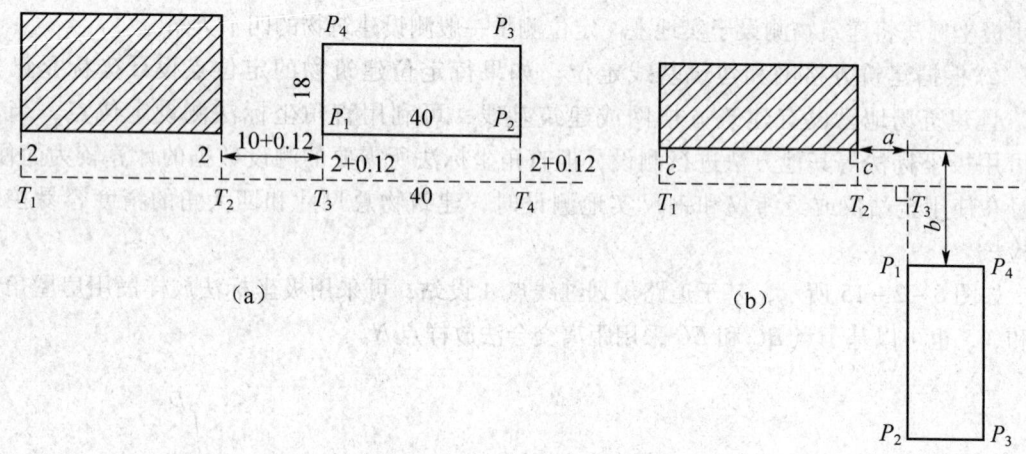

图6-2-16 根据与原有建筑物的关系定位(单位:m)
(a)已有建筑和拟建建筑外墙一条线;(b)已有建筑和拟建建筑垂直

a. 沿原有建筑物的两侧外墙拉线,用钢尺沿线从墙角往外量一段较短的距离(这里设为2 m)。在地面上定出T_1、T_2两个点,则T_1、T_2的连线为原有建筑物的平行线。

b. 在T_1点安置经纬仪,照准T_2点,用钢尺从T_2点沿视线方向量10 m+0.12 m,在地面上定出T_3点;再从T_3点沿视线方向量40 m,在地面上定出T_4点,则T_3、T_4的连线为拟建建筑物的平行线,其长度等于长轴尺寸。

c. 在T_3点安置经纬仪,照准T_4点,逆时针测设90°,在视线方向上量2 m+0.12 m,在地面上定出P_1点,再从P_1点沿视线方向量18 m,在地面上定出P_3点。同理,在T_4点安置经纬仪,照准T_3点,顺时针测设90°,在视线方向上量2 m+0.12 m,在地面上定出P_2点,再从P_2点沿视线方向量18 m,在地面上定出P_3点。则P_1、P_2、P_3、P_4点即为拟建建筑物的四个定位轴线点。

d. 在P_1、P_2、P_3、P_4点上安置经纬仪,检核四个大角是否为90°,并用钢尺丈量四条轴线的长度,检核长轴是否为40 m,短轴是否为18 m。

第二种情况：如图 6-2-16（b）所示，在得到原有建筑物的平行线并延长到 T_3 点后，应在 T_3 点测设 90°并量距，定出 P_1、P_2 点，得到拟建建筑物的一条长轴，再分别在 P_1、P_2 点测设 90°并量距，定出另一条长轴上的 P_4、P_3 点。注意不能先定短轴的两个点（如 P_1、P_4 点），在这两个点上设站测设另一条短轴上的两个点（如 P_2、P_3 点），这样误差容易超限。

第三种情况：如图 6-2-17 所示，拟建建筑物的轴线与道路中心线平行，轴线与道路中心线的距离分别为 16 m 和 12 m，测设方法如下：

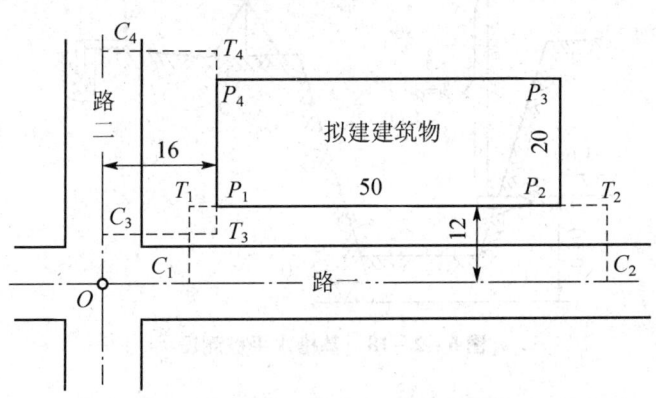

图 6-2-17　根据与原有道路的关系定位（单位：m）

a. 在每条道路上选两个合适的位置，分别用钢尺测量该处道路宽度，其宽度的 1/2 处为道路中心点，如此得到路一中心线的两个点 C_1、C_2，同理得到路二中心线的两个点 C_3、C_4。

b. 分别在路一的两个中心点上安置经纬仪，测设 90°，用钢尺测设水平距离 12 m，则在地面上得到路一的平行线 T_1T_2，同理作出路二的平行线 T_3T_4。

c. 用经纬仪内延或外延这两条线，其交点即拟建建筑物的第一个定位点 P_1，再从 P_1 沿长轴方向的平行线量 50 m，得到第二个定位点 P_2。

d. 分别在 P_1 和 P_2 点安置经纬仪，测设直角和水平距离 20 m，在地面上定出 P_4、P_3 点。在 P_1、P_2、P_3、P_4 点上安置经纬仪，检核角度是否为 90°；用钢尺丈量四条轴线的长度，检核长轴是否为 50 m，短轴是否为 20 m。

（2）建筑物的放线

建筑物的放线是指根据现场已测设好的建筑物定位点，详细测设其他各轴线交点的位置，并将其延长到安全的地方做好标志，然后以细部轴线为依据，按基础宽度和放坡要求用白灰撒出基础开挖边线。

6.2.4　建筑物轴线的传递

1. 基础施工测量

（1）开挖深度和垫层标高控制

为了控制基槽开挖深度，当基槽挖到接近槽底设计高程时，应在槽壁上测设一些水平桩,使水平桩的上表面离槽底设计高程为某一整分米数(如0.5 m),用以控制挖槽深度,也可作为槽底清理和打基础垫层时控制标高的依据。如图6-2-18所示,一般在基槽各拐角处均应打水平桩,在直槽上则每隔10 m左右打一个水平桩,然后拉上白线,线下0.5 m为槽底设计高程。

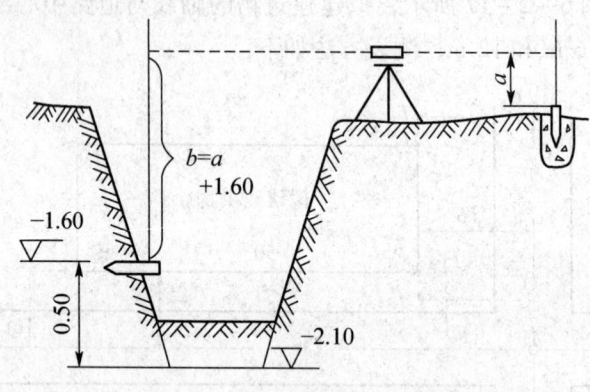

图6-2-18 基槽水平桩测设

水平桩可以是木桩也可以是竹桩,测设时,以画在周围固定地物的±0标高线为已知高程点,用水准仪进行测设,小型建筑物也可用连通水管法进行测设。水平桩上的高程误差应在±10 mm以内。

如图6-2-18所示,设槽底设计标高为-2.10 m,水平桩高于槽底0.50 m,即水平桩高程为-1.60 m,用水准仪后视±0标高上的水准尺,读数a=1.286 m,则水平桩上标尺的应有读数为0+1.286-(-1.6)=2.886(m)。

测设时沿槽壁上下移动水准尺,当读数为2.886 m时沿尺底水平地将桩打进槽壁,然后检核该桩的标高,如标高超限则应进行调整,直至误差在规定范围以内。

垫层面标高的测设可以水平桩为依据在槽壁上弹线,也可在槽底打入垂直桩,使桩顶标高等于垫层面的标高。如果垫层需安装模板,可以直接在模板上弹出垫层面的标高线。

如果是机械开挖,一般是一次挖到设计槽底或坑底的标高,因此要在施工现场安置水准仪,边挖边测,随时指挥挖土机调整挖土深度,槽底或坑底的标高应略高于设计标高(一般为10 cm,留给人工清底)。挖完后,为了给人工清底和打垫层提供标高依据,还应在槽壁或坑壁上打水平桩,水平桩的标高一般为垫层面的标高。当基坑底面积较大时,为便于控制整个底面的标高,应在坑底均匀地打一些垂直桩,使桩顶标高等于垫层面的标高。

(2)在垫层上投测基础中心线

基础垫层打好后,根据轴线控制桩或龙门板上的轴线钉、墙边线、基础边线等标志,用经纬仪或用拉绳挂垂球的方法,把上述轴线投测到垫层上,如图6-2-19所示,并用墨线弹出墙中线和基础边线,作为砌筑基础的依据。整个墙身砌筑均以此线为准,其是确定建筑物位置的关键环节，所以要严格校核后方可进行砌筑施工。

（3）基础标高控制

对于采用钢筋混凝土的基础墙，可用水准仪将设计标高测设于模板上。基础墙的标高一般是用基础"皮数杆"来控制的，皮数杆是用一根木杆做成，在杆上注明 ±0 的位置，按照设计尺寸将砖和灰缝的厚度，根据剖面图将各构件的标高及厚度在杆上划出，并注明名称及图例符号，然后在相应构件标高之间等分砖的皮数。要使构件标高之间恰为整皮数，可用调整灰缝厚度的方法来解决。灰缝厚度一般控制在 8~12 mm，不宜过大或过小。皮数杆上的楼、地面标高应用红线划出，其余均用墨线划出，此外还应注明防潮层和预留洞口的标高位置。

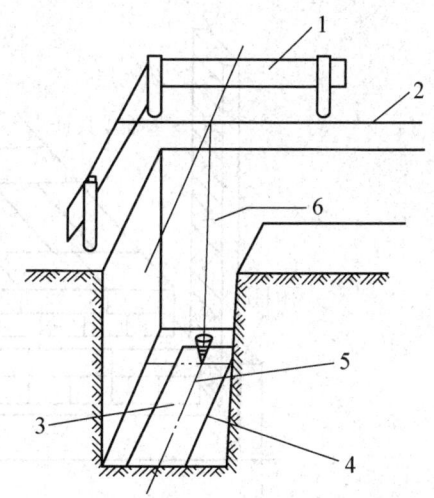

1—龙门板；2—细线；3—垫层；4—基础边线；
5—墙中线；6—垂线。

图 6-2-19 垫层中线的投测

如图 6-2-20 所示，立皮数杆时，可先在立杆处钉一木桩，再用水准仪在木桩侧面测设一条高于垫层设计标高某一数值（如 0.2 m）的水平线，然后将皮数杆上标高相同的一条线与木桩上的水平线对齐，并用铁钉把皮数杆和木桩钉在一起，这样立好皮数杆后，可作为砌筑基础墙的标高依据。

2. 建筑物的轴线投测

当建筑物的地下部分完成后，根据施工方格网校测建筑物主轴线控制桩后，将各轴线投测到做好的地下结构顶面和侧面，再根据原有的 ±0 水平线，将 ±0 标高（或某整分米数标高）测设到地下结构顶部的侧面上，这些轴线和标高线是进行首层主体结构施工的定位依据。

随着结构的升高，要将首层轴线逐层往上投测，作为施工的依据。此时建筑物主轴线的投测最为重要，因为它们是各层放线和结构垂直度控制的依据。随着建筑物设计高度的增加，施工中对竖向偏差的控制要求越来越高，轴线竖向投测的精度和方法就必须与其适应，以保证工程质量。

有关规范对于不同结构的高层建筑施工的竖向精度有不同的要求，见表 6-2-2（H 为建筑总高度）。为了保证总的竖向施工误差不超限，层间垂直度测量偏差不应超过 3 mm，建筑全高垂直度测量偏差不应超过 $3H/10\,000$，且应满足以下条件：

30 m < H ≤ 60 m 时，±10 mm；
60 m < H ≤ 90 m 时，±15 mm；
90 m < H 时，±20 mm。

建筑物墙体
施工的测量

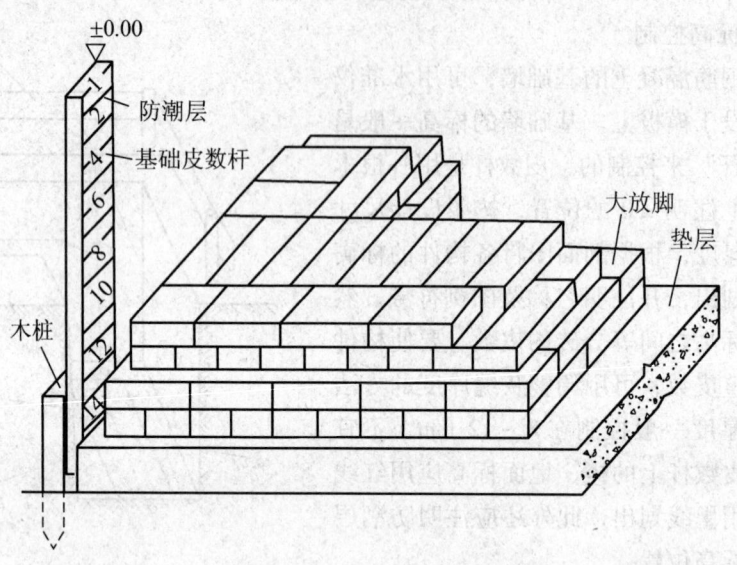

图6-2-20 基础皮数杆

表6-2-2 高层建筑竖向及标高施工偏差限差

结构类型	竖向施工偏差限差/mm		标高偏差限差/mm	
	每层	全高	每层	全高
现浇混凝土	8	H/1 000（最大30）	±10	±30
装配式框架	5	H/1 000（最大20）	±5	±30
大模板施工	5	H/1 000（最大30）	±10	±30
滑模施工	5	H/1 000（最大50）	±10	±30

常用的建筑物轴线投测方法包括吊线法、吊线锤法、经纬仪投点法和激光铅垂仪法。

(1) 吊线法

吊线法一般应用在建筑物层数较少（4层以下）的轴线投测。吊线法就是用吊垂球的方法投测轴线。其具体做法是：用垂球尖对准基础面或墙底部的已做的轴线标志，当垂球静止不动时，垂球线和垂球尖位于同一铅垂线上，此时以垂球线为准，在上一层楼面边缘处标记轴线位置。轴线位置定出后，还要检查各个轴线间的关系是否符合设计要求。

吊线法的垂球质量应根据吊线高度来选定。这种方法简单易行，操作方便，不受场地条件和设备的限制，但投测时风力较大或建筑较高时，误差会较大。

(2) 吊线锤法

吊线锤法是竖向测量的传统方法，它采用10~20 kg特制的线锤，通过挂线逐层传递轴线进行测量，适用于高度为 50~100 m 的高层建筑施工测量。其具体操作方法如下：

① 确定竖向传递基准点。在地下室顶板（也就是首层结构地面）完成之后，根据定位桩，把首层的轴线放样出来。经过复核检查无误后，再根据建筑平面的大小和造型确定竖向传递的基准点。挂吊线锤的传递点均布置在室内，一般离墙、柱 50~80 cm，并做成桩点，用钢板维护加盖，保护好。选择传递点的方法可参考图 6-2-21。

在首层支模往二层施工时，木工按首层放的线进行支模施工，并用小线锤检查模板的垂直度，保证结构位置的准确性。在支放楼板模板时，要对准传递点位置，并留出 20 cm 见方的孔洞，作为以后竖向传递时挂吊大线锤的钢丝通过的竖向通道。

② 轴线传递。当楼面模板全部支撑完成后，测量放线人员应从预留孔处挂吊大线锤将首层传递基准点引到楼面，通过该点与相邻点形成十字坐标，可用来检查校核支模中梁、柱、墙的准确性。经复核无误后，即可进行钢筋工程和混凝土工程的施工。所留的竖向小孔洞应做成倒锥形，如图 6-2-22 所示，平时用盖盖住，等到工程结构封顶后，可逐个封闭。

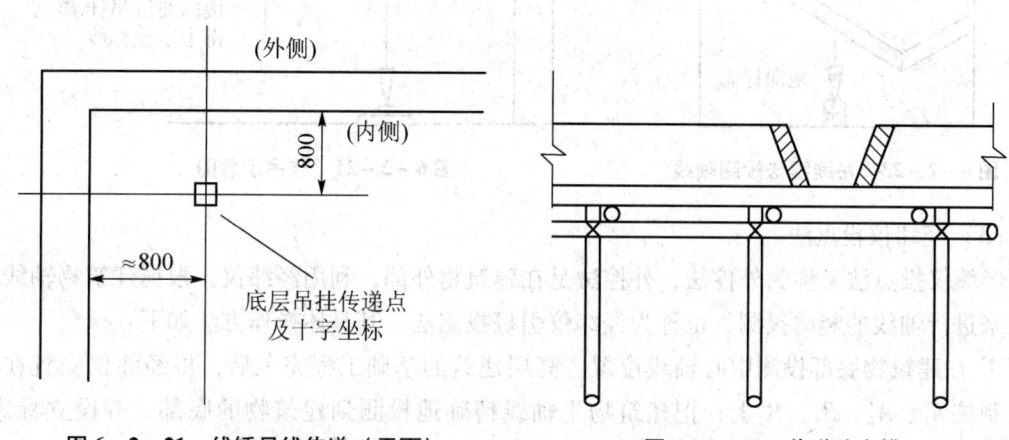

图 6-2-21　线锤吊线传递（平面）　　图 6-2-22　传递孔支模

当楼面混凝土结构有一定强度时，放线人员再次在预留孔洞处对中基准点挂吊大线锤，把该点传递到楼面。因为点在孔洞中无法标出，所以通过该点引出十字坐标线，并在孔边做出明显标记，其交点即传递上来的点，以后各层均如此逐层传递直至结构封顶，如图 6-2-23 和图 6-2-24 所示。

吊线锤法的注意事项：首层地面设置的控制基准点的定位必须十分精确，并应与房屋轴线位置的关系尺寸定至毫米整数，经校核无误后，才可在该处制定桩位，并定出基准点，且应很好地保护；必须在使用前对挂吊大线锤的钢丝进行检查，其应无曲折、死弯和圈结；若使用尼龙细线时，应选用能承受住线锤重量、受力后的伸长度不大的线类；当层数增多后，挂吊线锤时应上下呼应，可用对讲机，或用手电筒光亮示意；上部移动支架时要缓慢进行，避免下部线锤摆动过大而不易对中准确；大风大雨天气不宜进行竖向传递，如果工程进展急需，则在顶上应采取避雨措施，并且事后应进行再次检查校核，一旦有误差还可以及时纠正。

建 筑 测 量

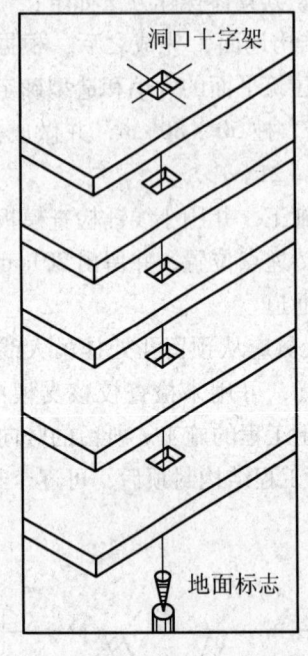
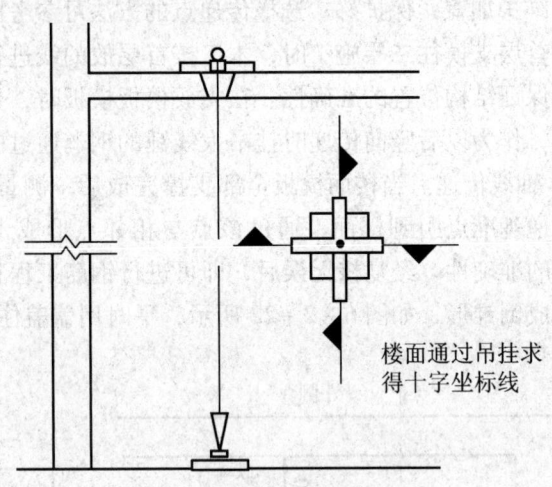

图6-2-23 吊线锤法投测轴线　　图6-2-24 挂吊示意图

（3）经纬仪投点法

经纬仪投点法又称为外控法，外控法是在建筑物外部，利用经纬仪，根据建筑物轴线控制桩来进行轴线的竖向投测，也称为经纬仪引桩投测法。其具体操作方法如下：

① 在建筑物底部投测中心线位置。高层建筑的基础工程完工后，将经纬仪安置在轴线控制桩 A_1、A_1'、B_1、B_1' 上，把建筑物主轴线精确地投测到建筑物的底部，并设立标志，如图6-2-25所示的 a_1、a_1'、b_1、b_1'，以供下一步施工与向上投测。

② 向上投测中心线。随着建筑物不断升高，要逐层将轴线向上传递，如图6-2-25所示，将经纬仪安置在中心轴线控制桩 A_1、A_1'、B_1、B_1' 上，严格整平仪器，用望远镜瞄准建筑物底部已标出的轴线 a_1、a_1'、b_1、b_1'，用盘左和盘右分别向上投测到每层楼板上，如图6-2-25中的 a_2、a_2'、b_2、b_2'，并取其中点作为该层中心轴线的投影点。

③ 增设轴线引桩。当楼房逐渐增高，而轴线控制桩距建筑物又较近时，望远镜的仰角较大，操作不便，投测精度也会降低。为此，要将原中心轴线控制桩引测到更远更安全的地方，或者附近大楼的屋面。将经纬仪安置在已经投测上去的较高层（如第10层）楼面轴线 $a_{10}a_{10}'$ 上，如图6-2-26所示，瞄准地面上原有的轴线控制桩 A_1、A_1' 点，用盘左、盘右分中投点法，将轴线延长到远处 A_2、A_2' 点，并用标志固定其位置，A_2、A_2' 即为新投测的 A_1、A_1' 轴控制桩。

投测更高各层的中心轴线，可将经纬仪安置在新的引桩上，按上述方法继续进行。

经纬仪传递应注意的要点：

第6章 建筑施工测量

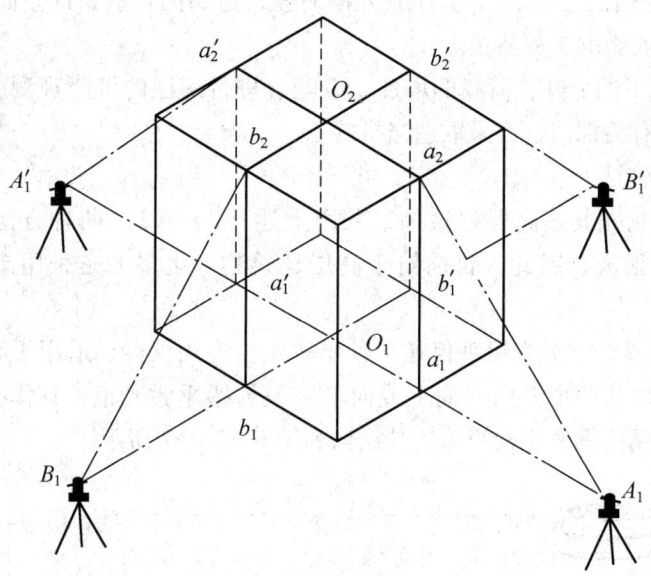

图6-2-25 经纬仪投测中心轴线

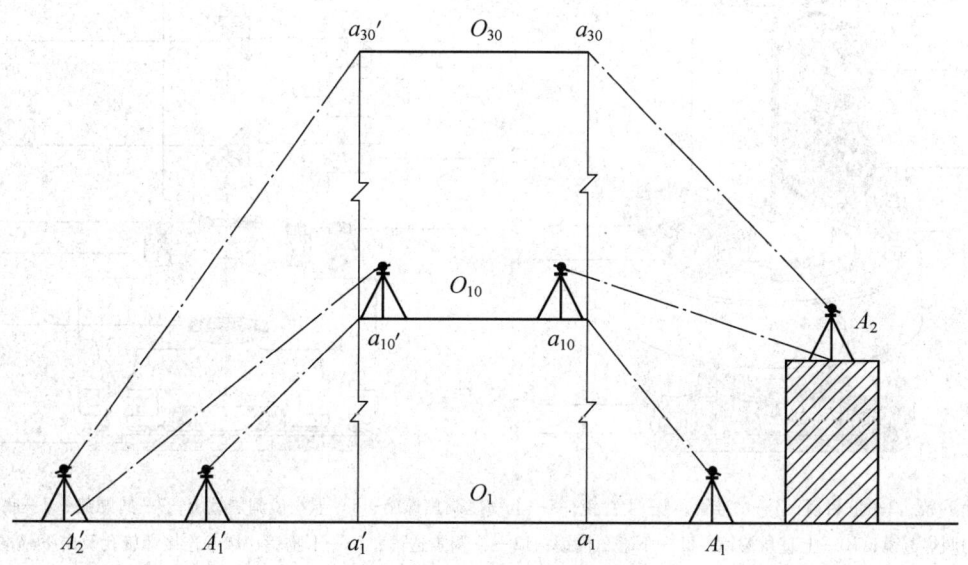

图6-2-26 经纬仪引桩投测

a. 在向每高一层传递时,每次应向下观测以下各层的传递点标记是否在一条竖向垂直线上。凡发现异常,应立即查找原因,如仪器有无问题、桩点是否移动等,找出原因后要立即纠正,防止传递失误造成高层施工垂直度偏差超过规范允许值。

b. 经纬仪一定要经过严格校检,尤其是照准部水准管轴应严格垂直于竖轴,作业时要严格对中、整平,并且要作为该项工程的专用仪器,不得用于其他工程。

c. 传递观测应选在无大风及日光不强烈的时候,避免因自然条件差而给观测带来困难,影响投测精度,进而影响工程质量。

d. 随着结构施工的上升、荷载的增加,应配合进行房屋的沉降观测。如发现有不均匀沉降,应立即报告有关部门,以采取适当措施。

(4) 激光铅垂仪法

对于高层建筑物尤其超高层建筑物,采用上述(2)(3)两种方法很难满足精度要求,同时工作量还很大,因此,目前对于高层建筑物,更多的是采用激光铅垂仪进行竖向投测。

① 激光铅垂仪简介。激光铅垂仪是一种铅垂定位专用仪器,适用于高层建筑的铅垂定位测量。该仪器可以从两个方向(向上或向下)发射铅垂激光束,其作为铅垂基准线,精度比较高。激光铅垂仪操作比较简单,其结构如图6-2-27所示。

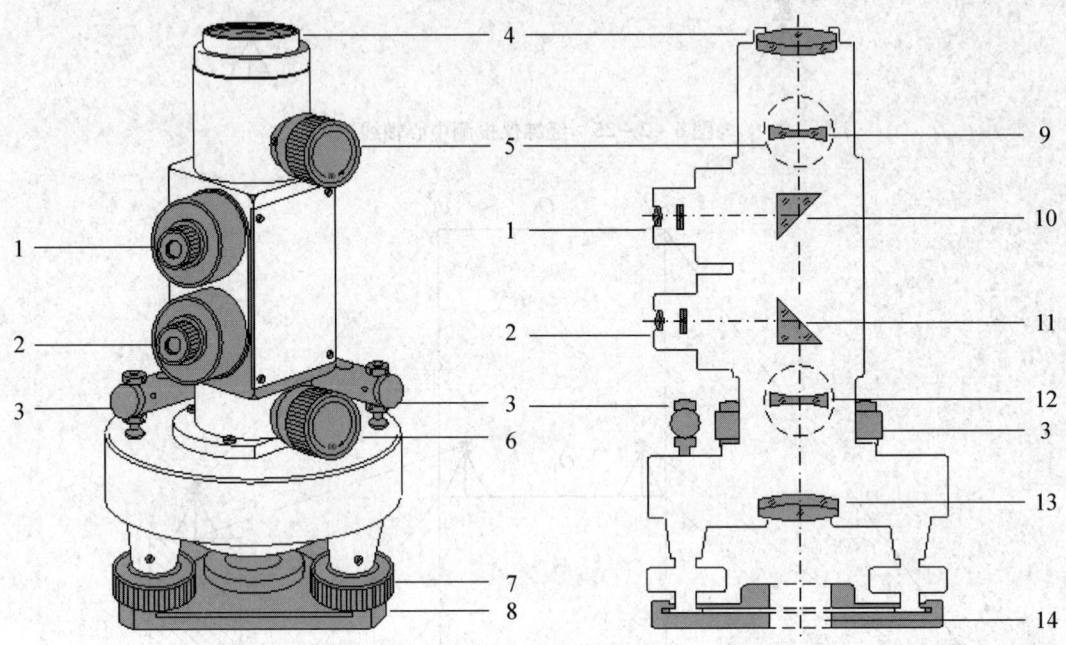

1—上目镜;2—下目镜;3—水准管;4—上物镜;5—上物镜调焦螺旋;6—下物镜调焦螺旋;7—脚螺旋;8—底板;
9—上调焦透镜;10—上直角棱镜;11—下直角棱镜;12—下调焦透镜;13—下物镜;14—连接螺旋孔及向下瞄准孔。

图6-2-27 激光铅垂仪结构

② 激光铅垂仪投测轴线。为了把建筑物的平面定位轴线投测至各层上去,每条轴线至少需要两个投测点。根据梁、柱的结构尺寸,投测点距离轴线500~800 mm为宜,激光投点平面布置如图6-2-28所示。

为了使激光束能从底层投测到各层楼板上,在每层楼板的投测点处,需要预留孔洞,洞口大小一般约为300 mm×300 mm。

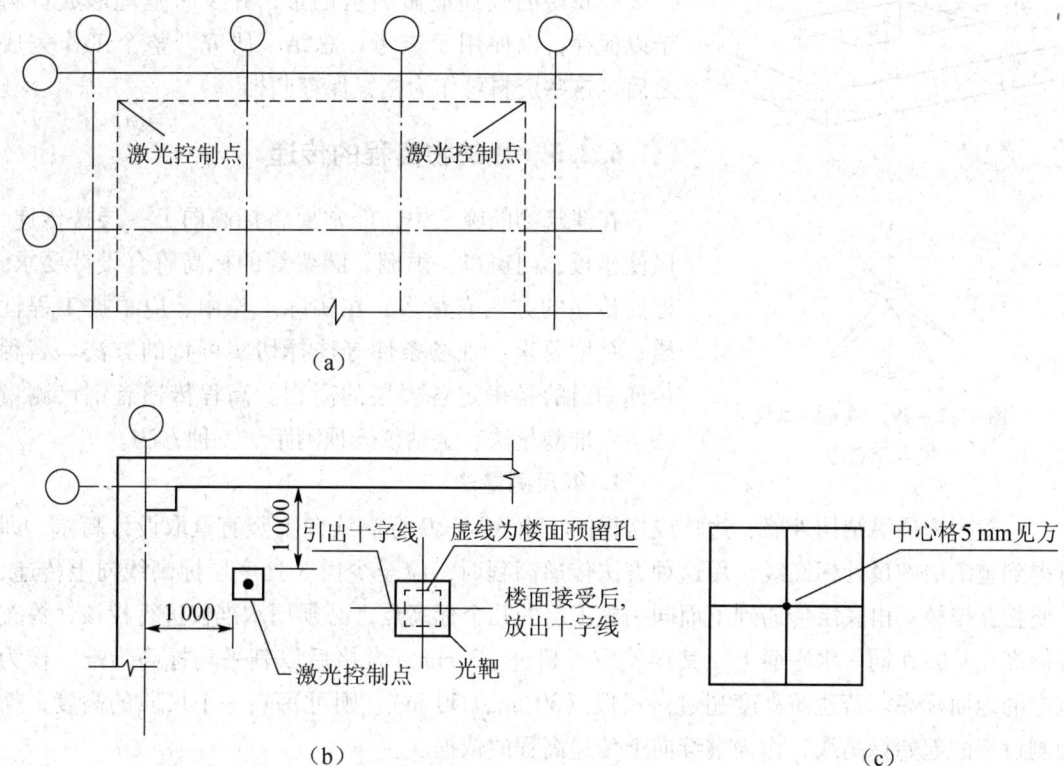

图 6-2-28 激光投点平面布置示意图（单位：mm）
(a) 平面布置；(b) 放大一角；(c) 光靶放大

激光铅垂仪轴线投测方法参看 4.2.7 节。

激光铅垂仪投点示意图如图 6-2-29 所示。

激光铅垂仪投测轴线的注意事项：

a. 激光束要通过的楼面处，施工支模预留孔洞的大小以能放置靶标盘大小为限，不能太大，若孔洞太大，则靶盘放置会落空造成麻烦。孔应留成倒锥形，以便完工后填堵。孔洞平时应用大的木盖盖好，以保证安全生产。

b. 靶标材料应是半透明的，以便在其上形成清晰的光斑。靶标应做成 5 mm 方格网，使光斑居中后可以按线引至洞口，作为形成楼面坐标网的依据。

c. 要检查复核楼面传递点形成的坐标与首层坐标网的尺寸、关系是否一致。如有差错或误差应及时找出原因，并加以纠正，从而保证测量精度和工程质量。

d. 当高层建筑施工至 5 层以上，应结合沉降观测的数据，检查沉降是否均匀，以免因不均匀沉降而造成传递偏差。

e. 每一层的传递应在一个作业班内完成，并经质检员等有关人员复核，确认无误后才可进行楼面放线工作。

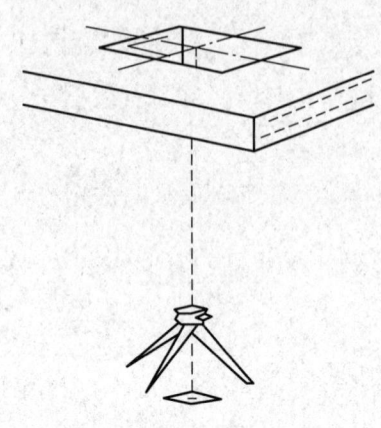

图 6-2-29 激光铅垂仪
投点示意图

f. 每层的投递应做测量记录,并及时整理形成资料予以保存,以便用于查考、总结、研究。整个工作完成之后,这些资料可作为档案保存归档。

6.2.5 建筑物高程的传递

在建筑物的施工中,经常要将标高向上一层楼传递,以使楼板、门窗口、雨棚、圈梁等的标高符合设计要求。标高传递的方法有很多,在实际工作中,应根据工程性质、精度要求、现场条件等选择切实可行的方法。高程传递的目的是确定各楼层的高程。高程传递有钢尺测量法、水准测量法、全站仪天顶测距法三种方法。

1. 钢尺测量法

一般用钢尺沿结构外墙、边柱或楼梯间,由底层±0标高线向上竖直量取设计高差,即可得到施工层的设计标高线。用这种方法传递高程时,应至少由3处底层标高线向上传递,以便相互校核。由底层传递到上面同一施工层的几个标高点,必须用水准仪进行校核,检查各标高点是否在同一水平面上,其误差应不超过±3 mm。合格后以其平均标高为准,作为该层的地面标高。若建筑高度超过一尺段(30 m或50 m),则可每隔一个尺段的高度,精确测设新的起始标高线,作为继续向上传递高程的依据。

2. 水准测量法

在高层建筑的垂直通道(楼梯间、电梯间、垃圾道、垂准孔等)中悬吊钢尺,钢尺下端负一重锤,用钢尺代替水准尺,在下层与上层各架设一次水准仪,根据底层+0.5的标高线将高程向上传递,从而测设出各楼层的设计标高线和高出设计标高+0.5的标高线,如图6-2-30所示。

3. 全站仪天顶测距法

标高基准线拟布设在首层核心筒钢柱的侧立面,为了减少钢尺分段传递标高的累积误差、避免传递标高中风力对钢尺量距的影响,竖向标高的传递也可利用全站仪天顶方向测距法结合特殊尺垫完成。尺垫由全站仪棱镜和支撑棱镜两部分组成。支撑棱镜有可调节平整度的钢板(中心开洞并刻画十字线),钢板采用三角形,以便于通过螺栓调节其平整度。控制平整度的螺栓焊接在钢板底面,如图6-2-31所示。

全站仪天顶方向测距法标高竖向传递流程如图6-2-32所示。标高传递点设在首层轴线控制点处,通过预留孔(200 mm×200 mm)垂直向上传递。

① 在轴线控制点处架设全站仪,并严格整平。置平望远镜(屏幕数值显示90°),读取竖立在首层"+1 000 mm"上水准尺的读数a_1,即全站仪横轴至首层"+1 000 mm"标高线的仪器高。

② 将望远镜指向天顶(屏幕数值显示0°),将尺垫放置需传递标高的第i层预留孔处,

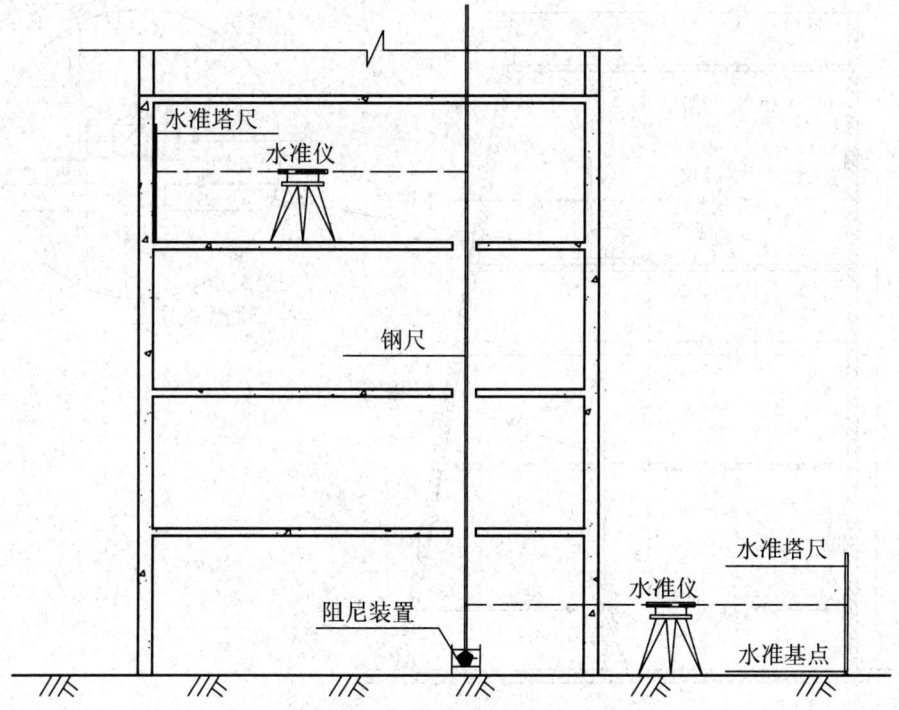

图6-2-30 水准测量法高程传递

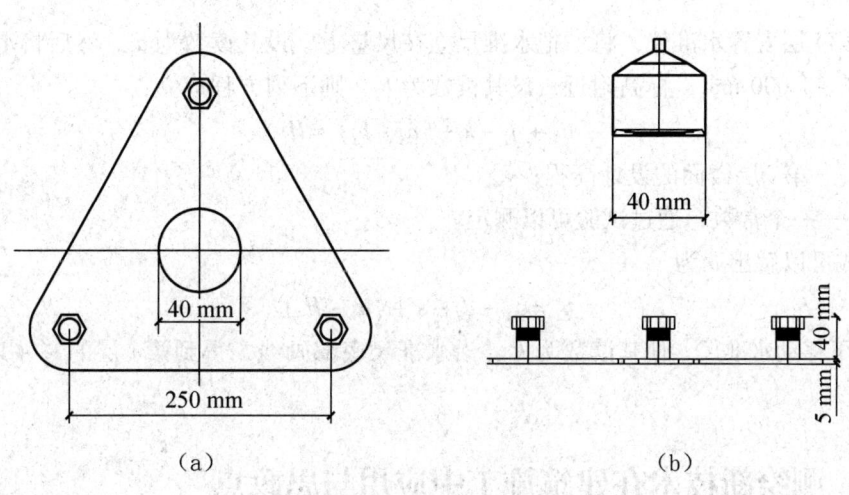

图6-2-31 尺垫
(a) 平面图；(b) 剖面图

并使尺垫上刻画的十字线与该楼层轴线相交十字线吻合，该楼层测量人员用水准仪及其配套设施测定尺垫的三个角点并使之水平，将棱镜倒扣在尺垫中心留孔处，操作全站仪测距，得到距离 d_i。

建 筑 测 量

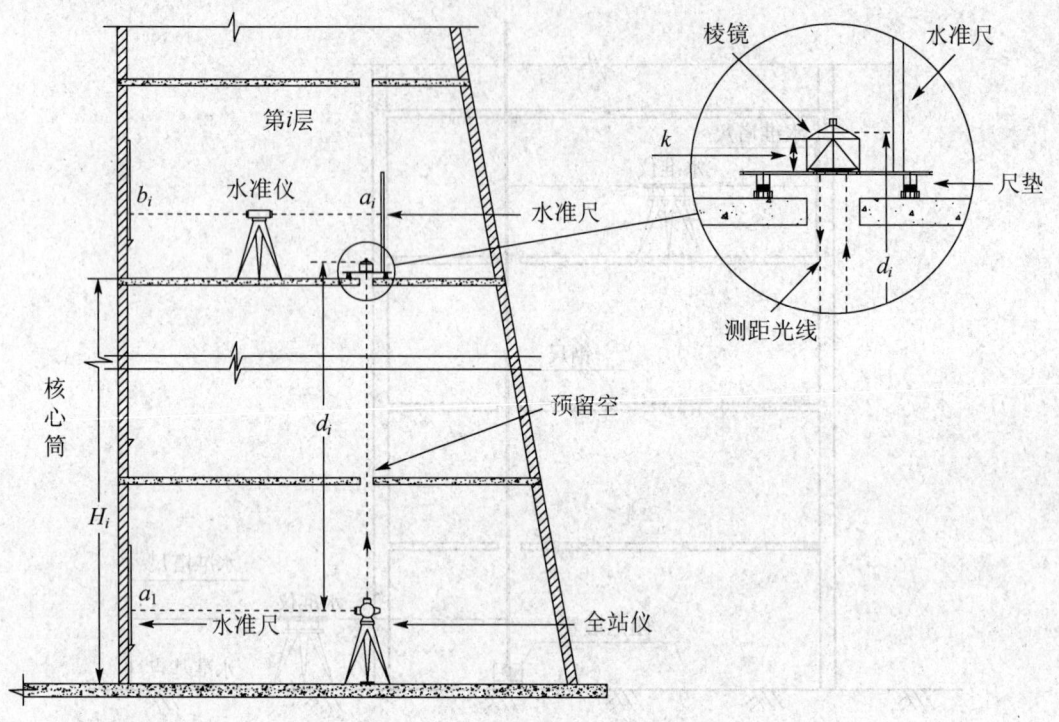

图6-2-32 全站仪天顶方向测距法标高竖向传递流程示意图

③ 在第 i 层安置水准仪,将一把水准尺立在尺垫上,设其读数为 a_i,然后将水准尺竖立在第 i 层"+1 000 mm"标高附近,设其读数为 b_i,则下列方程成立:

$$a_1 + d_i - k + (a_i - b_i) = H_i$$

式中: H_i——第 i 层楼面的设计高程;

k——一个常数,通过试验可以测定。

由该式可以解出 b_i 为

$$b_i = a_1 + d_i - k + (a_i - H_i)$$

④ 上下移动水准尺,使其读数为 b_i,沿水准尺底部画线,得到第 i 层的"+1 000 mm"标高线。

6.3 测绘新技术在建筑施工中应用与思政点

随着科学技术的不断发展,很多的新技术在建筑工程的测量中也已经得到了广泛的应用,而且新技术的应用大大提高了工程测量的精确度以及工作效率。在建筑工程测量中已经被运用得较广泛的新技术主要包括 GPS 技术、GIS 技术、RS 技术以及全站仪等先进测量技术与测量仪器。

随着超高层建筑的不断增加，常规测控方法在超高层建筑施工中已经很难满足规范的要求，比如在温差、日照、风载等外界环境因素的影响下如何快速、准确地完成平面轴线控制、高程传递以及建筑构件安装位置的定位等都是确保超高层建筑施工的关键。GNSS 技术可以动态地测定建筑物的摆动周期和摆动规律，以及测定建筑物或者构件的垂直度，而且其还具有方便、快捷、可靠等优点，从而确保了建筑工程施工测量的质量。

在建筑工程测量中，Web-GIS 地理信息技术能够对工程实际占用的土地进行"实景"测量并且能够准确地计算出其面积，而在建筑工程施工中的防线工作中，其可以实时地检测出工程防线工作的精准度，对辅助工程防线工作的实施具有非常重要的作用。

在奥运场馆建设中，高精度测量机器人、精密工程测量、控制测量技术的应用，确保了水立方泳池和鸟巢跑道的长度误差仅有毫厘之微。

随着科学技术的不断发展，以及建筑行业的不断进步，很多新技术在其建设中也将得到更为广泛的应用。新技术的广泛应用提高了劳动生产率，加快了工程的施工进度，同时对工程施工质量的控制起到了很大的作用。

我们不能驻足不前，一代人有一代人的使命担当，我们科技工作者也要以新面貌、新气象，迎接新时代、新挑战、新任务，要心怀"国之大者"，敢于担当，善于作为，履行国家战略科技力量主力军的使命职责，产出更多具有前瞻性、引领性的重大原创成果，把科技是第一生产力落到测绘行业中。

本章小结

本章主要内容是施工过程中测量工作，按照施工顺序分别是场地平整、建筑物轴线放样及传递、高程传递。通过本章学习能够完成民用建筑施工测量相关工作，满足民用建筑工程施工的需要。

思考题

1. 施工测量遵循的测量原则是什么？民用建筑施工测量包括哪些主要工作？
2. 在超高层建筑竖向轴线传递中一般是如何分段投测和分段控制的？在每站投测时采用什么方法可消除或削弱仪器的轴系误差？
3. 试述高层建筑施工时用悬挂钢尺法和全站仪天顶测距法传递高程的操作过程。
4. 高层建筑的轴线传递中，使用投点仪或加弯管目镜的经纬仪时，为什么要采用 2 个或 4 个对称位置向上传递轴线，然后取其中点作为向上传递的垂直投影？

第 7 章　工程建设中的地形图测绘与应用

7.1　地形图测绘任务

7.1.1　任务要求

完成大比例尺地形图测绘。

7.1.2　学习目标

◆ 能力目标
① 能够使用全站仪进行地形图外业数据采集。
② 能够使用 CASS 软件进行地形图制图。
◆ 知识目标
① 理解地物和地貌在地形图上的表示方法。
② 理解大比例尺地形图测绘的原理、方法和要求。
◆ 素质目标
① 培养一丝不苟的工作态度。
② 强化学生的遵守规范意识。
◆ 思政目标
培养当代青年人的爱国主义精神和苦干实干的精神。

7.1.3　用到的仪器及记录表格

◆ 仪器
全站仪、棱镜、计算机等。
◆ 其他
CASS 软件。

7.1.4　操作步骤

1. 全站仪外业数据采集

全站仪是指全站型电子测距仪（Electronic Total Station，ETS），是一种集光、机、电为一体的高技术测量仪器，是集水平角、垂直角、距离（斜距、平距）、高差测量功能于一体的测绘仪器系统。全站仪与光学经纬仪的区别是度盘读数及显示系统，光学经纬仪的水平度盘、竖直度盘及其读数

全站仪数据采集
（实验）

装置是分别采用编码盘或两个相同的光栅度盘和读数传感器进行角度测量的。角度测量根据测角精度可分为0.5″、1″、2″、3″、5″、7″等几个等级。

全站仪外业数据采集的基本步骤如下：

（1）测站设置

如图7-1-1所示，将全站仪安置于某一控制点（A点）上。开机后对全站仪进行对中、整平。再进一步设置作业，可按日期设置作业名，如5月18号上午的作业，则作业名可设置为5181；如果需要区别作业小组，可在前面再加一字母，如第一组为A，即A5181。最后设置测站信息，在全站仪弹出的界面中，输入测站点点名、坐标、高程和仪器高，然后确认。

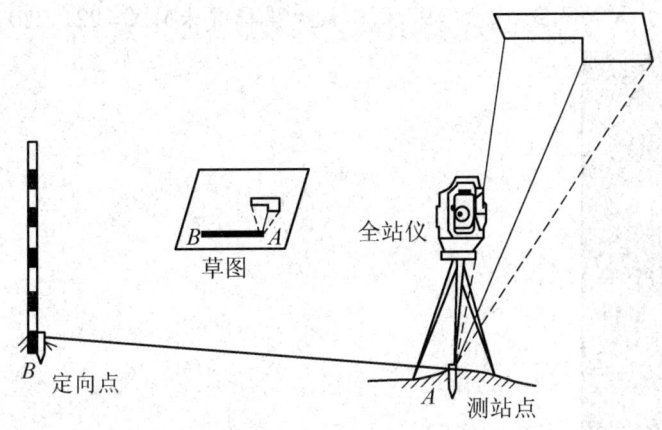

图7-1-1 全站仪外业数据采集

（2）定向

如图7-1-1所示，照准另一控制点（B点）进行定向，尽量瞄准目标的底部，固定照准部，输入定向点点名、坐标，然后确认。

（3）碎部点测定

① 进入碎部测量界面后，应根据情况输入测点点号和目标高。

② 立棱镜者将棱镜竖直地立于选定地形点上。

观测者将望远镜照准测点，按测量及记录键或测存键，将观测成果存入全站仪内存。观测成功后，测点点号将顺序增加。绘图员要跟随立镜者，把所测的地形点按实地情况绘制草图。如图7-1-2所示是草图示意图。在测量过程中，要对定

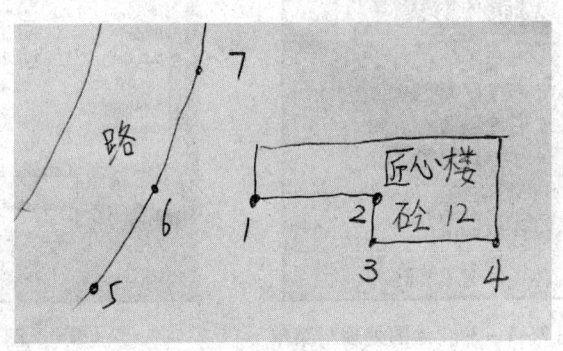

图7-1-2 草图示意图（截图）

向点进行检查，或对观测相邻测站测绘的若干个碎部点进行检查。

2. CASS"草图法"绘制平面图

（1）定显示区

移动鼠标至"绘图处理"项，单击左键，即出现如图7－1－3所示的下拉菜单。然后选择"定显示区"项，按左键，即出现一个如图7－1－4所示的对话框。这时需输入碎部点坐标数据文件名，其可直接通过键盘输入，如在"文件名（N）："（光标闪烁处）输入"C:\CASS90\demo\ymsj.dat"后再移动鼠标至"打开（O）"处，按左键；也可参考Windows选择打开文件的操作方法操作。这时命令区显示：

内业绘图（实验）

最小坐标（米）X＝87.315，Y＝97.020 最大坐标（米）X＝221.270，Y＝200.00

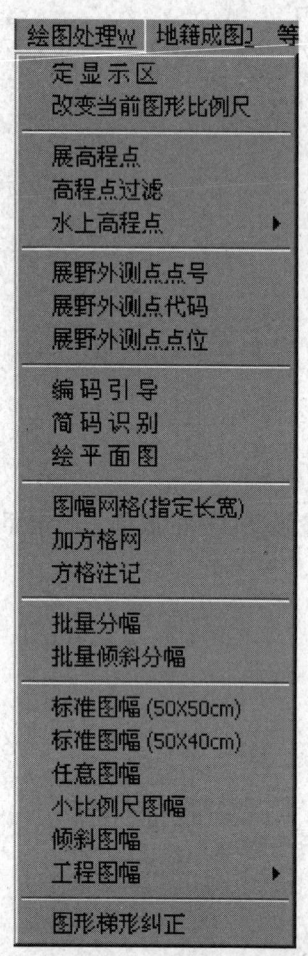

图7－1－3 "绘图处理"菜单

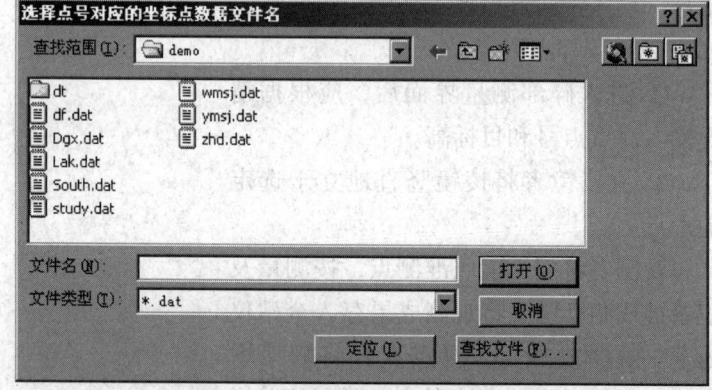

图7－1－4 碎部点坐标数据文件

（2）测点点号定位成图法

如图7－1－3所示，移动鼠标至屏幕右侧菜单区的"展野外测点点号"项，按左键，出现如图7－1－4所示的对话框。选择点号坐标点数据文件名"C:\CASS90\demo\

ymsj.dat"后,命令区提示:

读点完成!共读入60点。

(3) 绘平面图

根据野外作业时绘制的草图,移动鼠标至屏幕右侧菜单区选择相应的地形图图式符号,然后在屏幕中将所有的地物绘制出来。系统中所有地形图图式符号都是按照图层来划分的。例如,所有表示测量控制点的符号都放在"控制点"这一层,所有表示独立地物的符号都放在"独立地物"这一层,所有表示植被的符号都放在"植被园林"这一层。

① 将野外测点点号在屏幕中展示出来。操作步骤是移动鼠标至屏幕的顶部菜单"绘图处理",选择"展野外测点点号"项并按左键,便出现对话框。输入对应的坐标数据文件名"C:\CASS90\demo\ymsj.dat"后,便可在屏幕展出野外测点的点号。

② 根据外业草图,选择相应的地图图式符号,在屏幕上将平面图绘出来,如图7-1-5所示。在"居民地"这一层,可移动鼠标至右侧菜单"居民地"处并按左键,系统便弹出如图7-1-6所示的对话框,再移动鼠标到"四点房屋"的图标处按左键,图标变亮,表示该图标已被选中,然后移动鼠标至"OK"键处按左键。这时命令区提示如下:

绘图比例尺1:输入1 000,回车;1.已知三点/2.已知两点及宽度/3.已知四点〈1〉:输入1,回车(或直接回车默认选1)。

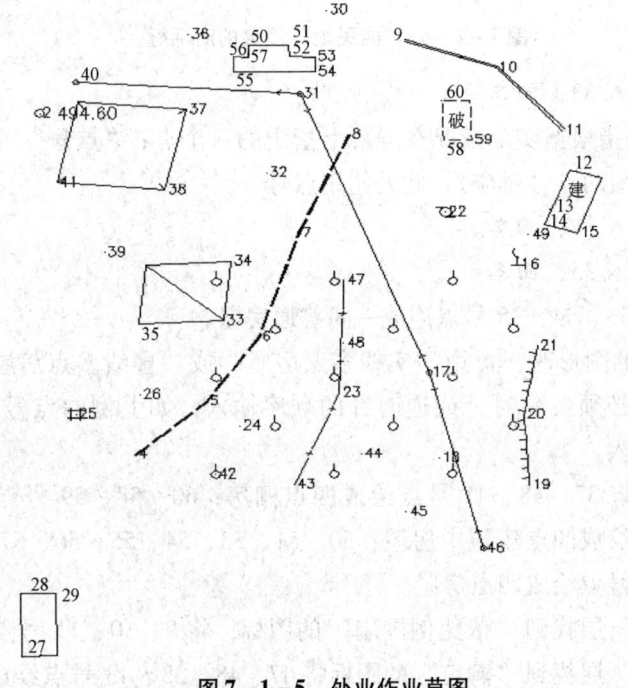

图7-1-5 外业作业草图

说明:"已知三点"是指测矩形房子时测了三个点;"已知两点及宽度"则是指测矩形房子时测了两个点及房子的一条边;"已知四点"则是测了房子的四个角点。

211

建筑测量

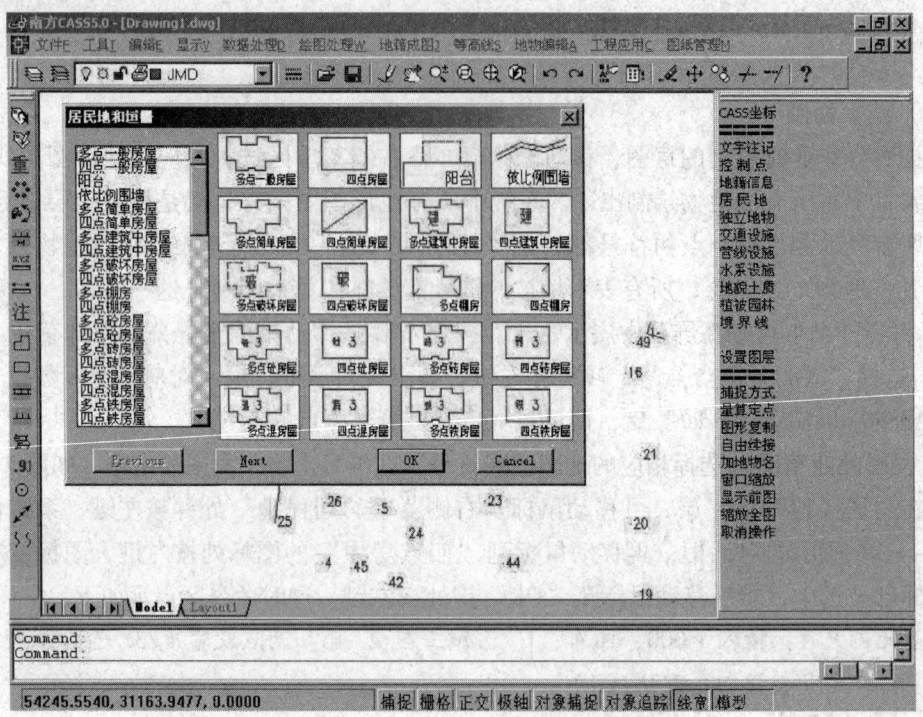

图7-1-6 "居民地"图层的对话框

点P/<点号>输入33，回车。

说明："点P"是指根据实际情况在屏幕上指定的一个点；"点号"是指绘制地物符号定位点的点号（与草图的点号对应），此处使用点号。

点P/<点号>输入34，回车。

点P/<点号>输入35，回车。

说明：这是指将33、34、35号点连成一间普通房屋。

当房子是不规则的图形时，可用"实线多点房屋"或"虚线多点房屋"来绘制。绘制房子时，输入的点号必须按顺时针或逆时针的顺序输入，如上例的点号按34、33、35或35、33、34的顺序输入。

重复上述操作，将37、38、41号点绘成四点棚房；60、58、59号点绘成四点破坏房屋；12、14、15号点绘成四点建筑中房屋；50、51、53、54、55、56、57号点绘成多点一般房屋；27、28、29号点绘成四点房屋。

同样在"居民地"层找到"依比例围墙"的图标，将9、10、11号点绘成依比例围墙的符号；在"居民地"层找到"篱笆"的图标将47、48、23、43号点绘成篱笆的符号。完成这些操作后，其平面图如图7-1-7所示。

再把草图中的19、20、21号点连成一段陡坎，其操作步骤是在菜单"地貌土质"处按左键（因为表示陡坎的符号放在"地貌土质"这一层），弹出如图7-1-8所示的对话框。

212

第7章　工程建设中的地形图测绘与应用

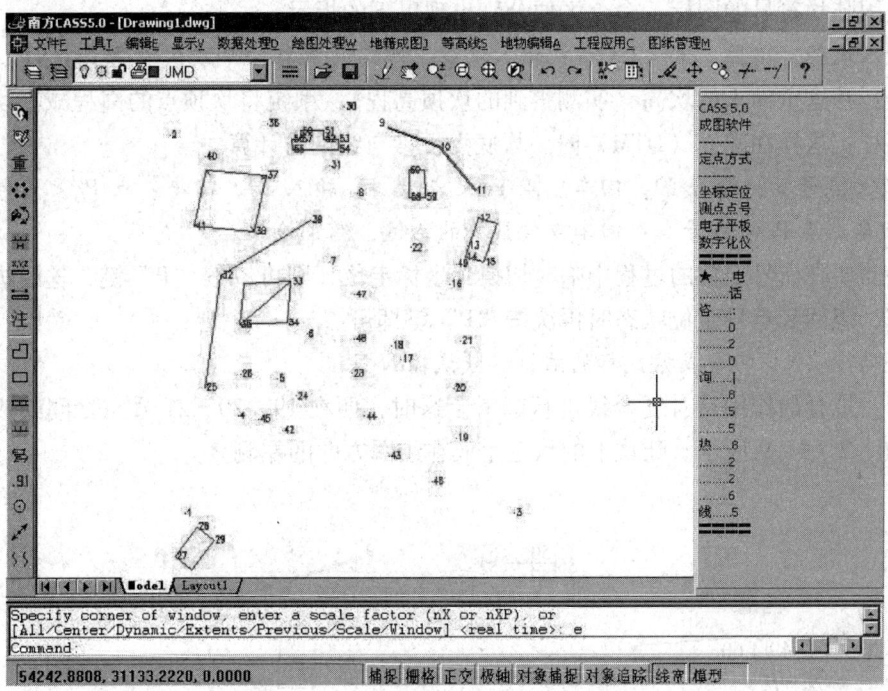

图7-1-7　居民地平面图

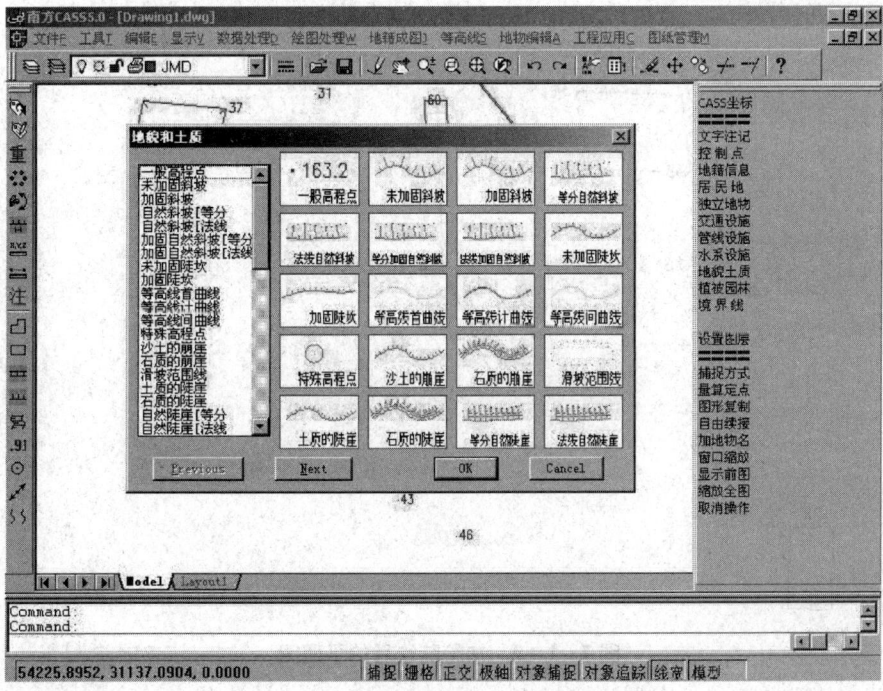

图7-1-8　"地貌土质"图层的对话框

213

选择未加固陡坎符号的图标，命令区便分别出现以下的提示：

请输入坎高，单位：米<1.0>：输入坎高，回车（直接回车默认坎高1米）。

说明：在这里输入的坎高（实测得到的坎顶高程），系统将坎顶点的高程减去坎高得到坎底点高程，这样在建立（DTM）时，坎底点便参与组网的计算。

点P/<点号>：输入19，回车。点P/<点号>：输入20，回车。点P/<点号>：输入21，回车。点P/<点号>：回车或按鼠标的右键，结束输入。

如果需要在点号定位的过程中临时切换到坐标定位，则可以按"P"键，这时进入坐标定位状态，想回到点号定位状态时再次按"P"键即可。

拟合吗？<N>回车或按鼠标的右键，默认输入N。

说明：拟合的作用是对复合线进行圆滑。这时，便在19、20、21号点之间绘成陡坎的符号，如图7-1-9所示。陡坎上的坎毛生成在绘图方向的左侧。

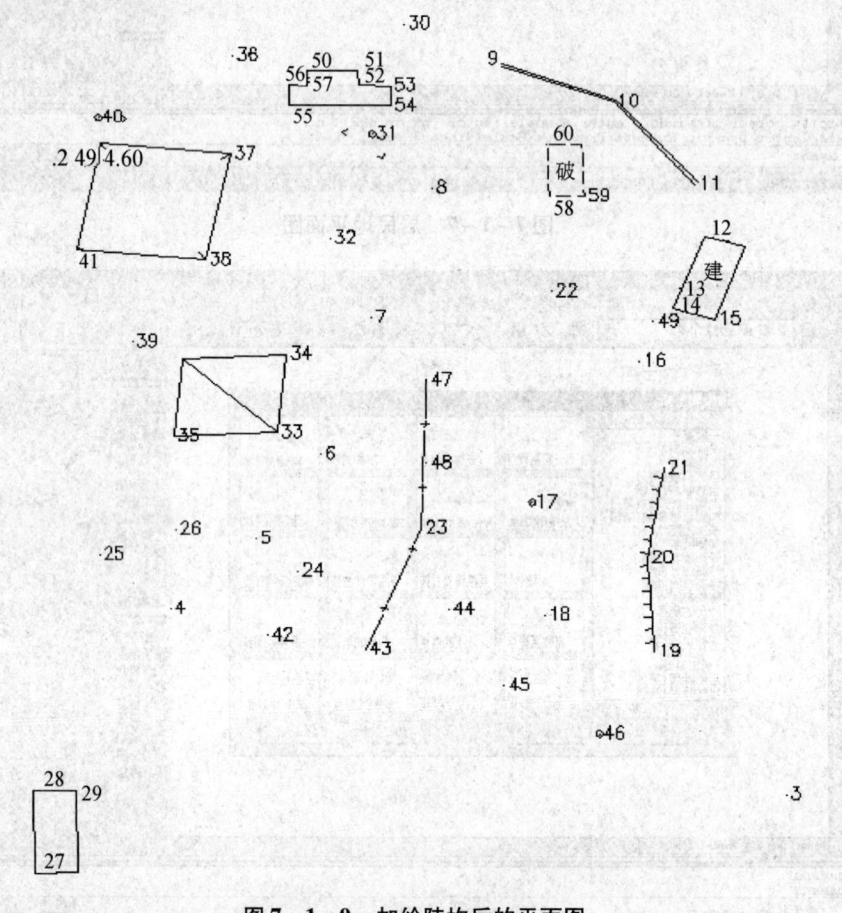

图7-1-9 加绘陡坎后的平面图

重复上述的操作便可以将所有测点用地图图式符号绘制出来。在操作的过程中，可以套用别的命令，如放大显示、移动图纸、删除、文字注记等。

7.2 地形图测绘基础知识

地形图的识读和应用

7.2.1 地形与地形图

地形图是表示地球表面局部形态的平面位置和高程的图纸。地球表面的复杂形态总体上可以分为两大类：地物和地貌。地物是指地球表面各种自然形成的和人工修建的固定物体，如房屋、道路、桥涵、河流、植被等；地貌是指地球表面的高低起伏形态，如高山、丘陵、深谷、平原、洼地等。所谓地形就是地物和地貌的总称。将地物和地貌的平面位置和高程按一定的数学法则、用统一规定的符号和注记表示在图上就是地形图。地形图主要包括如下基本内容：

① 数学要素：图的数学基础，如坐标网、投影关系、图的比例尺和控制点等。

② 自然地理要素：表示地球表面自然形态所包含的要素，如地貌、水系、植被和土壤等。

③ 社会经济要素：地面上人类在生产活动中改造自然界所形成的要素，如居民地、道路网、通信设备、工农业设施、经济文化和行政标志等。

④ 注记和整饰要素：图上的各种注记和说明，如图名、图号、测图日期、测图单位、所用坐标和高程系统等。

地形图通常采用正射投影。由于地形测图范围一般不大，故可将参考椭球体近似看成圆球，当测区范围更小（小于 100 km^2）时，还可把曲面近似看成过测区中心的水平面。当测区面积较大时，必须将地面各点投影到参考椭球体面上，然后用特殊的投影方法展绘到图纸上。

为了便于测绘、使用和保管地形图，需将地形图按一定的规则进行分幅和编号。中小比例尺地形图一般采用按经纬线划分的梯形分幅法。大比例尺 1∶500、1∶1 000、1∶2 000、1∶5 000 的地形图，采用正方形分幅。

7.2.2 地形图的内容

一幅地形图的图名是用图幅内最著名的地名、企事业单位或突出的地物、地貌的名称来命名的，图号按统一的分幅编号法进行编号。图名和图号均注写在北外图廓的中央上方，图号注写在图名下方。

为了反映本幅图与相邻图幅之间的邻接关系，在外图廓的左上方绘有九个小格的接图表。中间画有斜线的一格代表本幅图，四周八格分别注明了相邻图幅的图名，利用接图表可方便地进行地形图的拼接。

图廓是地形图的边界，分为内图廓和外图廓。内图廓线是由经纬线或坐标格网线组成的图幅边界线，在内图廓外侧距内图廓 1 cm 处，再画一平行框线，称为外图廓。在内图廓外四角处注有以千米为单位的坐标值，外图廓左下方注明测图方法、坐标系统、高程系统、基本等高距、测图年月、地形图图式版别,如图7-2-1所示。

图 7-2-1 地形图

《地形图图式》是地形图测绘、地形图识读和使用地形图的重要工具,其内容概括了各类地物、地貌在地形图上表示的符号和方法。测绘地形图时应以《地形图图式》为依据来描绘地物、地貌。地形图(特别是大比例尺地形图)是解决经济、国防建设的各类工程设计和施工问题时所必需的重要资料。地形图上表示的地物、地貌应内容齐全,位置准确;符号运用统一规范;图面应清晰、明了,便于识读与应用。

7.2.3 地形图的分幅与编号

为了便于测绘、拼接、使用和保管地形图，需要用各种比例尺的地形图按统一的规定进行分幅与编号。根据地形图比例尺的不同，地形图有正方形与梯形两种分幅与编号的方法。大比例尺地形图一般采用正方形分幅；中小比例尺地形图采用梯形分幅。在建筑工程测量中，通常使用大比例尺地形图，因此，本书选择正方形分幅与编号。

正方形分幅是按平面直角坐标系的纵、横坐标线为界限来分幅的。

如图7-2-2所示，一幅1∶5 000的地形图包括四幅1∶2 000的地形图；一幅1∶2 000的地形图包括四幅1∶1 000的地形图；一幅1∶1 000的地形图包括四幅1∶500的地形图。正方形分幅的图廓的规格如表7-2-1所示。

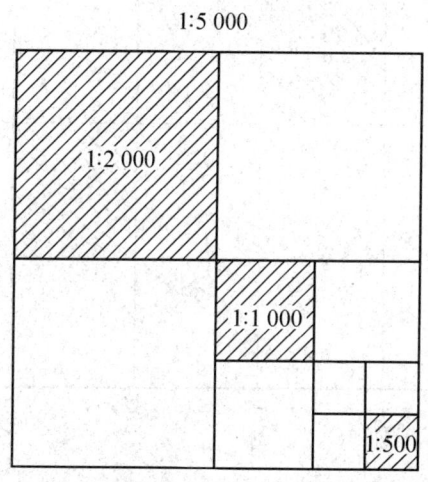

图7-2-2 正方形分幅

表7-2-1 正方形分幅的图廓规格

比例尺	图廓的大小/cm²	实地面积/km²	一幅1∶5 000地形图中所包含的图幅数	图廓西南角坐标/m
1∶5 000	40×40	4	1	1 000的整数倍
1∶2 000	50×50	1	4	1 000的整数倍
1∶1 000	50×50	0.25	16	500的整数倍
1∶500	50×50	0.062 5	64	50的整数倍

正方形图幅的编号方法有坐标编号法、数字顺序编号法和行列编号法两种。

1. 坐标编号法

当测区已与国家控制网联测时，图幅的编号由下列两项组成：图幅所在投影带的中央子午线经度；图幅西南角的纵、横坐标值（以千米为单位），纵坐标在前，横坐标在后。1∶5 000 地形图图幅编号为 117°－3 810.0－13.0，即表示该图幅所在投影带的中央子午线经度为 117°，图幅西南角坐标 $x=3\,810.0$ km，$y=13.0$ km。

当测区尚未与国家控制网联测时，正方形图幅的编号只由图幅西南角的坐标组成。如图 7－2－3 所示为 1∶1 000 比例尺的地形图，按图幅西南角坐标编号法分幅，其中画阴影线的两幅图的编号分别为 3.0－1.5，2.5－2.5。

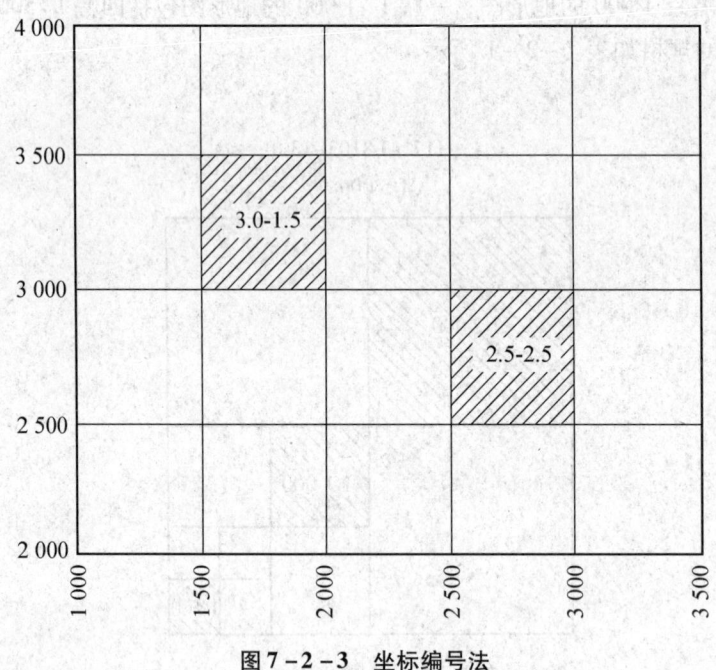

图 7－2－3　坐标编号法

这种方法的编号和测区的坐标值联系在一起，便于按坐标查找。

2. 数字顺序编号法和行列编号法

小面积测区可以从左到右、从上到下按数字顺序进行编号。如图 7－2－4 所示的虚线表示××规划区范围，数字表示图号。在建筑工程测量中通常采用行列编号法。

行列编号法是从上到下给横行编号，用 A、B、C……表示；从左到右给纵列编号，用 1、2、3……表示；先行号后列号组成图幅编号，如 $A-1$、$A-2$……$B-1$、$B-2$ 等。

7.2.4　地物、地貌在地形图上的表示方法

地球表面上各种高低起伏的形态通称地貌。地表面上的固定性物体统称为地物。地物又可分为两类：一类为自然地物，如河流、森林、湖泊等；另一类为人工地物，如道路、水

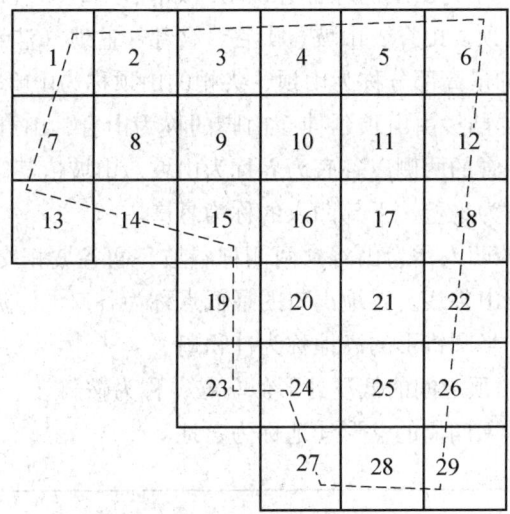

图 7-2-4 数字顺序编号法

库、桥涵、通信线路和输电线路等。

1. 地物在地形图上的表示方法

在地形图上,地物是用相似的几何图形或特定的符号表示的。测绘地形图时,将地面上各种形状的地物按一定的比例,准确地用正射投影的方法,缩绘于地形图上。对难以缩绘的地物,则按特定的符号和要求表示在地形图上。

地物在地形图上除用一定的符号表示外,为了更好地表达地面上的情况,还应配合以文字、数字的注记或说明,如煤矿名称,河流、湖泊、道路等的地理名称,地面点的高程注记等。

依比例尺符号与不依比例尺符号并非一成不变的,还要依据测图比例尺与实物轮廓的大小而定。例如,直径为 3 m 的煤矿竖井,在 1:500 比例尺图上可表示为 6 mm 直径的小圆,可按比例描绘;但在 1:5 000 比例尺图上则表示为 0.6 mm 直径的小圆,这就必须用不依比例尺符号描绘。一般来说,测图比例尺越小,则使用不依比例尺的符号越多。各种地物表示法可参阅《地形图图式》。

2. 地貌在地形图上的表示方法

在地形图上表示地貌的方法有很多。在大比例尺地形图中,通常用等高线来表示地貌。用等高线表示地貌不仅能表示地貌的起伏形态,还能科学地表示地面的坡度和地面的高程。

地貌的基本形态可归纳为如下三类:

① 平地:地面倾角在 2°以下的地区。

② 丘陵地:地面倾角在 2°~6°的地区。

③ 山地:地面倾角在 6°~25°的地区。

④ 高山地:地面倾角在 25°以上的地区。

如图7-2-5（a）所示为山地的综合透视图，如图7-2-5（b）所示为其相应的等高线图。在山地地貌中，山顶、山脊、山坡、山谷、鞍部、盆地（洼地）等为其基本形态。

① 山顶和山峰：山的最高部分称为山顶，尖峭的山顶称为山峰。

② 山脊和山坡：山的凸棱由山顶延伸至山脚的称为山脊，山脊最高点等高线连成的棱线是分水线或山脊线。山脊的两侧以谷底为界称为山坡。山坡依其倾斜程度有陡坡、缓坡之分。山坡呈竖直状态的称为绝壁，下部凹入的称为悬崖。

③ 山谷：两山脊间的凹入称为山谷。两侧称谷坡，两谷坡相交的部分称为谷底。谷底最低点连线称为合水线或山谷线。谷地出口的最低点称为谷口。因流水的搬运作用堆积在谷口附近的沉积物形成一种半圆锥形的高地称为冲积扇。

④ 鞍部：两个相邻山顶之间的低洼处形似马鞍，称为鞍部。

⑤ 盆地（洼地）：低于四周的盆形洼地称为盆地。

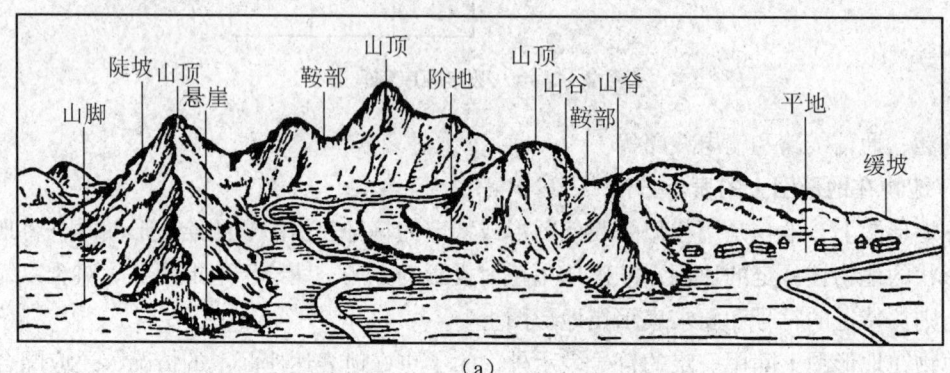

(a)

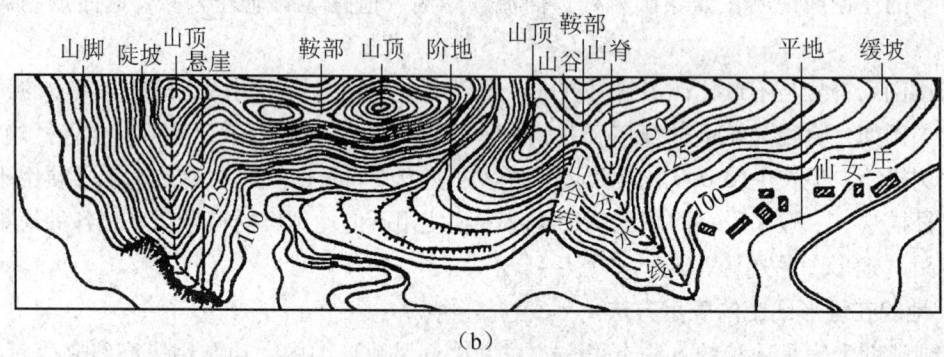

(b)

图7-2-5 地貌及表示
(a) 山地的综合透视图；(b) 山地的等高线图

3. 等高线表示地貌的方法

地面上高程相等的各相邻点所连成的闭合曲线相当于一定高度的水平面横截地面时的地面截痕线，称为等高线。

如图7-2-6所示，设想有一座小山，它被P_1、P_2、P_3几个高差相等的静止水平面相截，则在每个水平面上各得一条闭合曲线，每一条闭合曲线上的所有点的高程必定相等。显然，曲线的形状是小山与水平面的交线的形状。若将这些曲线竖直投影到水平面H上，便得到能表示该小山形状的几条闭合曲线，即等高线。若将这些曲线按测图比例尺缩绘到图纸上，便是地形图上的等高线。地形图上的等高线比较客观地反映了地表高低起伏的形态，而且还具有量度性。

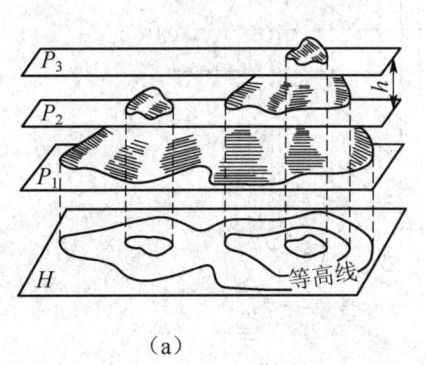 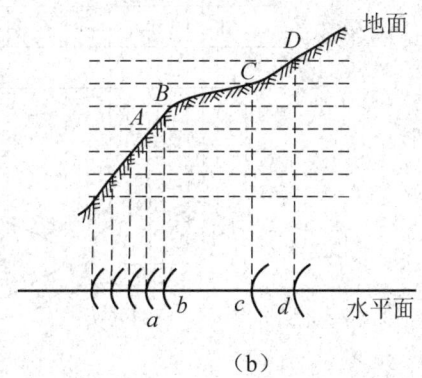

(a) (b)

图7-2-6 地貌及等高线

(a) 等高线绘制原理；(b) 等高线绘制剖面图

(1) 等高距

相邻两条等高线间的高差称为等高距。随着地面坡度的变化，等高线平距也在不断发生变化。在实际工作中，应根据地形的类别和测图比例尺等因素合理选择等高距。大比例尺地形测量规范规定的测图等高距可以参见表7-2-2。

表7-2-2 地形图的基本等高距　　　　　　　　　单位：m

比例尺 地形类别	1:500	1:1 000	1:2 000
平地	0.5	0.5	0.5、1
丘陵地	0.5	0.5、1	1
山地	0.5、1	1	2
高山地	1	1、2	2

同一城市或测区的同一种比例尺地形图，应采用同一种等高距。但在测区面积大且地面起伏比较大时，可允许以图幅为单位采用不同的等高距。等高线的高程必须采用等高距的整倍数，而不能是任意高程的等高线。例如，使用的等高距为2 m，则等高线的高程必须为2 m的整倍数，如40 m、42 m、44 m，而不能是41 m、43 m……，或40.5 m、42.5 m等。

221

(2) 等高线的分类

为更好地表示地貌，地形图上采用下列四种等高线（见图7-2-7）。

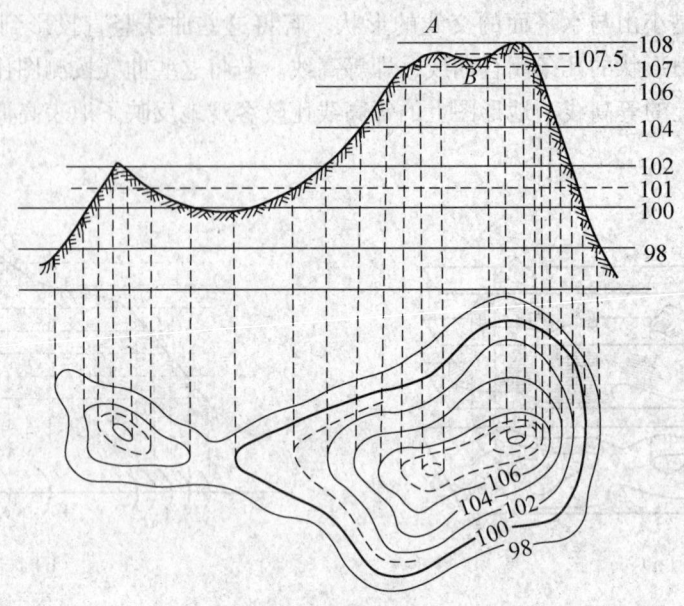

图7-2-7 等高线的分类

① 基本等高线。按表7-2-2选定的等高距称为基本等高距。按基本等高距测绘的等高线称为基本等高线，又称为首曲线，它用细实线描绘。

② 加粗等高线。它是指为了在用图时计算高程方便，每隔四条等高线加粗描绘的一根等高线，又称为计曲线。

③ 半距等高线。按1/2基本等高距测绘的等高线，以便显示首曲线不便显示的地貌，称为半距等高线，又称为间曲线，一般用长虚线描绘。

④ 辅助等高线。若用半距等高线仍无法显示地貌变化时，又可按1/4基本等高距测绘等高线，称为辅助等高线，又称为助曲线，一般用短虚线描绘。

表示山头和盆地的等高线均为一系列闭合曲线，如图7-2-8所示。为便于区别，常在等高线上沿斜坡下降方向绘制一条短线垂直于等高线，称为示坡线。

(3) 等高线的特性

等高线的特性可归纳为以下内容：

① 在同一条等高线上的各点高程相等。但高程相等的各点未必在同一条等高线上，如图7-2-9所示为两根高程相同的等高线。

② 等高线是闭合的曲线。一个无限伸展的水平面与地表的交线必为一闭合曲线，而闭合曲线的大小决定于实地情况，有的可在同一幅图内闭合，有的可能穿越若干幅图而闭合。因此，若等高线不能在同一幅图内自行闭合，则应将等高线测绘至图廓为止，而不能在图内中断。但为了使图纸清晰，当等高线遇到建筑物、数字、注记等时，可暂时中断。另外，为

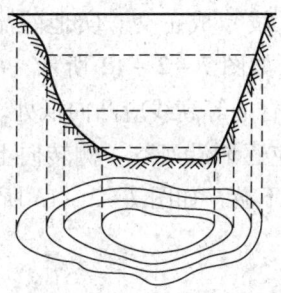
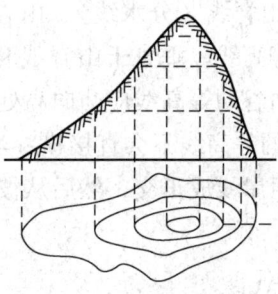

图 7-2-8 示坡线

(a) 山谷示坡线；(b) 山峰示坡线

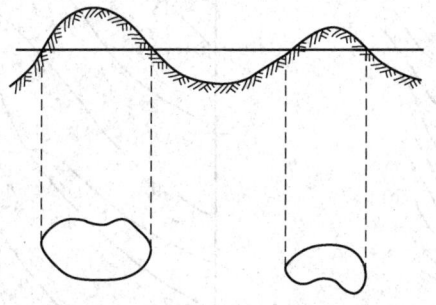

图 7-2-9 两根高程相同的等高线

了表示局部地貌而加绘的间曲线、助曲线等，按规定可以只绘出一部分。

③ 等高线一般不能相交。不同高程的水平面是不可能相交的。但一些特殊地貌（如陡坎、陡壁）的等高线就会重叠在一起，悬崖处的等高线是可能相交的，如图 7-2-10 所示。

④ 等高线平距的大小与地面坡度的大小成反比。如图 7-2-11 所示，地面坡度越缓的地方，等高线就稀，而地面坡度越陡的地方，等高线就密。

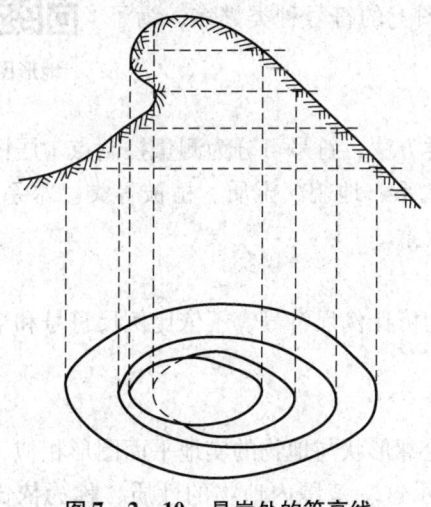
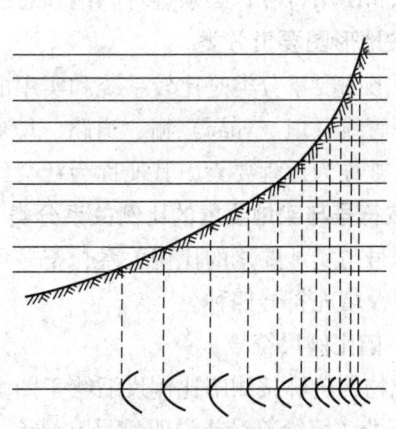

图 7-2-10 悬崖处的等高线　　　图 7-2-11 等高线和坡度关系

⑤ 等高线与山脊线（分水线）、山谷线（合水线）成正交。实地的流水方向都是垂直于等高线的，故等高线应垂直于山脊线和山谷线。如图 7-2-12 所示，CD 为山谷线，AB 为山脊线，表示山谷的等高线应凸向高处，表示山脊的等高线应凸向低处。

⑥ 通向河流的等高线不会直接横穿河谷，而应逐渐沿河谷一侧转向上游，交河岸线处中断，并保持与河岸线成正交，然后从彼岸起折向下游，如图 7-2-13 所示。

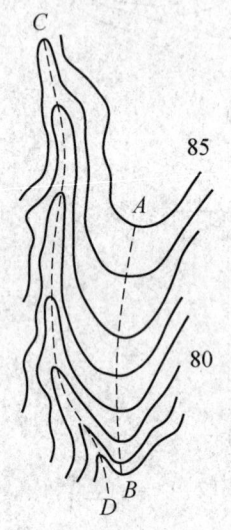

图 7-2-12　等高线与山脊线

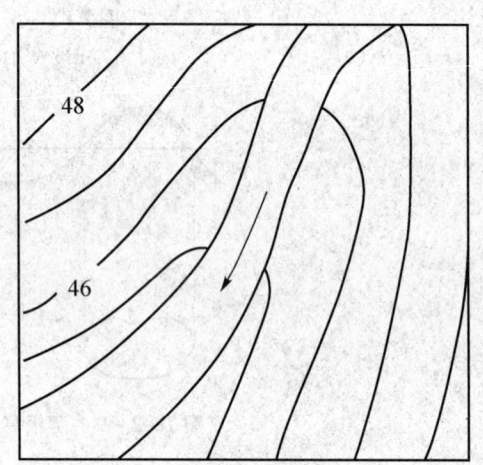

图 7-2-13　通向河流的等高线

7.2.5　地形图符号

地形图识读

对于各种比例尺地形图的地貌和地物的表示方法，我国由国家测绘地理信息局统一制定格式，即地形图图式。地形图上的符号种类繁多，为了便于认识和使用符号，必须进行归纳和总结。

1. 按地形图要素分类

按地形图要素分类是比较系统和实用的分类方法，符号可分为测量控制点、居民地、独立地物、管线及垣（yuán）栅、道路、境界、水系、地貌、土质、植被等类。水系、地貌、土质、植被称为地理要素，其他称为社会经济要素。

2. 按符号与实地要素的比例关系分类

按符号与实地要素的比例关系，符号可分为依比例尺符号、不依比例尺符号和半依比例尺符号以及填充符号四种。

（1）依比例尺符号

把地物的轮廓按测图比例尺缩绘于图上，轮廓形状与地物的实地平面图形相似，轮廓内用一定符号（填绘符号或说明符号）或色彩表示这一范围内地物的性质，称为依比例尺符号（又称轮廓符号或面积符号），如图 7-2-14 所示。例如，居民地、湖泊、森林的范围等符号。

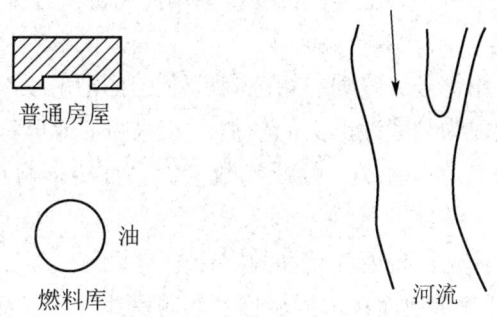

图 7-2-14 依比例尺符号

(2) 不依比例尺符号

当地物轮廓很小，若按比例尺无法在地形图上表示出来时，就须采用统一规定的符号将其表示在图上。这类符号属于不依比例尺符号。不依比例尺符号只能表示地物的几何中心或其他定位中心的位置，它能表明地物的类别，但不能反映地物的大小。该类符号如图 7-2-15 所示。

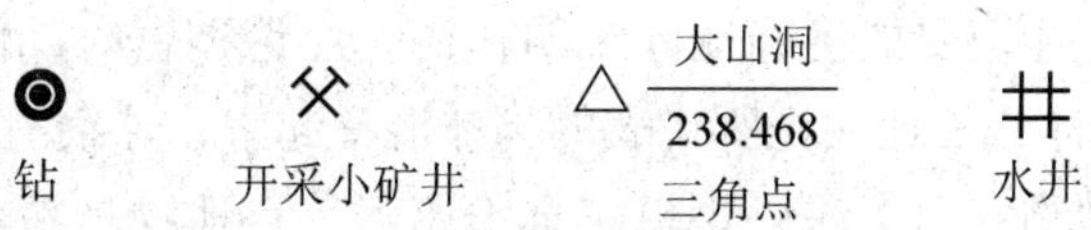

图 7-2-15 不依比例尺符号

(3) 半依比例尺符号

对于延伸性地物，如小路、通信线路、管道等，其长度可按比例尺缩绘，而宽度不能按比例尺缩绘，这种符号称为半依比例尺符号，又称为线状符号。线状符号的中心线表示了地物的正确位置，该类符号如图 7-2-16 所示。

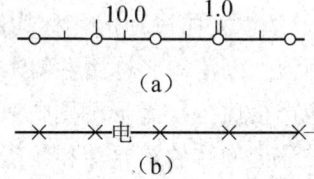

图 7-2-16 半依比例尺符号
(a) 栅栏；(b) 电网

7.2.6 地形图注记

地形图上用的文字、数字或特定的符号是对地物、地貌性质、名称、高程等的补充和说明，称为地形图注记，如图上注明的地名、控制点编号、河流的名称等。注记是地形图的主要内容之一，注记的恰当与否，与地形图的易读性和使用价值有着密切关系。

1. 地形图注记的种类

地形图上各种要素除用符号、线划、颜色表示外，还须用文字和数字来注记。注记既能对图上物体作补充说明，成为判读地形图的依据，又弥补了地形符号的不足，使图面均衡、美观，并能说明各要素的名称、种类、性质和数量，它直接影响着地形图的质量和用图的效果。

注记可分为专有名称注记、说明注记和数字注记。

① 专有名称注记。其表示地面物体的名称，如居民地、河流及森林等名称。

② 说明注记。其是对地物符号的补充说明，如车站名、码头名、公路路面所用的材料等。

③ 数字注记。其说明符号的数量特征，如地面点的高程、河流的水位、建筑物的层高等。

2. 注记基本要求与规则

（1）注记基本要求

① 主次分明：大的地物或宽阔的轮廓表面应采用较大的字号；而小的地物或狭小的轮廓表面则采用较小的字号，以分清等级主次，使注记发挥其表现力。

② 互不混淆：图上注记要能正确地起说明作用。注记稠密时，位置应安排恰当，不能使甲地注记所代表的物体与乙地注记所代表的物体混淆起来，导致图的表示内容发生错误。

③ 不能遮盖重要地物：图上注记要想完全不遮盖一点地物是不容易做到的，但应尽量避免，不得已时可遮盖次要地物的局部，以免影响地形图的清晰度。

④ 整齐美观：文字和数字的书写要笔画清楚、字形端正、排列整齐，使图面清晰易读，整洁美观。

（2）注记规则

地形图上所有注记的字体、字号、字向、字间隔、字列和字位均有统一的规定。

在大比例尺地形图上是以不同字体来区分不同地物、地貌的要素和类别的。例如，在 1∶500～1∶2 000 比例尺地形图上，镇以上居民地的名称均用粗等线体；镇以下居民地的名称及各种说明注记用细等线体；河流、湖泊等名称用左斜宋体；山名注记用长中等线体；各种数字注记用等线体。注记字体应严格执行《地形图图式》的规定。

字的大小在一定程度上反映被注记物体的重要性和数量等级。选择字号时应以字迹清晰和彼此易于区分为原则，尽量不遮盖地物。字的大小是以容纳字的字格大小为标准的，以毫米为单位。正体字格以高或宽计；长体字格以高计；扁体和斜体字格以宽计。同一物体上注记字体的字大小应相等，同一级别各物体注记字体的字大小也应相等，其应按《地形图图式》的规定注记。

字向是指注记文字立于图幅中的方向，或称字顶的朝向。图上注记的字向有直立和斜立两种形式。地形图上的公路说明注记，河宽、水深、流速注记，等高线高程注记是随被注记方向的变化而变化的，其他注记字的字向都是直立的。

3. 注记的布置

地形图上注记所采用的字体、字号要按相应比例尺图式的规定注写；而字向、字间隔、字列和字位的配置应根据被注记符号的范围大小、分布形状及周围符号的情况来确定。注记的基本布置原则：注记应指示明确，与被注记物体的位置关系密切；避免遮盖重要地物，如铁路、公路、河流及有方位意义的物体轮廓，居民地的出入口，道路、河流的交叉或转弯点，独立符号，特殊地貌符号等。注记示例如图 7-2-17 所示。

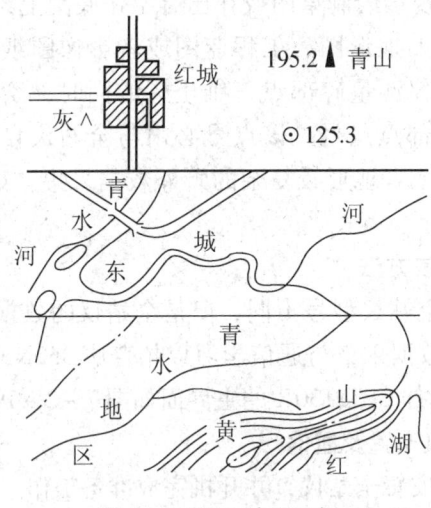

图 7-2-17 注记示例

7.2.7 全站仪数据采集与通信

1. 测图前准备工作

（1）按规范检验所使用的测量仪器

该项工作和使用传统测图方法前检验经纬仪的过程相似。针对全站仪的特点，应着重检核三轴的关系是否满足要求，如不满足要求应进行校正。

全站仪数据采集（实验）

（2）全站仪测图时测站上的工作

① 安置仪器：包括全站仪的整平、对中。

② 输入测站已知数据：通过数据串口或者按软件菜单提示键入测站点的点号、平面坐标、高程，并保存键入的数据信息。该功能便于测图过程中的迁站测量和测量检查。该工作关系到外业采集数据的正确性，在实际工作中应认真检查。

③ 瞄准后视已知方向：以盘左位置瞄准已知后视方向，并将水平度盘读数置零。

（3）安装调试所使用的数字化测图软件

运行测图软件前需要先将其安装到计算机上。安装测图软件前要检查计算机上已有的操作系统是否与软件要求的运行环境一致，然后开始安装，安装时按照提示完成即可。安装完成后，要检查数字测图软件的运行情况，及时更新软件版本以及公司授权，来满足工作的需要。

2. 野外数据采集常用方法

在野外进行数据采集工作时，数字测图一般采用草图法或者简编码配合草图法。为了便于多个作业组同时进行数字测图的工作，在野外采集数据之前，通常对所测范围进行作业区域划分。在测图过程中，各作业组可以根据道路、河流、山脊线等地物为界划分测图区域。

草图法数字测图是采取现场绘制草图或在已有工作底图上绘制略图，并配合记录必要的信息。工作底图可以使用旧地形图、工程蓝图或者影像图纸等。草图法数字测图的具体流程如下：外业使用全站仪测量碎部点三维坐标的同时，绘图员绘制碎部点构成的地物形状和类型，并记录下碎部点点号，该点号必须与全站仪自动记录的点号一致。该方法比较适合初学者学习使用或者地形较复杂的野外数据采集。如图7-2-18所示为某区域草图绘制示意图。

3. 全站仪数据采集与通信方法

虽然各仪器厂家生产的全站仪型号不同，但是全站仪的数据采集与通信的过程基本一致。因此，本部分全站仪的数据采集与通信学习以拓普康332N全站仪和索佳SET2130R全站仪为例，拓普康332N和索佳SET2130R的主界面如图7-2-19所示。

（1）拓普康332N全站仪安置及通信

① 准备工作。在测站上安置全站仪，并开机完成准备工作。

② 新建文件。操作过程：单击MENU键/"数据采集"（F1键)/"建立文件"/"回车"（F4键）。如图7-2-20所示为菜单界面新建文件名为TEST的文件。

③ 输入已知控制点数据。操作过程：单击MENU键/"存储管理"（F3键)/"翻页"（F4键）/"输入坐标"（F1键）/"调用文件"/"输入坐标数据"（包括N、E、Z）（F1键）。如图7-2-21所示，然后操作"输入点号"/"输入坐标及编码"/"回车"（F4键），循环该过程输入其他已知点坐标。

已知数据的输入既可以通过上述键盘键入的方法输入，还可以通过通信法输入。通信法输入适合已知控制点较多的情况，如图7-2-22所示。

操作过程：单击MENU键/"存储管理"（F3键）/"翻页"（F4键）/"数据传输"（F1键）/"GTS坐标数据"（F1键）（通信参数设置与计算机必须一致）/"接收数据"（F2键）/"坐标数据"（F1键）/"新建数据文件"/"是"（F3键）。

通信法还要配置传输软件的设置，可以选择全站仪自带的传输软件，也可以使用CASS软件将已知坐标发送到全站仪内，操作时注意必须先设置全站仪接收，再开始计算机传输。

（2）测站定向

① 将全站仪安置在测站点上，对中、整平，量取仪器高。

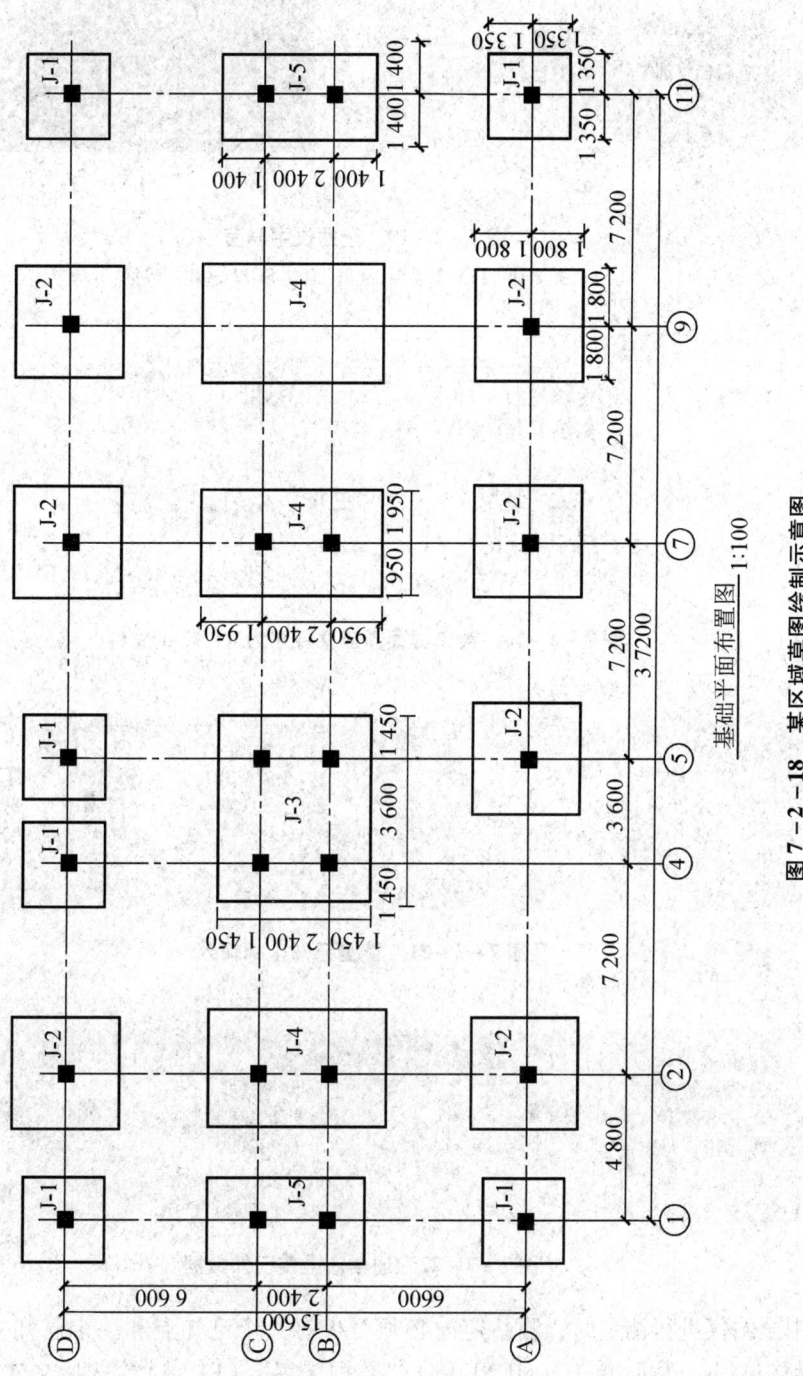

图7-2-18 某区域草图绘制示意图

建筑测量

图 7-2-19 全站仪主界面
(a) 拓普康 332N 主界面;(b) 索佳 SET2130R 主界面

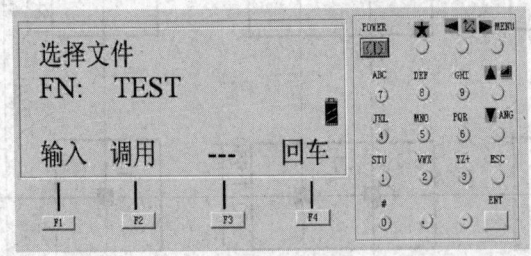

图 7-2-20 菜单界面新建文件名为 TEST 的文件

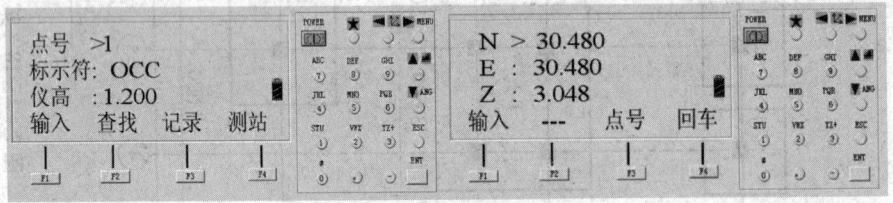

图 7-2-21 键盘已知坐标输入

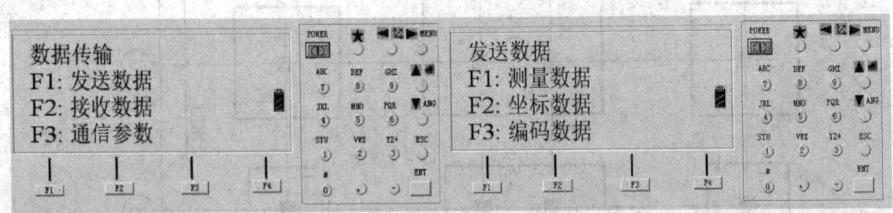

图 7-2-22 通信法上传已知数据

② 用全站仪进行测量时,测站定向必须至少有一个已知点和一个已知方向,即测站和后视。操作过程:开机/单击(MENU 键)/"数据采集"(F1 键)/"选择文件"(可以调用或者新建)/"回车"(F4 键)/"测站点输入"(F1 键)输入测站点号、按键盘上的下箭头/输入

仪器高（通过钢卷尺从仪器中心点到控制点的斜距）/"测站"（F4 键）进行测站点坐标的输入/"坐标"（F3 键）/"输入 N＝X，E＝Y，Z＝H"/"记录"（F3 键）/"是"（F3 键），测站点即为仪器所架设的点。测站点输入如图 7－2－23 所示。

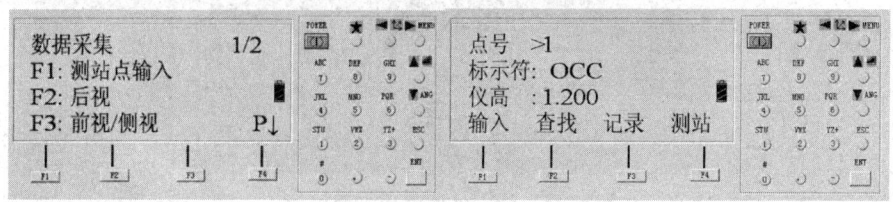

图 7－2－23 测站点输入

在上述过程中按"查找"（F2 键）可以从内存中调用已经存在的点，测站点有已知点时输入已知点的坐标，没有已知点时可以假设一个坐标。在坐标输入过程中，输入方式有两种：一种是"ALP"，为字母输入方式；另一种是"NUM"，为数字输入方式。在输入状态下，可以通过按 F1 键进行两种方式的切换。在全部数据输入完成后，一定要记录，仪器默认的是上一次关机时的测站点，因此当测站点改变时，必须重新记录。

测站记录完成后自动回到前一个界面。此时可以输入后视点坐标，按"后视"（F2 键）输入后视点号及棱镜高，然后按"后视"（F4 键），此时内存有记录，可以调用已经存在的点，也可以按"NE/AZ"（F3 键），输入后视坐标或方向。输入完成后，精确瞄准后视点，进行"测量"（F3 键）/"坐标"（F3 键）的操作，用以检核后视方向是否正确。在输入后视方向的过程中，输入后视点坐标［再按一次"NE/AZ"（F3 键），可以输入角度］输入完成，按回车键确认后，按"测量"（F3 键），从"角度"（F1）、"斜距"（F2）、"坐标"（F3）中任意选择一个进行测量，选择角度不必照准棱镜，而选择斜距和坐标必须照准棱镜，后视点输入界面如图 7－2－24 所示。

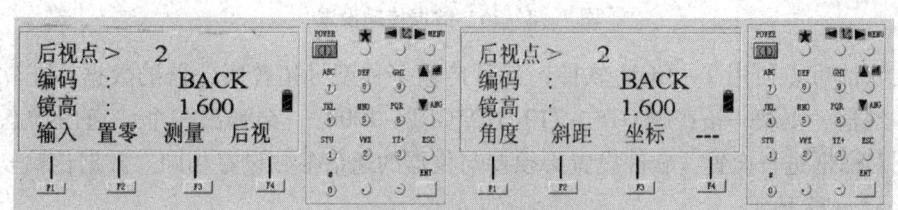

图 7－2－24 后视点输入界面

（3）数据采集

测站定向输入完成后，自动回到主菜单界面。数据采集过程的操作："前视/侧视"（F3 键），然后输入点号、棱镜高，将棱镜置于需要测的点位上，照准棱镜并制动住，按"测量"（F3 键）进行碎部点测量，再按"记录存储"（F3 键），仪器测出该点坐标后自动存储，并跳至下一个点，点号自动加 1，继续进行其他碎部点的测量，直至完成该测站全部碎部点的测量工作。若继续测坐标，直接按"同前"（F4 键）即可。在碎部测量过程中，若棱镜高度改变，则必须在仪器上输入新的棱镜高。数据采集过程界面如图 7-2-25 所示。

图 7-2-25 数据采集过程界面

一个测站工作完成后，迁至下一测站，重复上述步骤，直至完成全部的碎部点数据外业采集工作。

（4）数据传输

外业数据采集工作结束后，为了进行数据处理和内业成图，需要将存储在全站仪内的数据传输到计算机上，其传输过程和方法如下：

按 MENU 键/"存储管理"（F3 键）/"翻页"（按两次 F4 键），翻到第三页"数据通信"（F1 键）。传输数据之前必须先连接好数据线，并且要设置好通信参数。在全站仪中先设置通信参数，然后进行"通信参数"（F3 键）/"波特率"（F2 键）操作，一般选择 9 600，然后将其中各项设置成与传输软件中的一致，如图 7-2-26 所示。

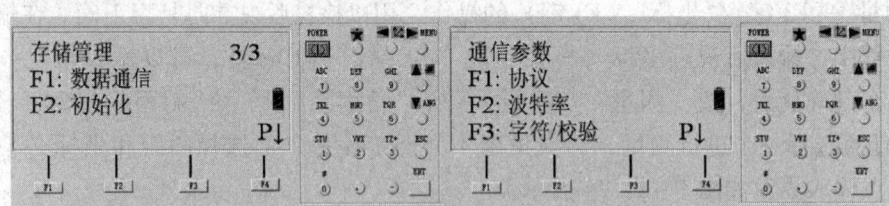

图 7-2-26 数据传输设置

传输软件可以使用 T-COM 软件，其可传输多种型号拓普康仪器的数据。在软件选项中选择"通信—下载—拓普康 GTS-210/310/GPT-1000"，会弹出一个"通信状态"对话框。使用对话框进行设置，软件设置必须要与仪器的通信参数设置相同。数据传输软件与设置如图 7-2-27 所示。

仪器和传输软件都设置好后，在仪器上选择"发送数据"，这里可以是"测量数据"（F1 键）、"坐标数据"（F2 键）或"编码数据"（F3 键）。如果是坐标数据，数据格式应选择 GTS 格式，位数为 11 位。文件可以从内存中调用。选择传输数据界面如图 7-2-28 所示。

在确认要发送的文件后，仪器显示是否要发送数据，此时先停下，设置好后先在仪器上按"是"（F3 键），确认发送数据，然后在软件上按"开始"，如图 7-2-29 所示。

第7章 工程建设中的地形图测绘与应用

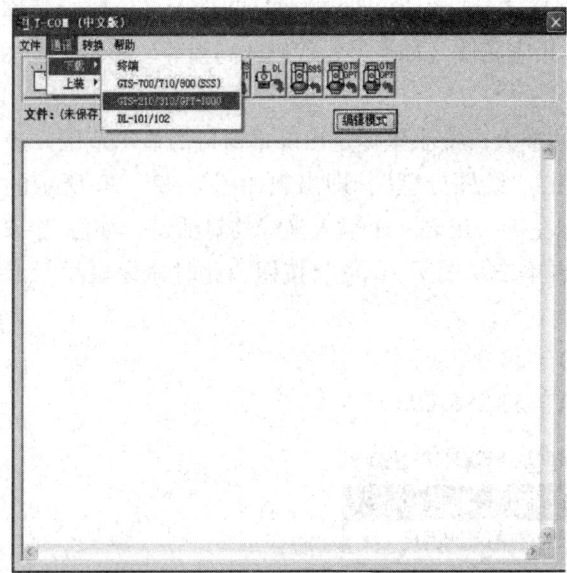
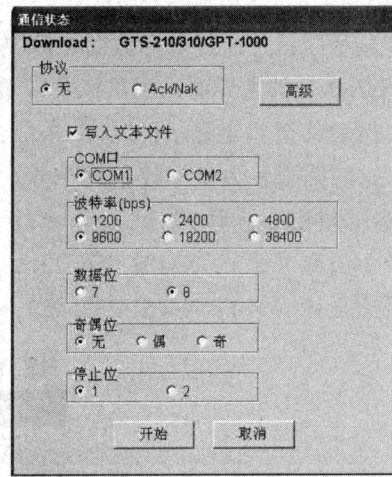

图 7-2-27 数据传输软件与设置

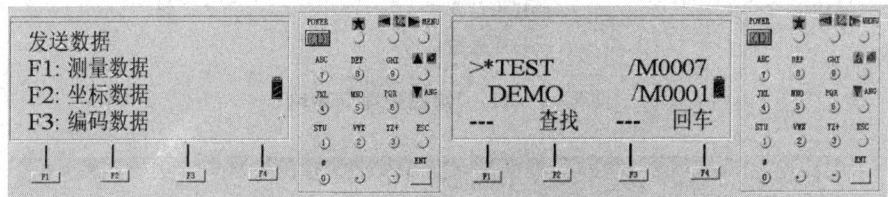

图 7-2-28 选择传输数据界面

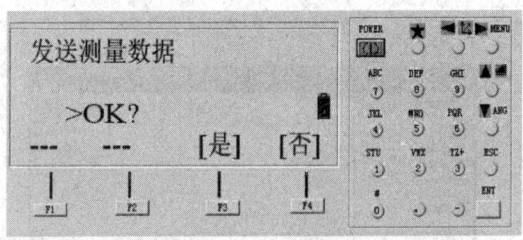

图 7-2-29 数据传输确认

7.2.8 数字地形图的绘制与检查

数字化测图的内业工作：先将外业采集的碎部测量数据通过全站仪与计算机通信传输到计算机上，然后就可以进行展点和地物、地貌的绘制。

1. 点位展绘

数字测图绘制主要是将前面野外收集到的数据点位展绘在新建的图

南方 cass（实验）

形文件上，南方CASS7.0软件默认的数据格式是后缀为.dat的数据文件。点位展绘简称为展点，展点是把野外采集的碎部点点位及其相应属性（如点号、代码或高程等）显示在绘图区。

（1）定显示区

定显示区就是通过坐标数据文件中的最大、最小坐标定出屏幕窗口的显示范围。进入南方CASS7.0软件主界面，用鼠标左键单击"绘图处理"，即出现如图7-2-30所示的下拉菜单。然后移至"定显示区"，单击鼠标左键，出现一个输入坐标的对话窗，如图7-2-31所示。这时需要输入坐标数据文件名，再单击"打开（O）"按钮，此时命令栏显示最大坐标和最小坐标值，例如：

最小坐标（米）：X = 31 056.221，Y = 53 097.691

最大坐标（米）：X = 31 237.455，Y = 53 286.090

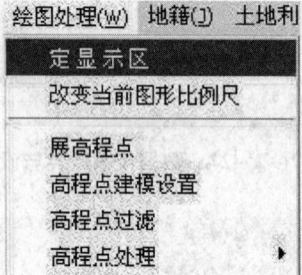

图7-2-30 "绘图处理"菜单

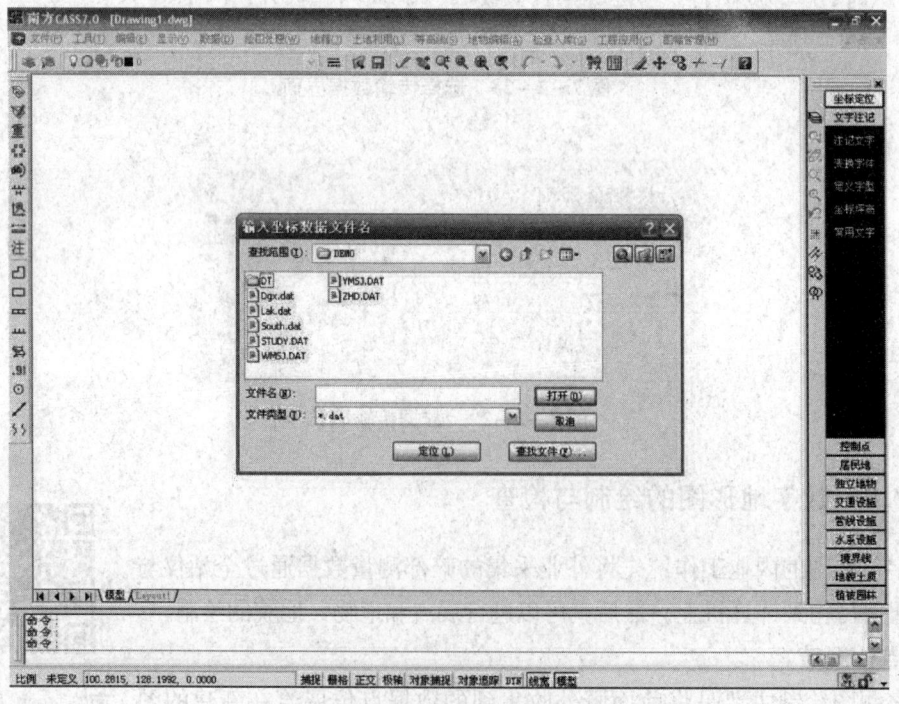

图7-2-31 选择定显示区数据文件

（2）选择测点点号定位成图法

移动鼠标至屏幕右侧绘图菜单栏中的"测点点号"，单击确定，会弹出如图7－2－32所示的对话框。这时输入计算机已从全站仪中导出的碎部点数据，命令栏会出现提示：

读点完成！共读入N个点。

（3）展点

在绘图菜单栏中选择"绘图处理"，再选择"展野外测点点号"，如图7－2－33所示，命令栏会提示绘图比例尺，默认比例尺为"＜1∶500＞"，缺省选择空格键或者回车键。如有绘图要求，则按照绘图要求输入比例尺。然后软件会弹出输入坐标数据文件名的对话框，在对话框中选择坐标数据文件的保存路径。选择好展点数据文件后单击"打开"按钮，则数据文件中所有点以注记点号形式展现在屏幕上，如图7－2－34所示。

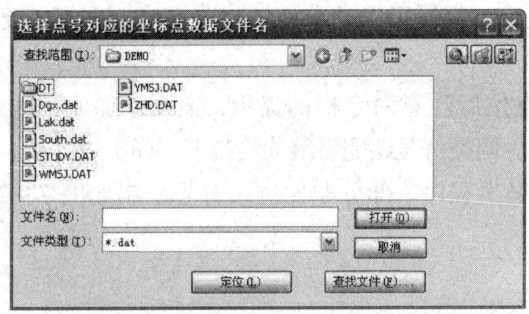

图7－2－32　选择点号对应的坐标点数据文件名

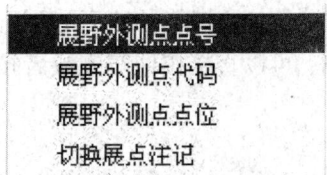

图7－2－33　选择"展野外测点点号"

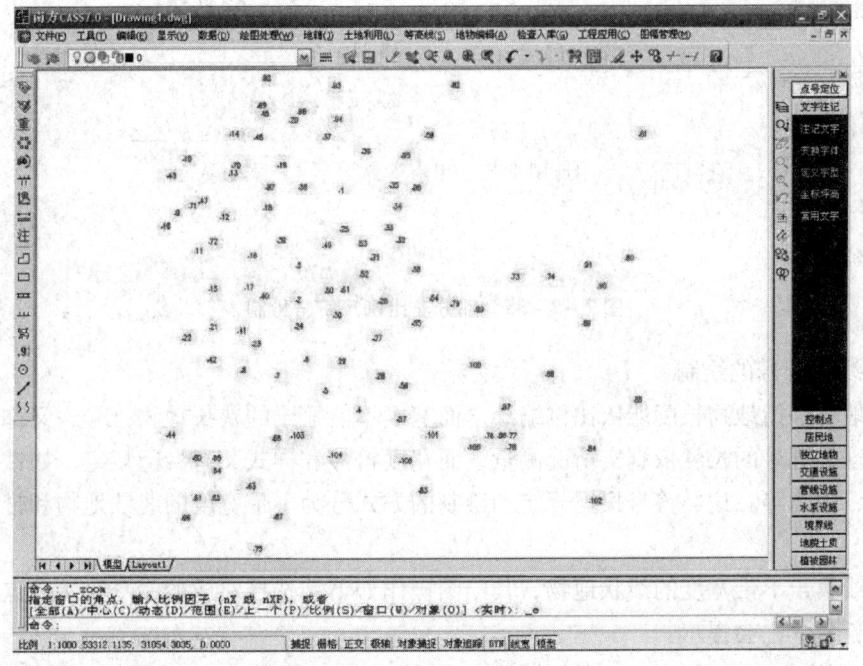

图7－2－34　野外数据展点图

2. 平面图绘制

(1) 非比例尺符号的绘制

非比例符号是指地物轮廓比较小，不能够按照测图比例缩小，但地物又很重要不能舍去，必须按统一规定的符号描绘在实际位置中的等号，如测量控制点、钻孔、矿井和烟囱等。非比例尺符号在地形图上必须与实地位置一致，这就要求符号的定位点应该明确，这些相应符号的定位点可以查阅《地形图图式》。

非比例尺符号按照绘图方式可以分为带注记的、不带注记的（无方向和有方向）。绘图时，从软件右面的绘图菜单栏中选择相应的符号即可，默认鼠标中心为符号的定位点，须将其放置在正确的点位。非比例尺符号有地上窑洞、消防栓、地下检修井、独立树、路灯等。

绘制带方向的非比例尺符号时，先进行鼠标定点，再选择 < 点号 >（鼠标定位到所需位置，即可绘出符号），位置确定后拖动鼠标，符号可以动态旋转，当符号方向满足要求时确定。此类符号有门墩、雨水箅子等。

绘制带注记的非比例尺符号时，输入点位后注意命令栏的提示，需要添加注记的内容。例如，展绘三角点符号时，要注记其高程值。同类符号绘完后继续绘制下一同类符号点，若不再绘制，可以直接按回车键或者按 ESC 键退出程序。部分非比例尺符号绘制如图 7-2-35 所示。

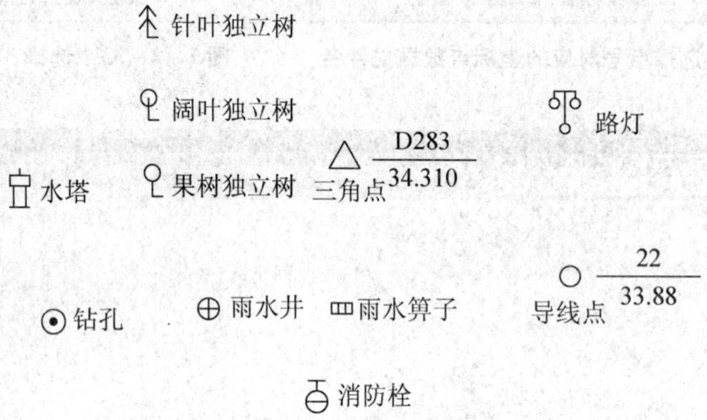

图 7-2-35 部分非比例尺符号绘制

(2) 线状符号的绘制

线状地物是指地物长度能依比例缩绘，而宽度不能缩绘的狭长地物符号，又称为半比例尺符号。这类符号的长度依真实情况测量，而宽度符号和样式又有专门规定，如铁路、高压线、管道、围墙等。这类符号根据规定和绘制的方式分为不带宽度的线状地物和带宽度的线状地物。

高压线属于不带宽度的线状地物，其绘图操作如下：选择对应的命令，然后点取碎部点指定起点，命令栏会提示：

曲线 Q/边长交会 B/跟踪 T/区间跟踪 N/垂直距离 Z/平行线 X/两边距离 L/隔一点 J/微

导线 A/延伸 E/插点 I/回退 U/换向 H＜指定点＞，是否在端点绘制电杆：(1) 绘制 (2) 不绘制 ＜1＞（默认），直接点击鼠标继续下一个线状地物的绘制，若不再绘制，直接按回车键或按 ESC 键退出程序。

有宽度的线状地物有平行县道、乡道、公路等。如果要绘制公路，则选择软件右侧屏幕菜单的"交通设施/公路"按钮，弹出如图 7-2-36 所示的界面。

图 7-2-36 公路绘制界面

选择"平行等外公路"绘制命令后，命令区提示如下：

第一点：＜跟踪 T/区间跟踪 N＞（捕捉 45 点）

曲线 Q/边长交会 B/跟踪 T/区间跟踪 N/垂直距离 Z/平行线 X/两边距离 L/隔一点 J/微导线 A/延伸 E/插点 I/回退 U/换向 H＜指定点＞（捕捉 46 点）。

曲线 Q/边长交会 B/跟踪 T/区间跟踪 N/垂直距离 Z/平行线 X/两边距离 L/闭合 C/隔一闭合 G/隔一点 J/微导线 A/延伸 E/插点 I/回退 U/换向 H＜指定点＞（捕捉 47 点）。

曲线 Q/边长交会 B/跟踪 T/区间跟踪 N/垂直距离 Z/平行线 X/两边距离 L/闭合 C/隔一闭合 G/隔一点 J/微导线 A/延伸 E/插点 I/回退 U/换向 H＜指定点＞（捕捉 48 点）。

拟合线＜N＞？y（输入 Y，即为拟合曲线，大小写均可以）。

边点式/2. 边宽式/(按 ESC 键退出)：＜1＞（默认为边点式，直接回车即可）

对面一点：offset（捕捉道路另外一点上的 19 点）。

绘制效果如图 7-2-37 所示，绘制结束后，直接按回车键或按 ESC 键退出程序。

注意：① 坎的毛刺、双线围墙的另一边等，在前进方向的左侧绘制；

② 先绘制坡底线，后绘制坡顶线；

③ 在绘制桥梁的符号时要注意点的连接顺序，四个端点的连接顺序必须按顺时针连接，

且起始边是桥梁的一边端点。

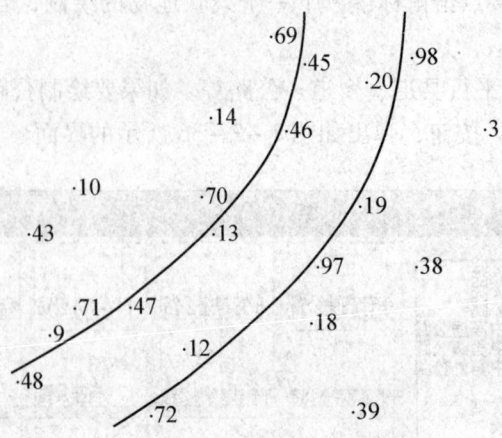

图7-2-37 线状地物公路的绘制

(3) 比例尺符号的绘制

比例尺符号是指将地面上实物的轮廓按测图比例尺缩小,然后绘制在图上的符号,又称为轮廓符号,如房屋、果园、森林、江河等。这些符号与地面上实际地物形状相似。

例如,绘制一个边界为多边形的多点房屋。选择软件右侧屏幕菜单的"居民地/一般房屋"选项,弹出如图7-2-38所示界面。

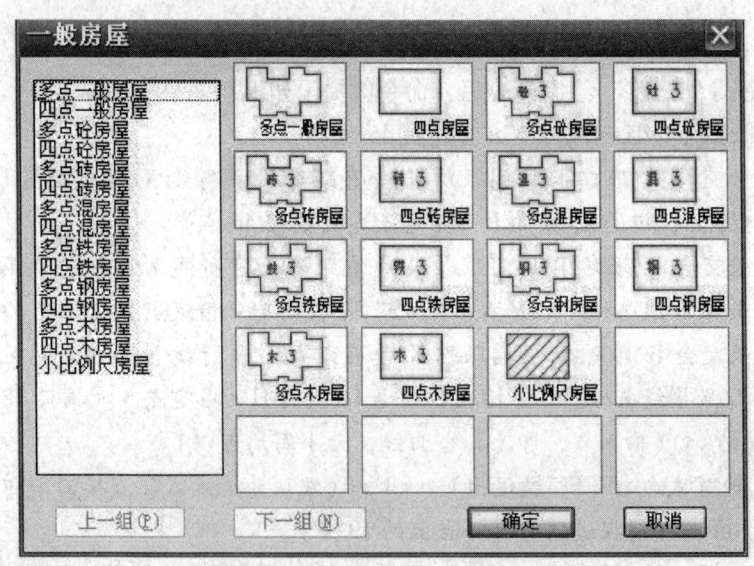

图7-2-38 一般房屋绘制界面

先用鼠标左键选择"多点砼房屋",再单击"确定"按钮,绘图结果如图7-2-39所示。命令区提示如下:

第一点：点 P/＜点号＞捕捉 49，回车。

指定点：点 P/＜点号＞捕捉 50，回车。

闭合 C/隔一闭合 G/隔一点 J/微导线 A/曲线 Q/边长交会 B/回退 U/点 P/＜点号＞捕捉 51，回车。

闭合 C/隔一闭合 G/隔一点 J/微导线 A/曲线 Q/边长交会 B/回退 U/点 P/＜点号＞捕捉 J，回车。点 P/＜点号＞捕捉 52，回车。

闭合 C/隔一闭合 G/隔一点 J/微导线 A/曲线 Q/边长交会 B/回退 U/点 P/＜点号＞捕捉 53，回车。

闭合 C/隔一闭合 G/隔一点 J/微导线 A/曲线 Q/边长交会 B/回退 U/点 P/＜点号＞捕捉 C，回车。

输入层数：＜1＞回车（默认输 1 层）

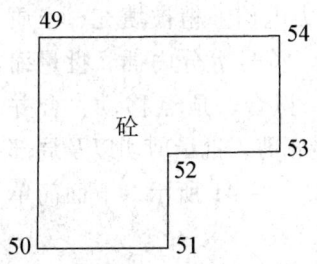

图 7－2－39　多点砼房屋的绘制

绘制封闭线且用块填充的操作如图 7－2－40 所示。区域填充稻田地绘制应依次单击"植被土质—耕地—稻田"。执行后，命令栏提示如下：

选择：(1) 绘制区域边界　(2) 绘出单个符号　(3) 查找封闭区域＜1＞（选择 1）

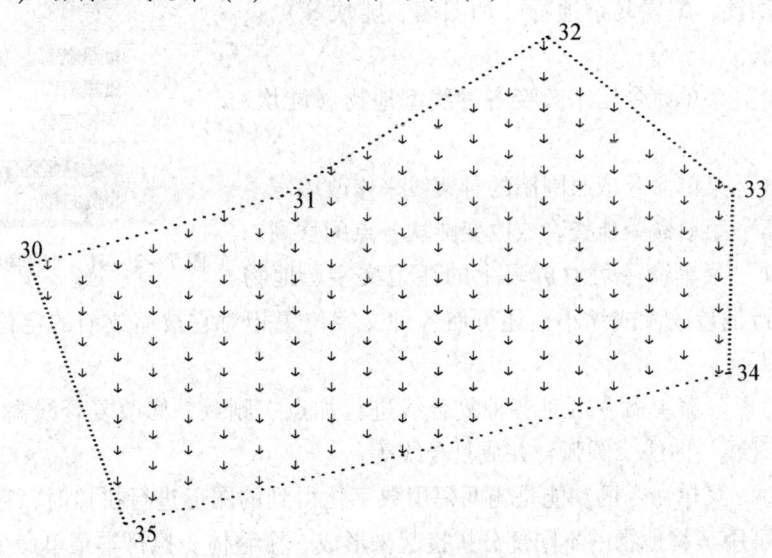

图 7－2－40　区域填充稻田地绘制

圈定边界的操作步骤与绘制多点砼房屋的操作相似。

其他常用的绘图功能有简单码绘图、文字注记、控制点绘制、居民地、独立地物、交通设施、管线设施、水利设施、境界线、地貌土质、植被园林、市政部件等。

3. 地物编辑与文字注记

在绘制平面图的过程中，一般地形图中的地名、街名、建筑物名、路面、河流等需要文字注记。由于地物、地貌随着地域的发展在逐渐地变化，所以需要对绘制过程中的注记进行更新和修改。针对这些要求，CASS软件系统提供了用于编辑、修改图形的"编辑"菜单和用于编辑地物的"地物编辑"等菜单，另外在屏幕菜单的工具栏中也提供了部分编辑命令。常用的编辑功能主要有重新生成、线性换向、修改墙宽、修改坎高、电力电信、植被填充、土质填充、突出房屋填充、图案填充、符号等分内插、批量缩放、复合线处理（加点、删点、拟合、顶点移动、合并等）、房檐改正、直角纠正、批量删剪、批量剪切以及局部存盘等。"地物编辑"菜单如图7-2-41所示，下面简单地介绍一些常用的编辑功能。

（1）地物编辑

"地物编辑"菜单主要提供对地物的编辑功能，下面对该菜单的一些主要功能进行简单的介绍。

"重新生成"菜单命令能根据图上骨架线重新生成图形。通过这个功能，编辑复杂地物（如图墙、陡坎等）只需编辑其骨架线。

"线型换向"菜单命令用来改变各种线型地物（陡坎、栅栏）的方向。

"修改墙宽"菜单命令依照围墙的骨架线来修改墙宽。

"修改坎高"菜单命令能查看或改变陡坎各点的坎高。

"批量缩放"菜单命令可对屏幕上的注记文字、地物

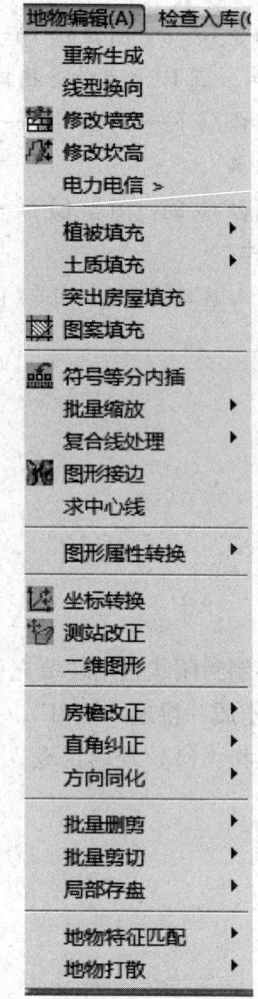

图7-2-41 "地物编辑"菜单

符号和圆圈进行批量放大或缩小，还可使各种文字位置相对它被缩放前的定位点移动一个常量。

"复合线处理"菜单命令可对各种复合线进行加点、删点，修改复合线高、复合线宽，复合线拟合，直线、曲线、圆弧合并成复合线等。

"图形接边"菜单命令的功能是当两幅用数字化得到的图形进行拼接时，存在同一地物错开的现象，可用其将地物的不同部分拼接起来形成一个整体。执行本菜单命令后，在弹出的对话框中输入接边最大距离和无结点最大角度后，可选用手工、全自动、半自动3种方式

接边。手工是每次接一对边；全自动是批量接边；半自动是每次接一对边之前提示是否连接。

"图形属性转换"菜单命令提供了16种转换方式，每种转换方式有单个和批量两种处理方法。以"图层—图层"选项为例，单击"单个处理"命令，系统会自动将要转换图层的所有实体变换到新的层中。菜单栏如图7-2-42所示，命令行提示如下：

转换前图层，输入转换前图层。

转换后图层，输入转入后图层。

共转换 N 个图形实体。

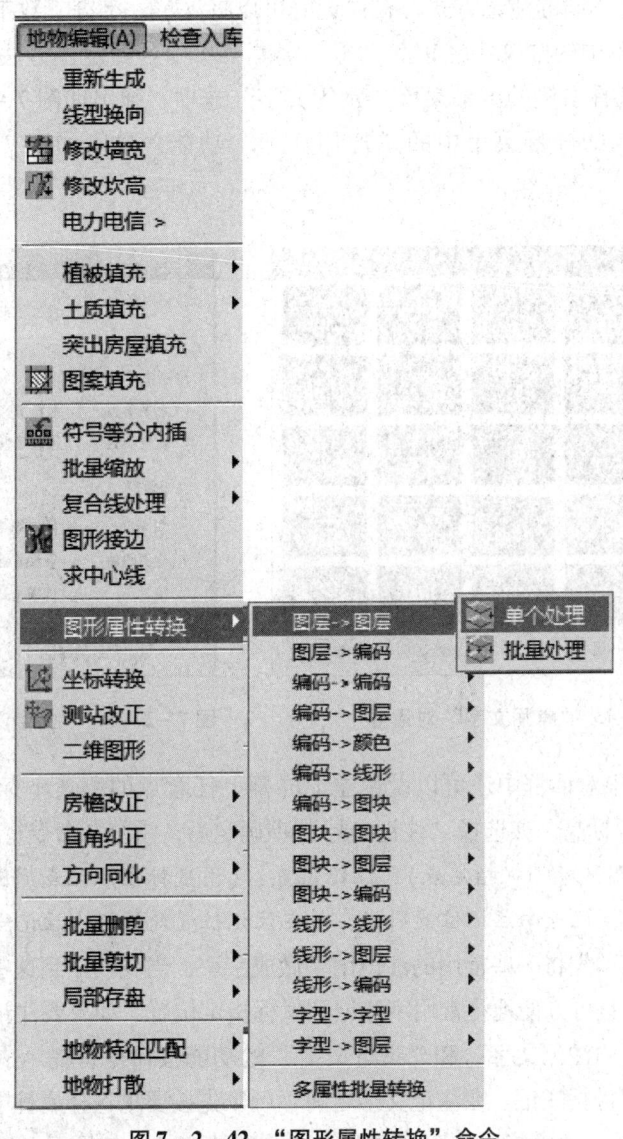

图7-2-42 "图形属性转换"命令

"测站改正"菜单命令功能是当野外不慎搞错了测站点或定向点,或者在控制测量前先测碎部时,可以应用其进行测站改正。

"局部存盘"菜单命令分为窗口内的"图形存盘"和"多边形内图形存盘"。前者能将指定窗口内的图形存盘,主要用于图形分幅;后者能将指定多边形内的图形存盘,水利、公路和铁路测量中的"带状地形图"项可用此法截取。

以上这些常用的图形编辑功能都是按命令行提示操作,其操作较简单。

(2) 注记编辑

地形图上除了各种图形符号外,还有各种注记要素(包括文字注记和数字注记)。CASS软件系统提供了多种不同的注记方式,在注记时可以将汉字、字符、数字混合输入。

① 使用屏幕菜单中的"文字注记"功能。屏幕菜单中各种定位方法均提供了"文字注记"功能。用鼠标选择右侧的屏幕菜单"常用文字"选项,弹出如图7-2-43所示的对话框。用鼠标选择右侧的屏幕菜单中的"通用注记"功能,弹出如图7-2-44所示的对话框。

图7-2-43 "常用文字"对话框

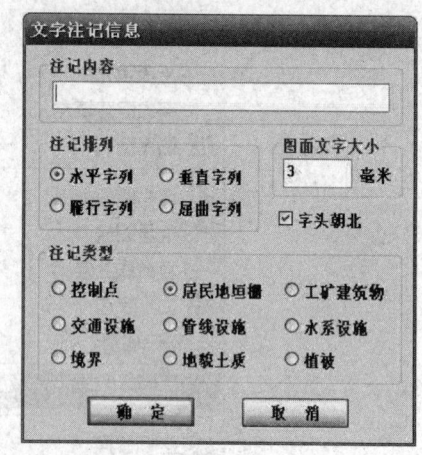

图7-2-44 "文字注记信息"对话框

在图7-2-44中对话框中还可以设置注记屏幕上任意点的测量坐标(如房角点、围墙点等)和房屋的地坪标高,如选择"注记坐标"项确定后,系统在命令行提示如下:

指定注记点:(用鼠标捕捉指定点);注记位置:(用鼠标在注记点周围合适位置指定注记位置,这样系统将由注记点向注记位置引线,并在注记位置处注记出注记点的测量坐标)

在该对话框中已预先将一些常用的注记用字做成字块,当我们用到这些字时,可以直接在该对话框中选取,并且可方便地将常用字注记到鼠标指定位置。如果要注记的文字在常用字中没有提供,则可以用"注记文字"和"批量文字"的功能按命令行提示(输入注记位置、注记大小、注记内容)进行注记。在注记文字之前,可以先按要求选择属性、字体、字形、大小等,然后进行文字注记。"变换字体"可以改变当前默认字体,按图示的要求进行注记,如水系用斜体字注记。单击"变换字体",弹出如图 7-2-45 所示的对话框,其提供了 15 种供选用字体。

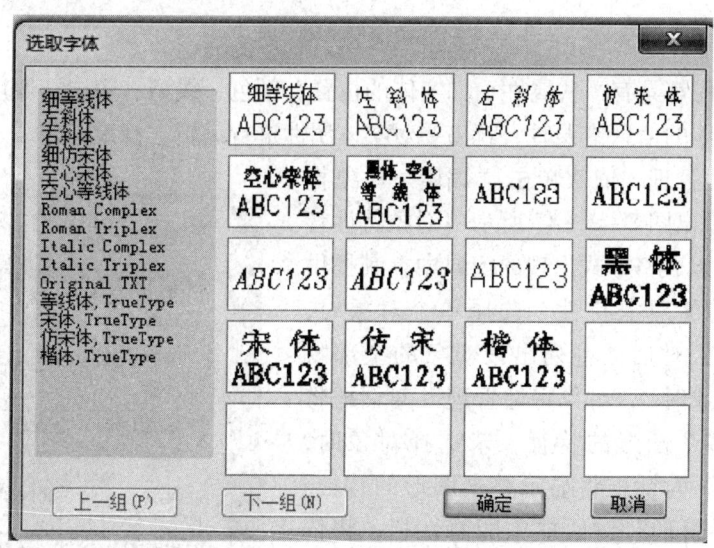

图 7-2-45 "选取字体"对话框

② 使用"工具—文字"命令。"工具—文字"的二级菜单命令可满足注记文字、编辑文字等要求。其中,"写文字"功能与屏幕菜单的"注记文字"功能操作基本相同,按提示进行注记;"编辑文字"功能是用于对已注记的文字进行修改。选择"编辑文字"功能,系统在命令行窗口提示如下:

选择注记对象

也可以双击文字或单击鼠标右键特性窗口对文字进行修改。用鼠标选择需要编辑的文字,系统会显示编辑文字的对话框,如图 7-2-46 所示。在编辑文字的对话框内修改文字内容,如将"工厂图"改为"工业广场平面图"后,单击鼠标左键即可。

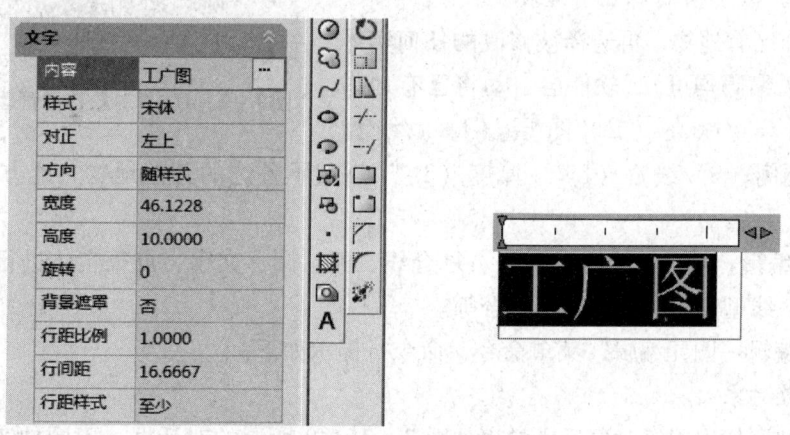

图 7-2-46 编辑文字的对话框

建筑测量

"炸碎文字"功能是将文字炸碎成一个个独立的线实体;"文字消隐"功能可以遮盖图形上穿过文字的实体,如穿过高程注记的等高线;"批量写文字"功能是在一个边框中放入文本段落。

(3) 实体属性的编辑修改

任何一个实体都具有一些属性,如实体的位置、颜色、线型、图层、厚度,以及是否拟合等。当赋予实体的信息错误时,就需要对实体属性进行编辑、修改工作。

① 对象特性管理。依次单击"编辑—对象特性管理",系统弹出图 7 - 2 - 47 所示"对象特性管理"对话框。在以表格方式出现的窗口中,其提供了更多可供编辑的对象特性。选择单个对象时,"对象特性管理"对话框将列出该对象的全部特征;选择多个对象时,"对象特性管理"对话框将显示所选择的多个图形的特征;未选择对象时,"对象特性管理"对话框将显示整个图形的特征。双击"对象特性管理"对话框中的特性栏,将依次出现该特征所有可能的取值。修改所选对象特性时可用输入一个新值、从下拉列表中选择一个值、用"拾取"按钮改变点的坐标值的方式。在"对象特性管理"对话框中,特性可以按类别排列,也可以按字母顺序排列。"对象特性管理"对话框还提供了"快速选择"按钮,可以方便地建立供编辑用的选择集。

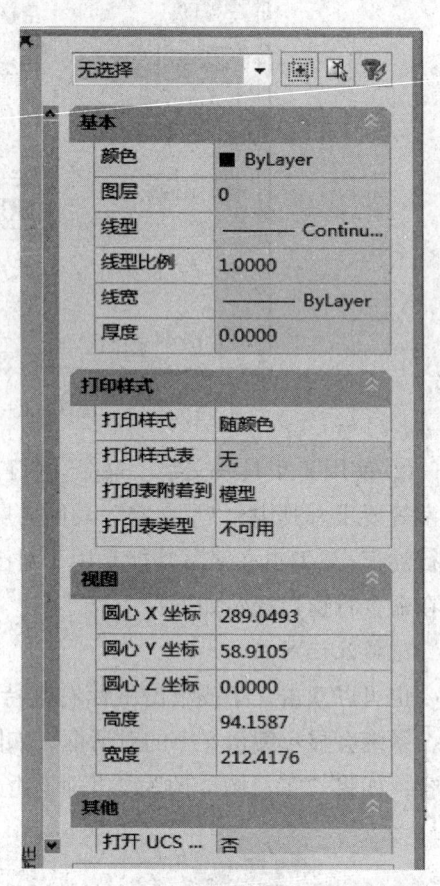

图 7 - 2 - 47 "对象特性管理"对话框

② 加入实体编码。执行"数据—加入实体编码"菜单命令,命令行提示如下:

输入代码(C)/<选择已有地物>

一般选择已有地物,再选择被修改的任何实体或地物(有无编码均可),软件会自动将已有地物的"颜色(C)/标高(E)/图层(LA)/线型(LT)/线型比例(S)/线宽(LW)/厚度(T)"等赋予备选的其他地物,此方法类似克隆实体。

③ 图元编辑。该项功能是对直线、复合线、弧、圆、文字、点等实体进行编辑,修改它们的颜色、线型、图层、厚度及拟合等。

执行"编辑—图元编辑"菜单命令,命令行提示如下:

选择修改对象

用鼠标选取如房屋等对象后,弹出如图 7 - 2 - 48 所示的对话框。不同的实体对应不同的对话框，应按需选择合适的项目进行修改。

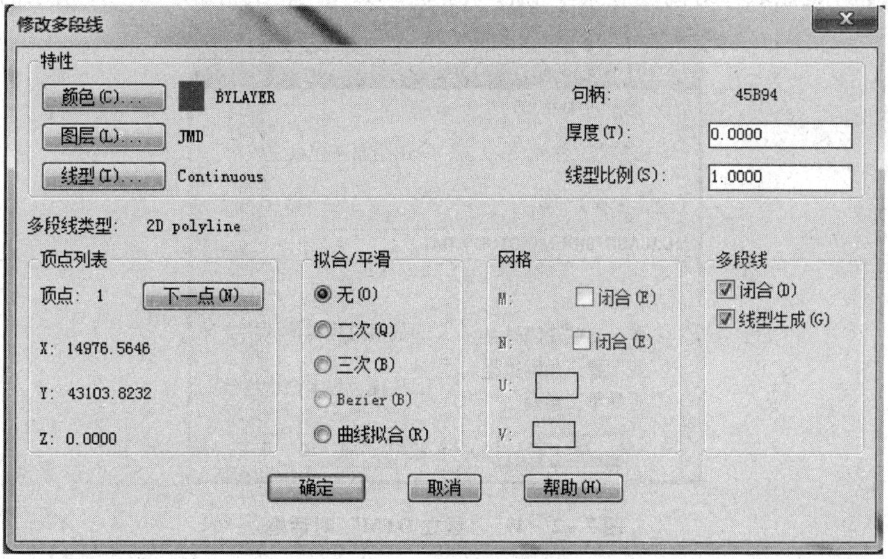

图 7-2-48 "修改多段线"对话框

④ 修改。该选项可以分别完成对实体的颜色和实体的属性（如图层、线型、厚度等）的修改，其功能和"图元编辑"功能完全相同，所不同的是"图元编辑"采用对话框进行操作，而"修改"是根据命令行提示，一步一步键入修改值进行修改。

⑤ 批量选择。执行"编辑—批量选目标"菜单命令，其提供了"（1）块名/（2）颜色/（3）实体/（4）图层/（5）线型/（6）选取/（7）样式/（8）厚度/（9）向量/（10）编码"多种选择，一般选择"（6）选取"，也就是选取某一实体，就等于选中所有具有这个同样属性的实体。例如，选中一个污水井，就等于选中所有污水井。

4. 绘制等高线

地形图是由地物和地貌共同构成的，因此数字测图不仅要准确绘制地物外，还要准确地表示出地貌起伏。在数字地形图中，地形起伏是由计算机自动绘制的等高线来表示的。绘制等高线具体步骤如下：

（1）展高程点

用鼠标左键点取"绘图处理"菜单下的"展高程点"，将弹出选取数据文件的对话框，找到对应的高程数据文件，同样后缀名为 .dat，选择"确定"按钮，命令栏提示如下：

注记高程点的距离（米）：直接回车。

该操作表示不对高程点注记进行取舍，全部展绘出来。

（2）建立 DTM 模型

建立数字地形模型（Digital Terrain Model，DTM）之前必须用直线命令绘制山脊线、山谷线、坡度变化线、地貌变向线等地性线，注意地性线及陡坎必须通过已测高程点，只有这样才能生成合理的 DTM 三角网,从而绘制正确的等高线。

用鼠标左键点取"等高线"菜单下的"建立 DTM",弹出如图 7-2-49 所示的对话框。

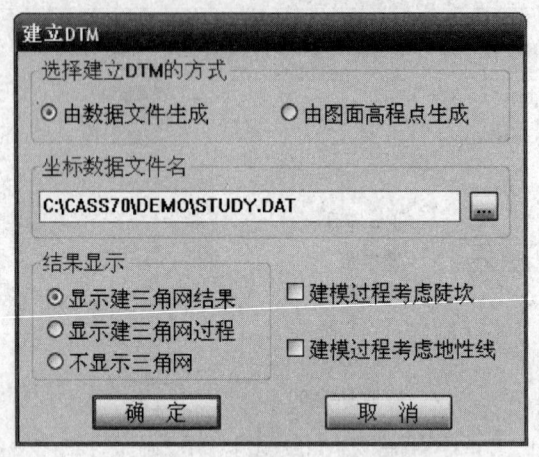

图 7-2-49 "建立 DTM"对话框

根据需要选择建立 DTM 的方式和坐标数据文件名,建立 DTM 的方式分为由数据文件生成和由图面高程点生成。如果选择由数据文件生成,则在坐标数据文件名中选择新的高程点坐标数据文件;如果选择由图面高程点生成,则在绘图区选择参加建立 DTM 的高程点。然后选择结果显示的内容和建模过程是否考虑陡坎或地性线,再选择"确定"按钮,生成如图 7-2-50 所示的 DTM。

(3) 修改三角网

由于现实地貌的多样性和复杂性,故自动构成的 DTM 与实际地貌可能会不一致(三角形边横穿个别地性线)。这时可以通过修改三角网来修改这些布局不合理的地方。此修改在实际工作中往往进行多次,直至生成完美的等高线。

(4) 生成等高线

建立 DTM 后,生成等高线。用鼠标左键选择"等值线—绘制等值线",弹出如图 7-2-51 所示的对话框。

输入等高距,选择拟合方式,然后单击"确定"按钮,则系统会自动绘制出等高线。再选择"等值线"菜单下的"删三角网",这时屏幕显示自动绘制的等高线,如图 7-2-52 所示。

(5) 等高线编辑

绘制完等高线后,需要注记曲线高程,另外还需要切除穿过建筑物、双线路、陡坎、高程注记等的等高线。

① 注记等高线。"等高线注记"功能有"单个高程注记""沿直线高程注记""单个示坡线""沿直线示坡线"四个功能。注记等高线之前,如果还没有展绘高程点,应选用"绘

图处理—展高程点"按需展绘高程点。

② 查询注记指定点高程。查询地形图上任一点的坐标及高程，并注记该点。如果之前没有建立 DTM，则系统会提示输入数据文件名。

③ 等高线修剪（消隐）。利用"等高线"菜单下的"等高线修剪"二级菜单，如图 7-2-53 所示。设定相关选项，单击"确定"按钮后按输入的条件修剪等高线。

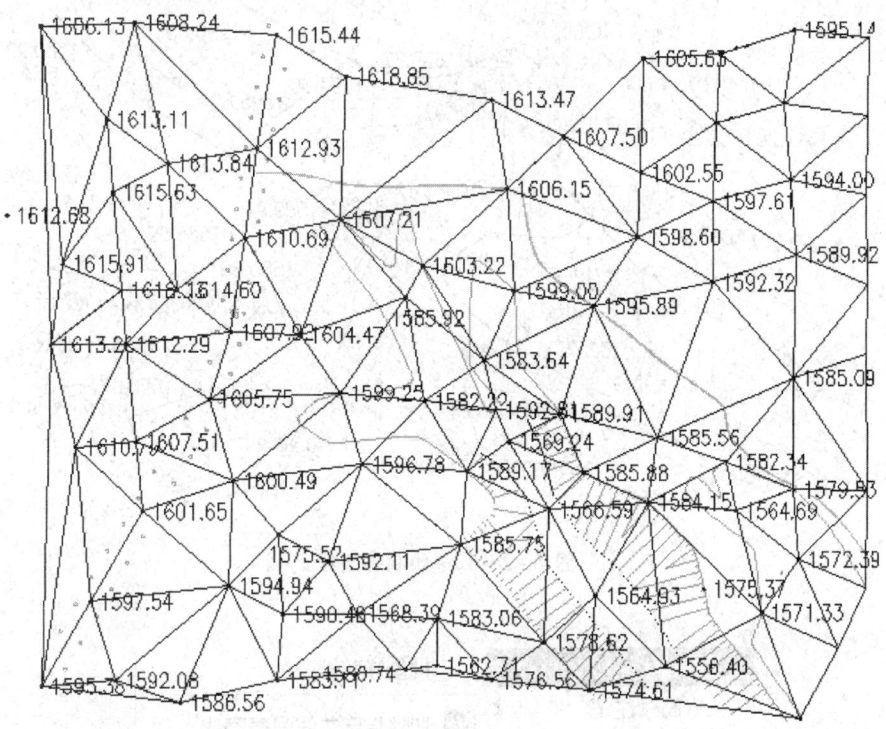

图 7-2-50　DTM

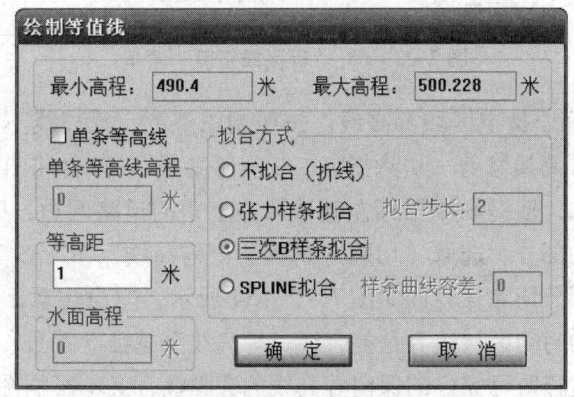

图 7-2-51　"绘制等值线"对话框

建筑测量

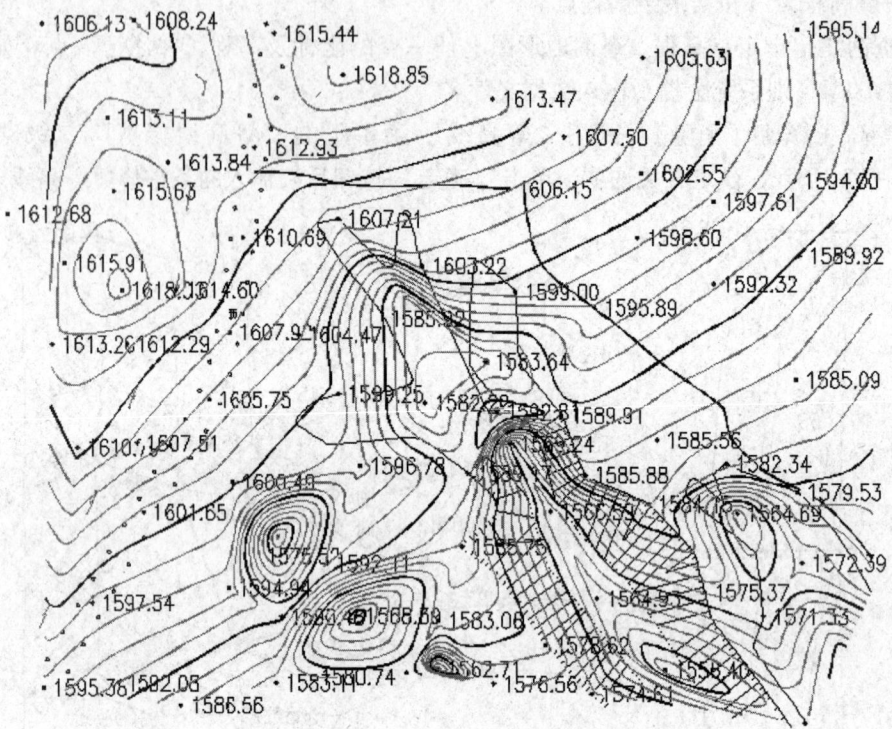

图 7-2-52 绘制等高线

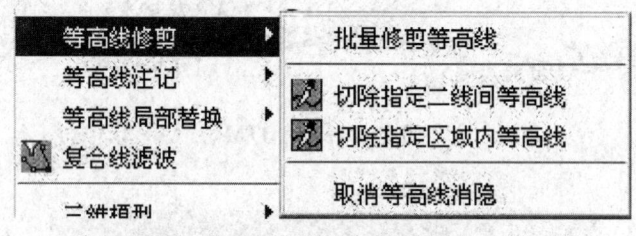

图 7-2-53 "等高线修剪"菜单

④ 切除指定二线间、指定区域等高线。按照制图规范，等高线不应穿过陡坎、建筑物等。执行"等高线—等高线修剪—切除指定二线间等高线"，软件将自动搜寻穿过建筑物的等高线并将其进行整饰，依提示用鼠标左键选取左上角的道路两边，CASS 7.0 软件将自动切除等高线穿过道路的部分。选取"切除穿高程注记等高线"，CASS 7.0 软件将自动搜寻，把等高线穿过注记的部分切除，界面如图 7-2-54 所示。应当注意，需要切除指定区域内等高线时，指定区域的封闭区域边界是复合线。等高线穿越独立符号、高程注记和文字注记时，才用消隐方法。这样既可完好的保留等高线的完整性，又不影响图面输出时符号和注记的表示。

第7章 工程建设中的地形图测绘与应用

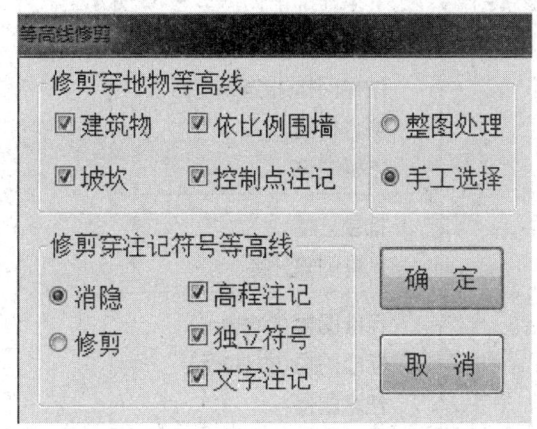

图 7-2-54 "等高线修剪"对话框

⑤ 等高线局部替换。手工修改生成的等高线，可以选择已有线或新画线两种方法完成。

已有线：选择需要进行替换的等高线，然后选择事先画好的、修改后的多段线。

新画线：选择需要进行替换的等高线，用鼠标直接绘制需要替换的等高线，然后选择拟合方式，如图 7-2-55（a）所示为绘制前，如图 7-2-55（b）所示为绘制后。

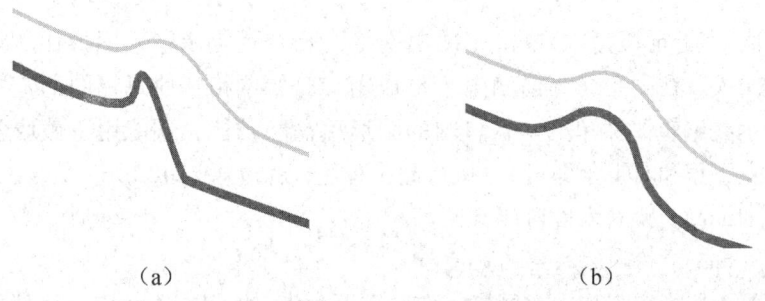

图 7-2-55 绘制新等高线
(a) 绘制前；(b) 绘制后

⑥ 高程点注记密度控制与处理。高程点注记密度控制可以在展绘高程点时控制展绘高程点间距，一般情况下，1:500 的地形图点间距 15~20 m、1:1 000 地形图点间距 30~40 m、1:2 000 地形图点间距 50~60 m，或在展绘所有高程点后在进行过滤或者抽稀，然后编辑、修改剩下的高程点。如果关键高程点被过滤忽略了，可以再展绘野外点位，并利用注记一般高程点功能，捕捉关键野外测点点位，确认后即可自动注记高程，高程点注记密度控制在每 100 cm 有 25~20 个。

5. 图幅整饰与内业检查及绘图输出

（1）图幅整饰

图幅整饰是对已绘制好的图形进行分幅、加图框等工作，其菜单主要包括指定图幅网格尺寸及分幅等功能选项，"绘图处理"菜单如图7-2-56所示。

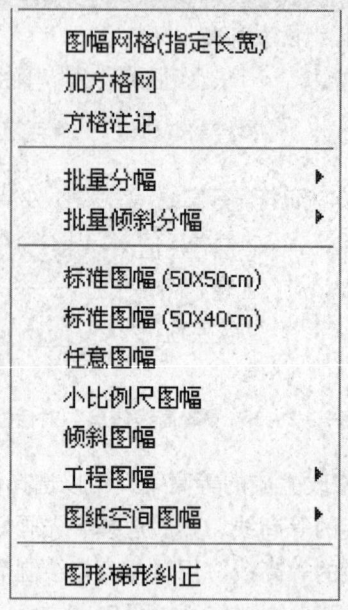

图7-2-56 "绘图处理"菜单

① 图幅网格（指定长宽）。单击"图幅网格"命令栏提示输入图形比例尺，这可根据测图工作需要输入。在测区（当前测图）形成矩形分幅网格，使每幅图的范围清楚地展示出来，便于"地物编辑"菜单的"窗口内的图形存盘"功能，还能用于截取各图幅（给定该图幅网格的左下角和右上角即可）。执行此菜单后，命令栏提示如下：

方格长度（mm）：输入方格网的长度。

方格宽度（mm）：输入方格网的宽度。

说明：用鼠标器指定需加图幅网格区域的左下角点：指定左下角点；用鼠标器指定需加图幅网格区域的右上角点：指定右上角点。

按提示操作，系统将在测区自动形成分幅网格。

② 批量分幅。将图形以50×50或50×40的标准图框切割分幅成一个个单独的磁盘文件，这样不会破坏原有图形。执行此菜单后，命令区提示如下：

请选择图幅尺寸：(1) 50×50 (2) 50×40 (3) 自定义尺寸。

可以通过该操作选择图幅尺寸。

若选（3），则要求给出图幅的长宽尺寸。选（1）（2）则提示：

请输入分幅图目录名：(例如，C:\CASS7.0\demo\dt)。

输入测区一角：给定测区一角。

输入测区另一角：给定测区另一角。

③ "批量倾斜分幅"子菜单如图7-2-57所示。

图 7-2-57 "批量倾斜分幅"子菜单

a. 普通分幅。将图形按照一定要求分成任意大小和角度的图幅。具体操作为先依需倾斜的角度画一条复合线作为分幅的中心线，再执行本菜单。命令行提示如下：

输入图幅横向宽度：（单位：分米）给出所需的图幅宽度。

输入图幅纵向宽度：（单位：分米）给出所需的图幅高度。

请输入分幅图目录名：分幅后的图形文件将存在此目录下，文件名就是图号。

选择中心线，选择事先画好的分幅中心线，则系统自动批量生成指定大小和倾斜角度的图幅。

b. 700 米公路分幅。将图形沿公路以 700 米为一个长度单位进行分幅。具体操作为先画一条复合线作为分幅的中心线，再执行本菜单。命令行提示如下：

请输入分幅图目录名：分幅后的图形文件将存在此目录下，文件名就是图号。

选择中心线，选择事先画好的分幅中心线，则系统自动批量生成指定大小和倾斜角度的图幅。

④ 标准图幅和任意图幅。

a. 标准图幅（50 cm×50 cm）。将已分幅图形加 50 cm×50 cm 的图框。执行此菜单后，会弹出一个对话框，如图 7-2-58 所示，按对话框输入图纸信息后按"确认"按钮，并确定是否删除图框外实体。

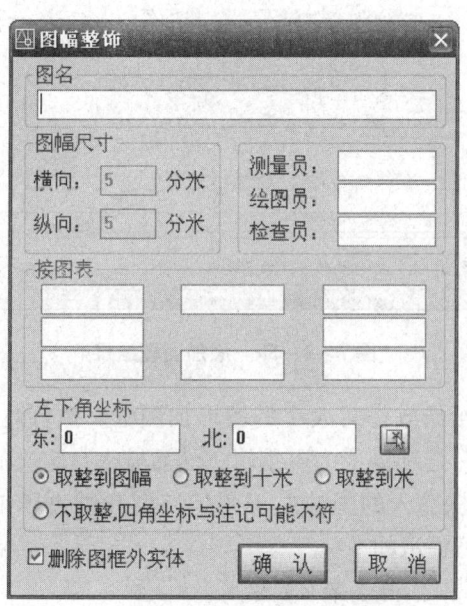

图 7-2-58 "图幅整饰"对话框

注意：单位名称和坐标系统、高程系统可以在加图框前定制。图框定制可方便地在"CASS 7.0 参数设置\图框设置"中设定或修改各种图形框的图形文件，这些文件放在"\CASS70\CASS70tk"目录中，用户可以根据自己的情况编辑，然后存盘。50×50 图框文件名是 AC50TK.DWG，50×40 图框文件名是 AC45TK.DWG。

b. 标准图幅（50 cm×40 cm）。用鼠标左键单击"绘图处理"菜单下的"标准图幅（50 cm×40 cm）"，弹出如图 7-2-58 所示的对话框。在"图名"栏里，输入"工厂平面图"；在"测量员""绘图员""检查员"各栏里分别输入"张三""李四""王五"；在"左下角坐标"的"东"栏、"北"栏内分别输入"53073""31050"；在"删除图框外实体"栏前打钩，然后按"确认"按钮，之前可以先备份一下地形图。另外，可以将图框左下角的图幅信息更改成符合需要的字样，并且可以将图框和图章用户化，这样图框就添加好了。标准图幅图形加图框结果如图 7-2-59 所示。

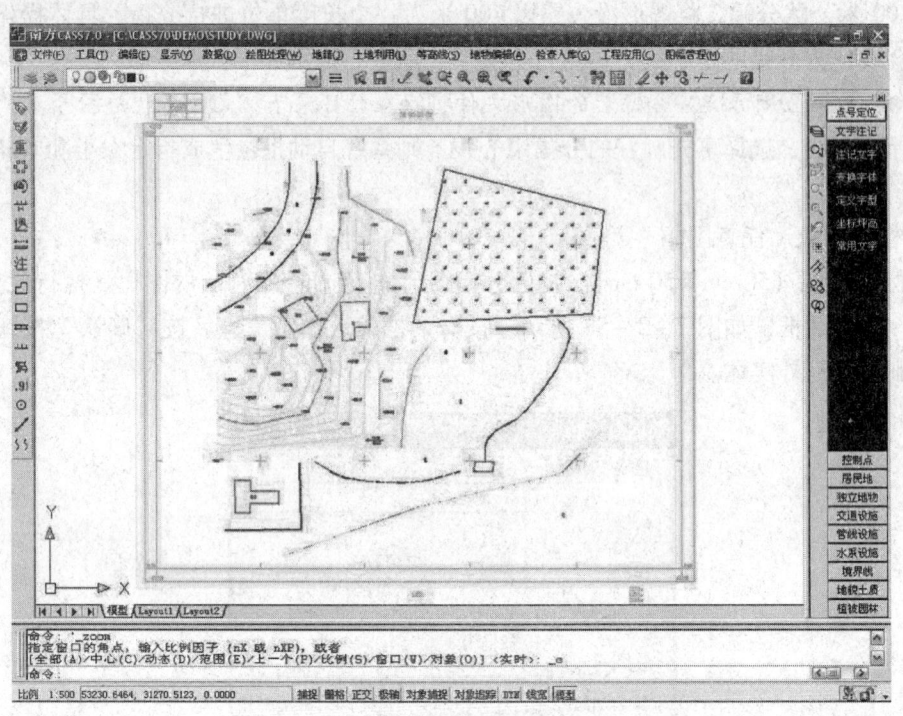

图 7-2-59　添加图框结果

c. 任意图幅。其是指给绘成任意大小的图形加图框。执行此菜单后，按对话框输入图纸信息，此时"图幅尺寸"选项区变为可编辑，然后输入自定义的尺寸及相关信息即可。

⑤ 小比例尺图幅。根据输入的图幅左下角经纬度和中央子午线来生成小比例尺图幅。执行此菜单命令后，命令行提示如下：

请选择：(1) 三度带 (2) 六度带 <1>。

然后弹出一个对话框如图 7-2-60 所示。输入图幅中央子午线、左下角经纬度、参考坐标系、图幅比例尺等信息，系统将自动根据这些信息求出国标图号并转换图幅各点坐标，再根据输入的图名信息绘出国家标准小比例尺图幅。

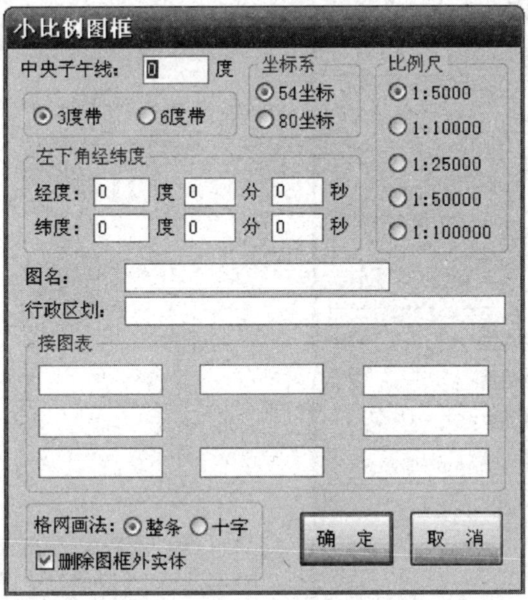

图 7-2-60 "小比例图框"对话框

⑥ 其他分幅。菜单命令中还包括倾斜图幅、工程图幅、图纸空间图幅。这些分幅都是根据所测地形图特殊分幅需要设置的，操作过程相似，并且按照命令区和对话框提示可以较容易完成分幅，这里不再详述。

（2）内业检查

内业检查是数字测图最后的工作。数字地形图成果的质量要通过二级检查、一级验收方式进行控制，必须依次通过生产部门的中队级检查、部门级检查和院质量管理部门组织的验收。

内业检查采用人机交互检查，下面以 CASS 为例介绍数字测图内业检查，检查菜单如图 7-2-61 所示。

① 属性检查。

a. 地物属性结构设置。在绘图过程中，每一个地物对应一个图层，图层名称是符号所属层名，所有这些对应到数据库中，就是该数据库的表名。在绘图菜单下拉列表中选择"地物类型"，选取具体的地物添加到当前层中，当 DWG 文件转成 SHP 文件时，该地物就放在当前层上。对话框右下角方框为"表结构设置"，可以对当前的表进行相应的修改。

b. 编辑实体附加属性。选择此菜单命令后，弹出的窗口如图 7-2-62 所示，然后在左侧窗口选中需要赋予附加属性内容的实体，最后在窗口中填写相应的属性内容。

建 筑 测 量

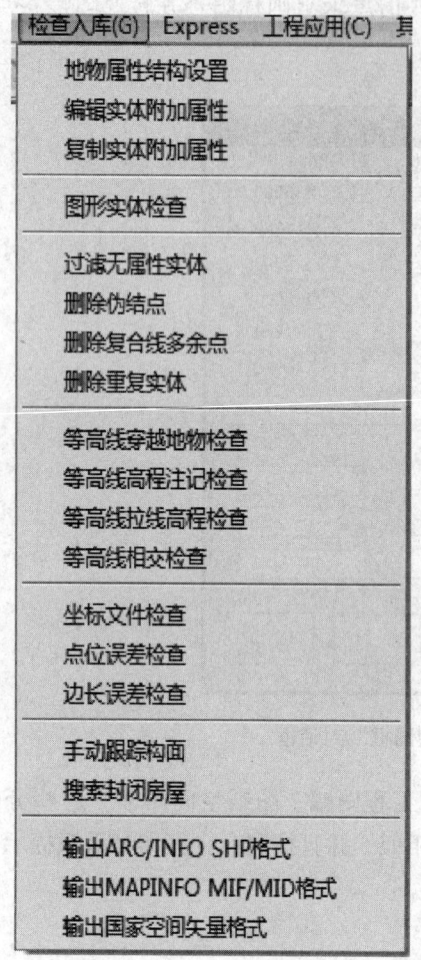

图7-2-61 检查菜单

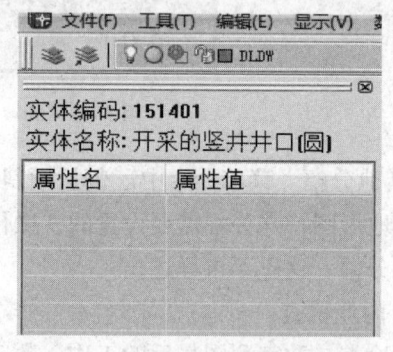

图7-2-62 "编辑实体附加属性"窗口

c. 复制实体附加属性。复制实体附加属性是指将已经赋予了属性内容的实体的属性信息复制给同一类型的其他实体。例如，已经把一个一般房屋添加了附加属性时，就可以通过此命令将附加属性内容复制给图画上的其他一般房屋。

② 图形实体检查。执行"检查入库—图形实体检查"命令，弹出如图7-2-63所示的对话框。实体检查的结果存放在记录文件中，可以对检查出的错误逐个或批量修改。其中，"图层正确性检查"是检查地物是否按规定的图层放置，防止误操作。例如，一般房屋应该放在JMD（居民地）层，如果放置在其他层，程序就会提示有错误，可以对其进行修改。"符号线型线宽检查"是检查线状地物所使用的线型是否正确。例如，陡坎的线型应该是"10421"，如果用了其他线型，程序将自动提示有错误。"建筑物注记检查"是检查建筑物图面注记与建筑物实际属性是否相符，如材料、层数。

a. "过滤无属性实体"绘制完图形后，执行"检查入库—过滤无属性实体"命令，在

254

第 7 章 工程建设中的地形图测绘与应用

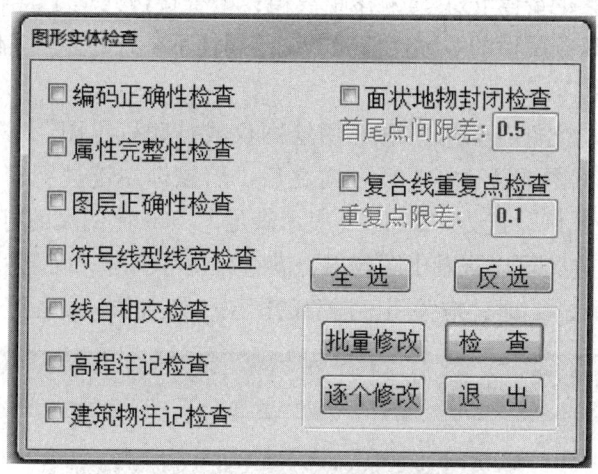

图 7-2-63 "图形实体检查"对话框

弹出的对话框中选择文件保存的路径,单击"确定"按钮,对图形中无属性的实体进行过滤。

b. "删除伪结点"命令可对图面上的伪结点进行删除。命令栏提示如下:

请选择:(1)处理所有图层 (2)处理指定图层。

如果选择(1),会删除所有图层上的伪结点;如果选择(2),请输入要处理的图层,输入图层名后,会删除所选择图层上的伪结点。

c. "删除复合线多余点"命令可对图面中复合线上的多余点进行删除。命令行提示如下:

请选择:(1)只处理等值线 (2)处理所有复合线。

请输入滤波阈值<0.5 米>(输入滤波阈值,系统默认为 0.5 米)。

d. "删除重复实体"命令可删除完全重复的实体。

③ 等高线检查。

a. "等高线穿越地物检查"命令可自动检查等高线是否穿越地物。

b. "高程注记检查"命令可自动检查等高线高程注记是否有错。

c. "等高线拉线高程检查"命令在拉线后可检查线所通过等高线是否有错。单击本命令菜单后,系统命令提示如下:

指定起始位置:(指定起始位置和终止位置后命令栏会显示所拉线与等高线有多少个交点,是否存在错误)。

d. "等高线相交检查"命令可检查等高线之间是否相交。单击本命令菜单后,系统命令提示如下:

选择对象:(选择完成后命令栏会显示等高线之间是否相交)。

e. "接边精度检查"命令可通过量取两相邻图幅接边处要素端点的距离是否等于 0 来

255

检查接边精度，未连接的要素记录其偏移距离值；检查接边几何上自然连接情况，避免生硬；检查面域属性、线条属性的一致性情况，记录属性不一致的要素实体个数。

(3) 绘图输出

用鼠标左键点取"文件"菜单下的"用绘图仪或打印机出图"，进行绘图。对话框如图 7-2-64 所示，选好图纸尺寸、图纸方向之后，用鼠标左键进行窗选，圈定绘图范围。将"打印比例"的"比例"选为"2∶1"（表示满足 1∶500 比例尺的打印要求），通过"部分预览"和"全部预览"可以查看出图效果，满意后就可单击"确定"按钮进行绘图了。

注意：在进行打印输出时，应关闭不需要的图层，如点号、高程等。

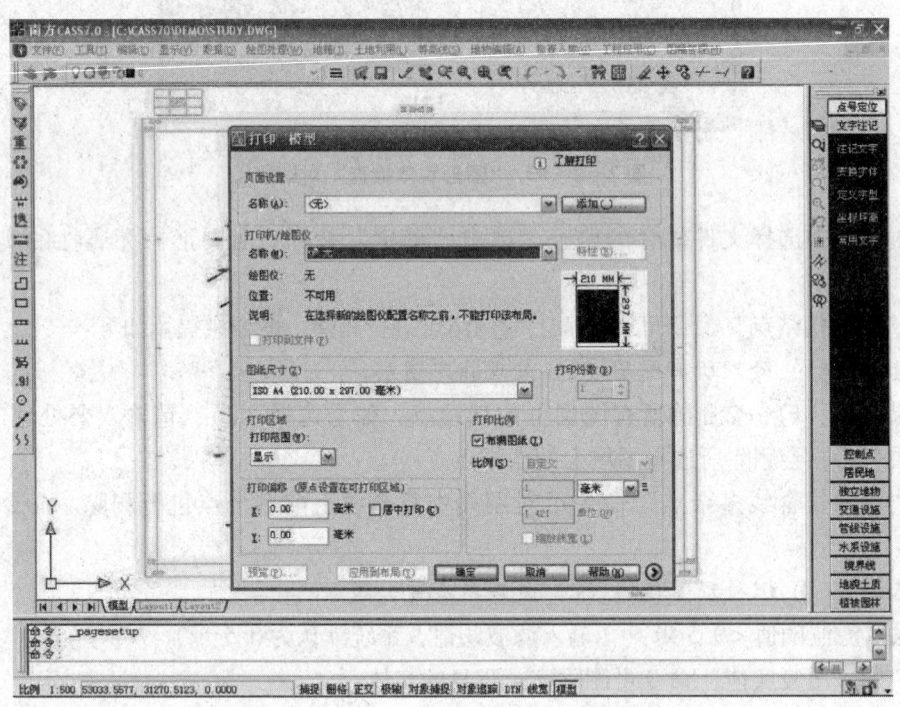

图 7-2-64 "打印·模型"对话框

7.3 地形图应用任务

7.3.1 任务要求

求图上任一点高程，按规定坡度在地形图上选定最短路线。

7.3.2 学习目标

◆ 能力目标

① 能对工程规划设计地形图的比例尺进行选择。

地形图应用

② 能对工矿企业设计的地形图比例尺进行选择。
③ 能从地形图获取点位坐标、高程和坡度等内容。
◆ 知识目标
① 理解大比例尺地形图测图的原理。
② 理解获取地形图上点位坐标、高程和坡度的原理。
◆ 素质目标
① 养成诚信、敬业、科学、严谨的工作态度。
② 强化学生的创新意识。
◆ 思政目标
培养学生具有"自主创新、开放融合、万众一心、追求卓越"的新时代北斗精神。

7.3.3 用到的仪器及记录表格

◆ 仪器
地图等。
◆ 其他
CASS 软件。

7.3.4 操作步骤

1. 根据等高线确定地面点的高程

如图 7 – 3 – 1 所示，若求 A 点的地面高程，因 A 点恰好在 23 m 的等高线上，故 A 点高程与该等高线的高程相等。欲求地面 E 点高程，因 E 点在 23 m 和 24 m 两等高线之间，故 E 点高程大于 23 m 而小于 24 m。其可用内插法求得，过 E 点作 23 m、24 m 两等高线的近似铅垂线，分别交于 A、B 两点，然后在图上量得 AE 和 EB 的长度，又已知等高距 h 为 1 m，则 E 点高程可计算如下

$$H_E = H_A + h_{AE} = H_A + \frac{d_1}{d}h$$

式中：d_1——AE 的长度；

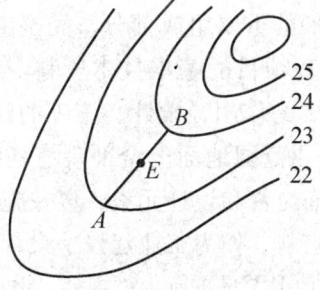

图 7 – 3 – 1　根据等高线确定地面点的高程

d——AB 的长度；

H_A——A 点高程。

设 AE/AB 为 0.6，则 E 点的高程为

$$H_E = 23 + 0.6 \times 1 = 23.6 \text{ (m)}$$

2. 地形图上确定任意一点的平面直角坐标

如图 7-3-2 所示，要求图上 M 点的平面直角坐标，先过 M 点分别作平行于直角坐标纵线和横线的两条直线 gh、ef，然后用比例尺分别量出 $ae = 65.4$ m，$ag = 32.1$ m，则

$$x_M = x_a + ae = 3\,811\,100 + 65.4 = 3\,811\,165.4 \text{ (m)}$$

$$y_M = y_a + ag = 20\,543\,100 + 32.1 = 20\,543\,132.1 \text{ (m)}$$

为防止错误，还应量出 eb 和 gd 进行检核。

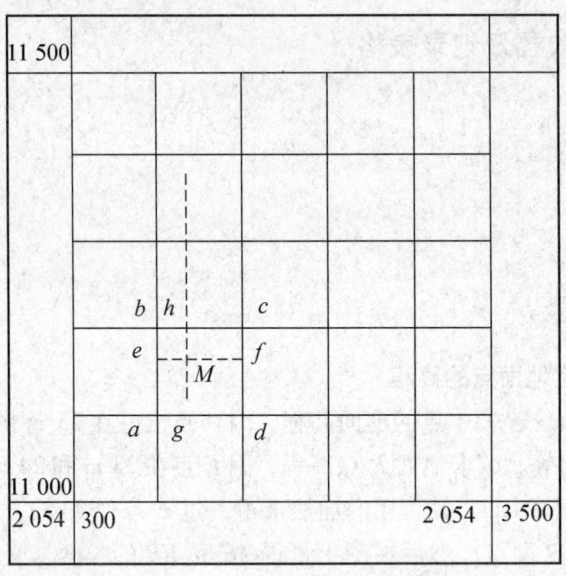

图 7-3-2 确定地形图上任意一点坐标

7.4 地形图应用基础知识

工矿企业建设是国民经济发展的重要组成部分，完整准确的地形图是建设规划、设计以及企业扩建工程项目的基本技术资料。地形图在改建、扩建和生产管理的过程中起着重要的作用，设计、施工的建设者和工矿企业的生产管理者必须掌握工矿企业范围地面上全部现有建筑物、构筑物、地下和架空的各种管道线路的平面位置和设计元素，以及施工场地中地物与地貌的关系等详细的工业场地现状图和有关数据资料，作为工业建设、设计以及生产管理的重要依据。

地形图在工程建设中的应用

在工矿企业建设的设计阶段，地形图是进行工程规划、设计的主要依据之一。从地形图上可以图解平面坐标和高程，进行面积、土方、坡度和距离计算，并结合实地地形提出几种可供选择

的设计方案,再比较、筛选出最佳方案,从而保证工程施工的合理性、经济性,克服盲目性。

每项工程的设计经过论证、审查、批准后,就进入施工阶段。根据设计图纸,施工测量人员首先将设计的工程建筑物、构筑物和选用的特征点按施工要求在现场标定出来,也就是所谓的定线放样,作为施工的依据并指导施工。为此,要根据工地的地形、工程的性质以及施工的组织与计划等,建立不同形式的施工控制网,作为定线放样的基础,然后按照施工的需要采用合适的放样方法将图纸上设计的内容顺序在实地标定出来。

在整个建设工程完成之后,还要进行竣工测量。因为原设计意图不可能在施工中毫无变动地体现出来,竣工测量就是将施工后的实际情况如实反映到图纸上。竣工测量的主要成果是总平面图,各种分类图、断面图以及细部坐标高程明细表等。竣工总平面图编制者签字后转交给使用单位存档备用。

7.4.1 地形图在工程建设勘测规划设计阶段的作用

地形图是进行各项工程规划、设计的依据。地形图能够全面反映地面上的地物、地貌情况。通过地形图可以了解设计区域的地面起伏、坡度变化、建筑物的相互位置、交通状况、土地利用现状、水系分布状况等情况。各种工程建设在工程规划、设计阶段,都必须对拟建设地区的情况做出系统、全面的调查,其中一项主要内容就是地形测量。运用所掌握的地形图基本知识和测绘技术可从图上获得各项工程规划、设计所需的各种要素。在地形图上可以确定点的直角坐标、地面点的高程、两点之间的直线长度、两点之间的坡度、汇水面积、填挖土方量和填挖范围,按预定坡度选定公路或铁路的线路,计算水库容量,绘制某一特定方向的断面图等。地形图的作用可以概括如下:地形图是进行工程规划、设计的重要依据之一;在不同的工程建设规划、设计中起着不同的作用;在工程建设规划、设计的不同阶段所起的作用不同,因此不同阶段所用到的地形图比例尺不同。

1. 确定地面点的平面坐标

如图7-4-1所示,A点在地形图上的某一方格内,该方格的西南角坐标为(x_0, y_0),在地形图上通过A点作坐标网的平行线mn、oP,再用测图比例尺量取mA和oA的长度,则A点的坐标为

$$\left. \begin{array}{l} x_A = x_0 + mA \\ y_A = y_0 + oA \end{array} \right\}$$

为了提高精度,量取mn和oP的长度,对纸张伸缩变形的影响加以改正。若坐标格网的理论长度为l,则A点的坐标计算如下:

$$\left. \begin{array}{l} x_A = x_0 + \dfrac{mA}{mn}l \\ y_A = y_0 + \dfrac{oA}{oP}l \end{array} \right\}$$

2. 确定地面点的高程

地形图上任一点的地面高程,可根据邻近的等高线及高程注记确定。如图7-4-2所

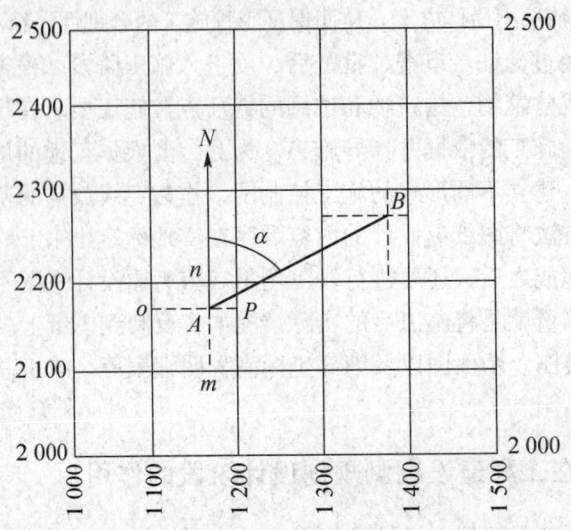

图7-4-1 确定地面点的平面坐标

示,A点位于高程为23 m等高线上,故A点高程为23 m。若所求点不在等高线上,如E点,设其高程为h,则可过E点作一条大致垂直并相交于相邻等高线的线段AB,然后分别量出AB的长度d和AE的长度d_1,则E点的高程可按线性内插法求得

$$H_E = H_A + h_{AE} = H_A + \frac{d_1}{d}h$$

式中:H_B——B点高程;
H_A——A点高程;
h——等高距。

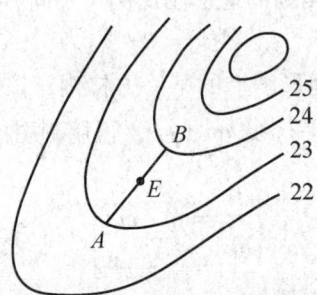

图7-4-2 根据等高线确定地面点的高程

3. 求图上两点之间的水平距离

如图7-4-1所示,用测图比例尺直接量取AB两点之间的距离D_{AB},也可以直接量出AB的图上距离d_{AB},再乘以比例尺分母M,得

$$D_{AB} = d_{AB} \times M$$

4. 求两点连线坐标方位角

如图7-4-3所示,欲求MN直线的坐标方位角,有以下两种方法:

① 图解法。过 M 点作平行于坐标纵线的直线，然后用量角器量出 α_{MN} 的角值，即直线 MN 的坐标方位角。为了检核，同样还可以量出 α_{NM}，用公式 $\alpha_{MN} = \alpha_{NM} \pm 180°$ 进行检核。

② 解析法。先确定 M、N 点的坐标，再计算如下：

$$\tan\alpha_{MN} = \frac{y_M - y_N}{x_M - x_N}$$

$$\alpha_{MN} = \arctan\frac{\Delta y_{NM}}{\Delta x_{NM}}$$

当然，应根据直线 MN 所在的象限来确定坐标方位角的最后值。

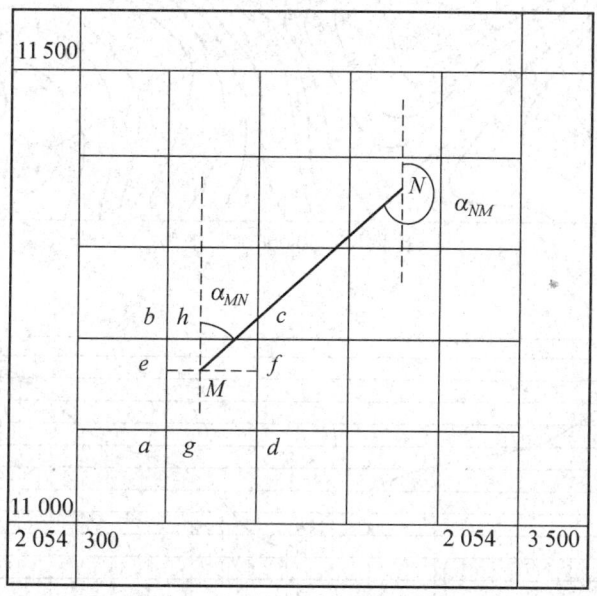

图 7–4–3 确定一条直线的坐标方位角

5. 求图上某直线的坡度

直线的坡度是直线两端点的高差 h 与水平距离 D 之比，用 i 表示，即

$$i = \frac{h}{D} = \frac{h}{d \times M} = \tan\alpha$$

式中：d——图纸上两端点的距离；

M——图纸的比例尺。

先确定直线两端点的高程和直线长度，并计算两点之间的高差，然后就可以计算直线的坡度了。坡度有正有负，正号表示上坡，负号表示下坡。

6. 沿已知方向作断面图

如图 7–4–4 所示，先在图纸上绘制直角坐标系，在纵轴上注明高程，并按基本等高距作与横轴平行的高程线。在地形图上沿 MN 方向线量取断面与等高线的交点 a、b……各点至 M 点的距离，按各点的距离数值，自 M 点起依次截取于直线 MN 上，则得

a、b……各点在 MN 上的位置；在地形图上读取各点的高程，将各点的高程按高程比例尺画垂线，就得到各点在断面图上的位置；将各相邻点用平滑曲线连接起来，即为 AB 方向的断面图。

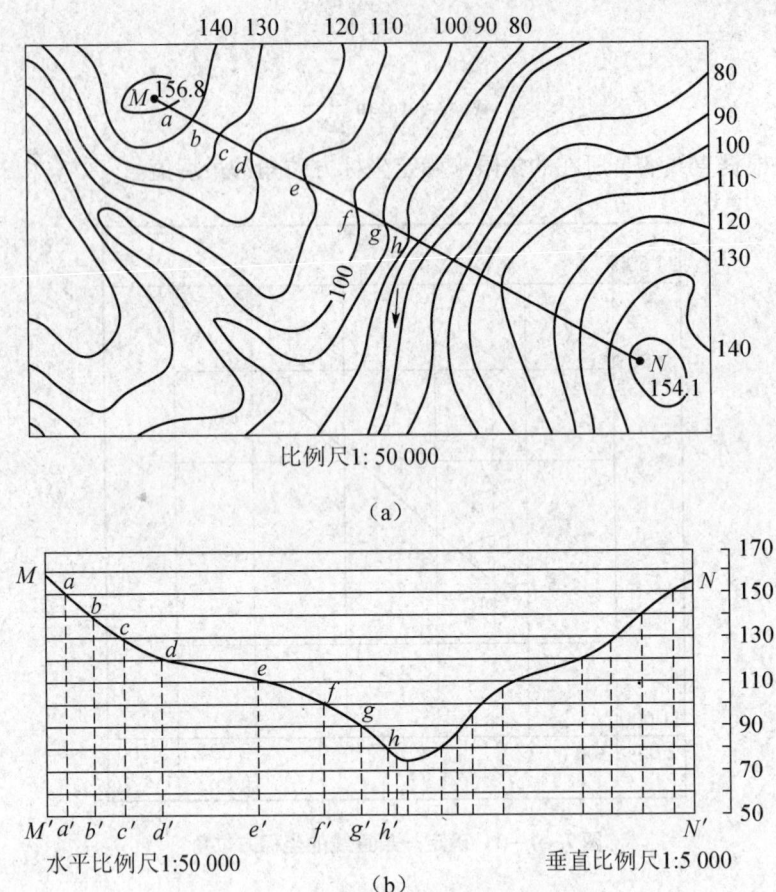

图 7-4-4　沿一直线方向绘制断面图
（a）两点连线和等高线平面图；（b）两点连线和等高线剖面图

7. 两点之间的通视判断

两点均在平地上判断通视考虑的因素：树木和建筑物的遮挡情况；地球表面曲率的影响。

两点在同一坡面上判断通视考虑的因素：若为等齐斜坡或凹坡，则可以通视；若为凸坡，则不能通视。

两点在同一高地上判断通视考虑的因素：两点各在山坡或山顶上，两点之间为谷地，可以通视；两点之间有一高地，其高程大于两点的高程，则不能通视；若高程介于两点之间，则须作断面图来判断。

8. 量算面积

在进行工程规划与设计时，经常需要计算某一地区的面积，如矿区面积、工业广场面积、地表移动和塌陷面积以及汇水面积等。面积的大小通常可在地形图上测量而获得。

地形图上待测面积的图形与实地面积的图形是相似的。由几何学可知，相似图形面积之比等于其相应边之比的平方，即

$$\frac{P'}{P} = \frac{1}{M^2}$$

或

$$P = P' M^2$$

式中：P——实地面积；

P'——地形图上面积；

M——地形图比例尺分母。

① 解析法。解析法是利用多边形顶点的坐标值计算面积的方法。如图 7-4-5 所示，1、2、3、4 为多边形的顶点，且多边形的每一条边与坐标轴及坐标投影线（图上垂线）都组成一个梯形。

多边形的面积 S 即这些梯形面积的和与差。在图 7-4-5 中，四边形面积 S_{1234} 为梯形 $1y_1y_22$ 的面积加上梯形 $2y_2y_33$ 的面积再减去梯形 $1y_1y_44$ 和 $4y_4y_33$ 的面积，即

$$S_{1234} = S_{1y_1y_22} + S_{2y_2y_33} - S_{1y_1y_44} - S_{4y_4y_33}$$

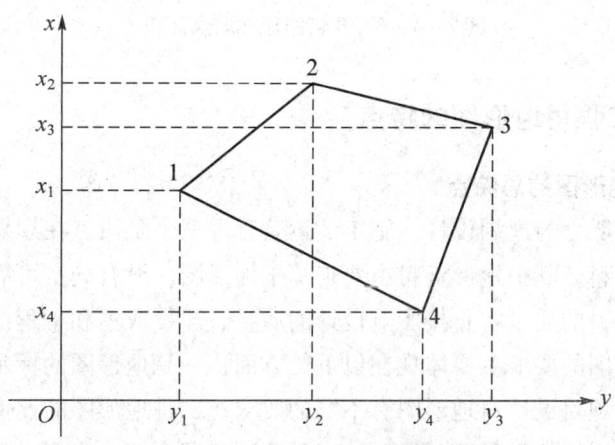

图 7-4-5 解析法求面积

其按各点的坐标可写成如下公式：

$$S = \frac{1}{2}(x_1 + x_2)(y_2 - y_1) + \frac{1}{2}(x_2 + x_3)(y_3 - y_2) - \frac{1}{2}(x_3 + x_4)(y_3 - y_4) - \frac{1}{2}(x_4 + x_1)(y_4 - y_1)$$

$$= \frac{1}{2}[x_1(y_2 - y_4) + x_2(y_3 - y_1) + x_3(y_4 - y_2) + x_4(y_1 - y_3)]$$

对于 n 点多边形，其面积公式的一般形式为：

$$S = \frac{1}{2}\sum_{1}^{n} x_i(y_{i+1} - y_{i-1})$$

同理可推出：

$$S = \frac{1}{2}\sum_{1}^{n} y_i(x_{i+1} - x_{i-1})$$

② 几何图形法。当所算的图形范围界线是由直线（或圆弧）与直线构成的集合图形时，可将图形划分为若干个简单的几何图形（三角形、长方形、梯形、正方形、扇形、圆形等），如图7-4-6所示，在图上量取面积所需的元素长、宽、高，然后采用几何学求面积的公式来计算，则总面积为各个几何图形的面积之和：

$$A = A_1 + A_2 + A_3$$

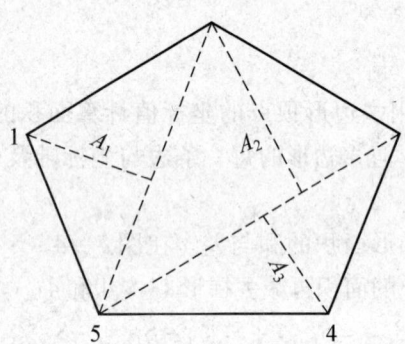

图7-4-6 几何图形法测量面积

7.4.2 建筑工程用地形图的特点

1. 建筑工程用地形图的总特点

建筑工程建设一般分为规划设计、施工、运营管理三个阶段。在规划设计阶段，必须有地形、地质等基础资料，其中地形资料主要来源于地形图。没有确实可靠的地形资料是无法进行设计的。地形资料的质量将直接影响设计的质量、建设成本和工程的运营效果。

规划设计对地形图的要求主要体现在以下三方面：一是地形图的标示内容必须满足设计的要求，不同的工程项目设计对地形图有不同的要求；二是地形图的比例尺选择恰当，不同设计阶段要求的地形图比例尺是不一样的；三是测图范围合适，出图时间快，具有较好的实时性，而且测图范围要满足设计要求。地形图的提交进度要满足设计的进度要求，不能影响设计进度。设计要真实反映测区范围内的地物、地貌，具有良好的现势性，如某工程现场有5年前的地形图，但是现场已经有了很大变化，地形图表示的地物、地貌内容多处无法对应，这时就必须重测或修测地形图，以满足工程设计的需要。

而在工程施工阶段，一般需要1∶500或1∶1 000比例尺的地形图，除了需要有符合要求的大比例尺地形图外，往往还需要局部的大样图（比例尺一般为1∶100或1∶200），以满足工程施工过程中重要细部施工的需要。

在工程的运营阶段，地形图一般服务于工程的运营管理及工程项目的改扩建设计，这个阶段的地形图往往需要定期修测，以满足工程管理对于地形图现势性的需要。

地形图的一个突出特点是可测量性和可定向性，另一个突出特点是综合性和易读性。

地形图上所反映的内容繁多，归纳起来可分为地物和地貌两大类。地形测量的任务就是把错综复杂的地物、地貌测绘出来，并用规定的符号表示在地形图上。

地形图上所表示的内容可分为三部分：数学要素、地理要素和图廓外要素。数学要素是指地面点位与物体形态在地形图上表示时所必须严格遵守的映射函数关系，包括坐标系统、高程系统、地图投影、分幅及比例尺。地理要素就是统一规范的地物、地貌符号。图廓外要素是指图廓外的说明与注记。地形图一般四周均有图廓，图廓的方向是"上北下南，左西右东"，一幅地形图的内容可以分为图廓外内容和图廓内内容两部分。图廓外内容包括图名、图号、比例尺、图廓、接图表、三北方向线、坐标系统、高程系统、所依据的地形图图式、坡度尺、责任人、测绘时间等内容。图廓内容则为地形图的核心内容，包括经纬线、坐标格网、各种地物符号、等高线、注记等。过去由于技术条件的限制，地形图通常是指线划地图。现在由于数字测绘技术尤其是数字摄影测量技术和三维激光扫描技术的发展，地形图除线划图外，还可以用数字线划图、正射影像图、数字高程模型以及它们之间的组合来表达地表形态。

2. 中小比例尺地形图的特点

建筑工程上用的中小比例尺地形图主要是指 1：10 000、1：25 000、1：50 000、1：100 000 及小于 1：100 000 的地形图，它主要应用于地质普查、区域规划等大型项目中。中小比例尺地形图具有以下特点：

① 对于线状地物来说，在中小比例尺地形图上表示为半依比例尺线状符号。由于比例尺小，多数线状地物的宽度不再依比例尺表示，仅长度按比例尺表示，即在地形图上表示为一个线状符号。

② 与大比例尺地形图相比，中小比例尺地形图采用不同的分幅方法和图廓绘制。中小比例尺地形图采用梯形分幅法，一般按国际统一分幅，它是以 1：1000 000 地形图为基础划分的，其图廓内、图廓外的四角处注记经纬度，坐标格网处注记坐标（以千米为单位）。

③ 对于独立地物，如路灯、雨水井盖等，大比例尺地形图均一一表示，但是在中小比例尺地形图上大多不再表示。个别表示在地形图上的独立地物一般也不再用比例尺符号表示。

④ 中小比例尺地形图的测绘范围比较大，一般由国家统一测绘，在国家或省市级测绘主管部门均有现成资料可供查询。使用者可以根据工程需要办理相应使用手续后查询使用。

3. 大比例尺地形图的特点

大比例尺地形图是指比例尺为 1：5 000、1：2 000、1：1000 和 1：500 比例尺的地形图，其主要满足工程建设初步设计和施工设计的需要。大比例尺地形图具有以下特点：

① 大比例尺地形图能够精确地、详实地反映地表所有的全部人工地物和自然地貌的主要要素。比例尺越大，表示的地形要素就越全面，如 1∶500 比例尺地形图所表示的内容要比同一地区的 1∶5 000 比例尺地形图所表达的内容要详细得多，设计单位关心的地物、地貌在大比例尺地形图上都要表示出来，如水利工程设计单位关心的各种涵闸或涵洞的尺寸、底面高程及建筑材料等要详实表示，不可取舍。

② 大比例尺地形图均采用正方形分幅，根据其测绘的范围一般采用按纵、横坐标自由分幅，在外图廓内注记平面坐标，一般不注记经纬度。

③ 大比例尺地形图一般都是实地测绘，不同工程设计对用图有不同的要求，即使有现势性比较好的地形图，往往因为设计关心的要素没有表达，而需要重新测量或进行修测。

④ 施测方法有所不同，测绘精度比较高。大比例尺地形图的测图方法一般是野外实地测图和航测成图，而中小比例尺地形图主要采用遥感法、编绘法成图。由于现代测绘技术的普及应用（全站仪、GPS、数字化成图等），野外实地测图具有更高的精度。

7.4.3 工业企业设计中测图比例尺的选择

地形图能够比较全面地反映地面上的地物和地貌，但是不同比例尺的地形图所表达的地物、地貌的详尽程度是有差异的，比例尺越大，这个详尽程度就越高。因而工程建设中不同的工程或同一工程的不同建设阶段，对地形图的需求是不同的。在工程建设中所用的地形图大部分属于大比例尺地形图，常用的比例尺有 1∶5 000、1∶2 000、1∶1 000 和 1∶500，个别情况下还会用到 1∶200 的地形图。

在工业企业建设工程中，选用地形图时一个重要的工作就是确定选用的地形图的比例尺。由于工业企业厂区建设工程在设计时，总平面图的设计是在地形图上进行的，所以地形图除了按一定的要求表示出地面现有的地物、地貌外，同时还要能在图纸上进行计划工程的设计。地形图一方面能表示出设计中所要考虑的最小地物、地貌特征，另一方面还要能绘出设计的最小建筑物、构筑物，且保持图面清晰，而又不至于图面负荷过大。我国在为工业企业厂区规划设计制定测图工作规范时，各勘测单位曾对设计单位的用图情况进行了广泛的调查。调查结果显示：在施工设计阶段的测图比例尺是 1∶1 000，而在地形复杂或厂区建筑物密集的地区，局部施测 1∶500 比例尺地形图；在初步设计阶段，基本上采用 1∶2 000 比例尺地形图。下面简单介绍决定用图比例尺的主要因素。

1. 按平面位置的精度要求选择用图比例尺

由于地形图的比例尺不同，地形图上地物点的位置精度也不同，所以任何一项建筑工程都需要根据建设项目本身的实际情况选用适合比例尺的地形图。一般认为，对于平坦地区，在 1∶1 000 比例尺地形图上，重要地物点平面位置的中误差为图上 ±0.66 mm，次要地物点平面位置的中误差为 ±0.84 mm。对于 1∶2 000 和 1∶5 000 比例尺地形图，地物点平面位置的中误差为 ±1 mm。若从点位平面位置的中误差要求出发，选用 1∶1 000 比例尺地形图能够满足用图需要的，则可以选用 1∶1 000 比例尺地形图。若由于设计对象比较小，又比较密集,用 1∶1 000 比例尺地形图时设计对象表达过于密集、不清晰时,则选用 1∶500 比例尺地形图。

2. 按高程精度要求选择用图比例尺

地形图上等高线表示的地貌就是地面的起伏变化,等高线详细程度与等高距的大小密切相关。等高距小,绘出的地貌就细致;相反,等高距大,则绘出的等高线就会比较稀少,对于实际地貌的表达就比较概略。但是如果等高距过小,而实地坡度较大时,绘出的等高线就会过于密集,导致图面不清晰。因此,地形图的等高距代表一定的高程精度,等高距越小,高程的表达就越精确,测图成本就会越高。因此,在选用用图比例尺时,要同时兼顾精度和成本的关系,不能为了追求高精度而导致成本大量增加,更不能为了追求低成本而忽视精度。在工程建设过程中,可以根据等高距选用地形图的比例尺,一般认为对于平坦地区,在 1∶1 000 比例尺地形图上,等高线高程的中误差为 ±0.15 m,在 1∶2 000 比例尺地形图上,等高线高程中误差为 ±0.27 m,在 1∶5 000 比例尺地形图上等高线高程中误差为 ±0.63 m。

3. 综合考虑点平面位置和高程精度选择用图比例尺

在实际建筑工程中,有些建筑工程在选用地形图比例尺时,既要考虑点的平面位置的精度,又要考虑点位的高程精度。当考虑横向偏差的要求而选用 1∶1 000 的用图比例尺时,其点位中误差就可以满足不超过 ±1 m 的要求,在高山地区考虑精度要求时,应采用 0.5 m 等高距,对应这种等高距,应当选用 1∶500 比例尺的地形图。

有些工程项目对高程的要求比较高,一般比例尺地形图虽然能够满足平面位置的精度要求,却不能满足高程的精度要求,这时需要采取综合取舍的措施来解决。

为了保证在地形图上正确布置建筑物的位置、确定建筑坐标系原地位置和图解距离等工作的精度要求,图上平面点位误差不大于 ±1 mm;为了确保地面最小坡度的正确性,保证主要设计点高程误差不大于 (±0.15 – 0.18) m。而对于 1∶1 000 比例尺地形图而言,其平面点位的误差基本上在 ±1 mm 之内,高程中误差为 ±0.15 m,因此一般工矿企业建筑工程项目的设计多采用比例尺为 1∶1 000 的地形图。多数单位认为这种比例尺的地形图是用于设计的"通用地图"。

4. 工程建设规划设计的不同阶段采用不同比例尺的地形图

在工程建设的不同阶段,使用地形图的比例尺也有所不同。在初步设计阶段,需要 1∶1 000 或 1∶2 000 比例尺的陆上地形图和水下地形图,以便于分析、布置铁路、仓库、码头、防洪堤及其他的一些附属设施和建筑物,并且进行方案比较;在施工设计阶段,应采用 1∶500 或 1∶1 000 比例尺的地形图,以便于进一步精确确定建筑物的位置和尺寸。对于不同的设计阶段的各种工程项目,随着设计的深入,测图的精度要求越来越高。

5. 场地现状条件与面积大小对测图比例尺选择的影响

按照工程项目设计工作进展情况,场地的现状条件大致可分为两类:第一类是平坦地区新建的工业厂区;第二类是山地或丘陵地区的工业场地及扩建的工业厂区。如果一张地形图因为场地面积较大而比例尺较小，使各等高线遮盖了其他主要的地物要素而使地形图面目全非，那么这张地形图在工程中的用途就不大。

对于第一类工业场地，一般可以根据生产工艺流程及运输条件，按照规划设计进行布置，设计中用到的地形图的比例尺可依据设计的内容和建筑物密集程度确定。

第二类工业场地则有所不同，在满足生产工艺流程和运输条件的前提下，其各种工程建筑的布置在很大程度上取决于地形条件。也就是说，总平面图设计受场地现状条件的影响比较大。在这种条件下，选择地形图比例尺时，除了要考虑设计内容与建筑物密度以外，还要保证精度的要求。

对于扩建或改建的工业场地，在地形图上除了用符号表示的内容外，还要求测绘出主要地物点（如现有厂房、车间、地下管线等）的解析坐标和高程，并标注在地形图上。如果地形图的比例尺较小，在使用时，设计的线条往往会遮盖地形图的地形要素，给设计工作带来不便。在这种情况下，往往需要1∶500比例尺的地形图。例如，在化工厂的设计中，由于管网多，为使管线和建筑物的位置便于在图上表示，要求放大比例尺，也有的小型轻工业工程面积较小，用比例尺为1∶1 000的地形图不方便，也要求施测更大比例尺的地形图。但是这样主要是为了使用方便，其实对地形图的精度要求并不高。在这种情况下，可以按照1∶1 000比例尺地形图的要求施测1∶500比例尺地形图。总之，在一些复杂的密集厂区，之所以提出用1∶500比例尺测图，主要是为了解决负荷问题，而其精度可以放宽要求，但是不能低于1∶1 000比例尺地形图的精度。在选择比例尺时，工业用地面积的大小也是需要考虑的因素，在保证图面清晰的前提下，一般尽量选用比较小的比例尺。

由于工业企业性质不同，工程规模大小不同，场地现状条件也有较大差异，设计中所用地形图的比例尺也就不可能完全一致（见表7-4-1）。选择地形图比例尺还要考虑一些其他因素的影响：

① 显示要素的清晰度；

② 成本高低；

③ 地形图数据与有关地形图的相互关系；

④ 图幅大小；

⑤ 其他客观因素（如要素的数量和特征、地形特征及采用的等高距等）。

表7-4-1　工程建设中常用比例尺地形图的典型用途

比例尺	典型用途
1∶10 000到1∶50 000	区域总体规划、线路工程设计、水利水电工程设计、地质调查等
1∶5 000	工程总体设计、工业企业选址、工程方案比较、可行性研究等
1∶2 000	工程的初步设计、工业企业和矿山总平面图设计、城镇详细规划等
1∶1 000或1∶500	工程施工图设计、地下建（构）筑物与管线设计、竣工总图编绘等

7.5 从地图到地理信息服务与思政点

测绘是一个技术密集型行业,测绘的发展极大地依赖于测绘技术方法和仪器装备的变革。改革开放 30 年,我国测绘事业经历了以十年为一个周期的三次重大技术革命,对事业发展产生了巨大的影响和推动作用。

1. 传统测绘技术改造和模拟地图生产

1978 年开始的 10 年,我国测绘事业发展进入恢复与调整时期。在这一时期,以模拟测绘技术的数字化改造为重点,现代测绘技术体系建设开始起步:开展了空间定位技术应用、机助制图和地理信息数据库建库以及遥感技术应用研究,解决了全国天文大地网、精密水准网、重力网平差问题,进行了摄影测量技术改造,形成了基本比例尺航测成图及更新的新技术、新工艺,初步建成国家基准体系,基本完成了国家基本比例尺地形图测制。这一时期的主要特点是,野外测量仪器仍以光学仪器为主,内业以解析测图仪器为主,测绘技术相对落后,测绘生产作业劳动强度大,测绘成果与服务产品主要是纸质地图。

2. 数字化测绘技术体系形成和数字地图生产

20 世纪 90 年代,测绘部门应用计算机、卫星定位、遥感、地理信息系统等现代高新技术改造传统测绘技术,建立了数字化测绘技术体系,测绘生产方式和组织结构发生重大变革。全球定位系统技术全面用于大地测量定位,全数字化测图系统、影像扫描系统、全数字摄影测量工作站等数字化测绘技术装备以及地理信息系统基础软件和应用软件相继问世,实现了地理信息获取、处理、管理和分发服务全过程数字化,测绘生产力水平和生产效率大大提高。这一时期的基本特点是,基础地理信息数据库建设全面展开,测绘成果主要是以 4D(数字正射影像 DOM、数字高程模型 DEM、数字栅格地图 DRG、数字线划图 DLG)及其复合产品为主体的数字地图。

3. 3S 技术集成化和地理信息综合应用服务

最近 10 年,随着国民经济和社会信息化进程加快,社会对地理信息资源的需求迅速增长,测绘技术手段和资源配置方式发生深刻变化,测绘部门开始向建立以"地理信息获取实时化、处理自动化、服务网络化和应用社会化"为特征的信息化测绘体系迈进。空间对地观测技术、网络化地理信息服务技术以及 3S 集成技术成为测绘技术体系的核心,测绘服务从标准化、专业化的地图服务向全方位、高动态、数字化、网络化的地理信息服务转变。这一时期的主要特点是,地理信息与地理信息系统成为日益广泛的需求,地理信息产业蓬勃发展。

本章小结

本章主要内容是采用全站仪和 GNSS-RTK 完成外业数据采集,采用 cass 软件绘制地形图。通过本章学习能够完成大比例尺地形图测绘工作。熟悉地物、地貌在地形图上的表示方法；能够应用地形图获取地理信息应用于建筑工程测量。

思考题

1. 大比例尺地形图是如何分幅和编号的？
2. 地物符号分为哪几类？试举例说明。
3. 什么叫等高线、等高距、等高线平距？
4. 等高线是如何分类的？
5. 怎样确定直线的坡度？
6. 怎样根据等高线确定地面点高程？

第 8 章　建筑施工测量案例

本章内容为某产业基地施工测量技术方案（技术部分）。

8.1　对测量放线的基本要求

（1）结构竖向偏差直接影响工程受力情况，故施工测量中要求轴线控制精度要高，测点要准，针对本工程的结构特点、场地情况，地下基础采用外控法，地上主体结构采用内控的测量方法。

（2）对业主提供的坐标控制桩点、水准点进行复核，复核合格后办理移交手续，由总承包方、业主、监理以及移交单位共同签字确认，根据测量方案布置结构施工用轴线控制桩、水准点，并做好保护。

（3）施工测量平面控制网的测设：根据测绘提供的角桩引出，采用龙门桩法一次性建立统一的平面施工控制网，定位放线施测完后要经自检、互检合格后方可申请主管部门验线。测量记录应做到原始、正确、完整，计算要求依据正确、方法科学、严谨有序、步步校核、结果正确。

（4）了解设计对测量放线精度的要求，提高测量精度误差，控制在规范允许的范围之内，为工程施工提供可靠依据。

（5）布网原则：

①"先整体、后局部"的原则，以高精度控制低精度。

②控制点要选在硬度大、安全、易保护的位置，相邻点之间应通视良好、分布均匀。

（6）控制点引测根据测绘提供的基准点引测 3 个控制点，并测定高程作为工程定位放线依据。

（7）测量放线的基本准则：

①明确为工程服务，对工程负责的工作目的。

②遵守先整体后局部的工作程序。

③严格审核测量起始依据的正确性，坚持测量作业、计算工作步步有校核的工作方法。

④测法科学、简捷、精确合理相符的工作原则。

⑤执行自检、互检合格后，再向监理报验验线的工作制度。

8.2　工程主轴线现场布控

控制网是整个建筑物平面定位及竖向控制的依据。布设是否合理、科学是保证整体施工测量精度和分区分期施工相互相接的基础。要本着"先整体后局部",高精度控制低精度原则,控制点位要通视,易量,布点要均匀,便于长期保存。

1. 控制网布设

(1) 工程平面网的布置。控制网的测设采用高精度的测量设备(全站仪)进行。首级网点根据测绘院给定的定位桩作为起始点位,每栋楼3个控制桩,采用极坐标方法测设网点。每个点的极长进行2次量测,极角采用1个测回,以保证点位的精度。测量完毕后再将仪器搬至网点上,校核网点间的角度距离,符合测量规范后出成果资料,报监理单位验收,合格后,根据控制网点与轴线间尺寸的关系,进行对轴线的加密控制。

(2) 控制网的测设。根据测绘院提供的水准点进行建筑标高网的测设,本工程标高控制网布设在平面网点上,与水准点(基点)、构成附合水准路线,观测方法采用四等几何水准测量。西北(×××308.×××511045.380)、东北01(×××308.×××511198.878)、东北02(×××300.986,×××206.378)、东南(×××226.487×××206.376)、西南(×××226.×××511045.379)。

2. 网点编号标识

建筑平面网和标高网布设完成,应将网点编号对应实地标识在点位处,以避免在使用中用错造成严重的质量事故。

3. 控制网点的保护与复测

整个场地的高程网及各楼座的平面网,监理单位验收合格后点位应及时采取措施妥善保护,并在雨季前、后复测,以保证数据的正确性。

8.3 基础施工测量

1. 基础轴线测设

根据轴线控制网点用经纬仪或全站仪进行投测定位,当基础垫层浇筑后,在垫层上先测设出建筑物主轴线,然后测设边界线、墙宽线、柱位线及基坑线,并以黑线的形式在垫层上弹出各线,为基础结构浇板的支测控制依据。细部放线弹出钢筋的分档标志线,以保证钢筋摆放的准确性。钢筋绑扎完毕后,再将控制线投测到钢筋上,并做好标记,作为对模板支设的复检及插筋的依据。施工中必须严格保证精度,严防出错。

2. 各部位轴线及细部检查

结构(模板支设)控制线测设完毕后,首先要检查轴线控制点有无用错和位移,再检查各轴线地投测位置(定位轴线)。实量各轴线地相对尺寸,测量角度是否符合规范要求,验线时还应检查垫层顶面地标高,经检查无误后方可进行下道工序。

3. 基础结构标高的控制

本工程依据测绘院提供的水准点用 DZS3-1 水准仪采用四等水准观测方法在建筑区域布点并做好明显的标记作为本工程标高控制点依据。

为保证建筑标高控制的精度要求,在基础施工中就应注意准确的测设标高,为±0.000 m 以上的标高传递打好基础,用水准仪及钢尺根据控制网点进行分阶段引测,如在基础四周部位,以水平壁桩的形式测设标高作为各结构部位垫层、混凝土施工的控制依据;也可采用挑挂钢尺的方法进行引测,将标高传递到基槽护坡挡壁处,并把标高转测到基槽四周,用红色油漆标注三角。

本工程土方开挖施工时,测量人员应及时把临时标高桩施测在土壁或坑底,特别是接近标高底部1 m 深时,必须昼夜配合,以免土方超挖。

8.4 主体结构施工测量

1. 主体轴线测设

(1) 当本工程施工到±0.000 m 以后,随着结构层的升高,将首层轴线逐层向上投测用以作为各层放线和结构竖向控制的依据。

(2) 本工程±0.000 m 以上部分改为内控法。内控基准点的布设:在建筑物首层测设室内控制网,基准点设在距各轴线平移0.500 m 后的交叉点上,用激光垂准仪竖向投测,以保证竖直投测精度,布设基准点时要注意尽量避开混凝土墙柱。

(3) 内控基准点埋设方法依据施工前布设的控制网基准点来布设。基准点的埋设采用 100 mm×100 mm 钢板用钢针刻划十字线,钢板通过锚脚与板筋焊牢,基准点要保持通视,严禁堆放杂物以避免破坏原有测设的控制基准点。在每层楼面基准点处均预留上口200 mm× 200 mm、下口180 mm×180 mm 与首层控制点相对应小方孔洞(洞口处用砂浆做成20 mm 的防水斜坡)以便于基准点的竖向投测。具体埋设方法见内控点埋设及保护示意图(见图8-1)。

(4) 在浇筑上升的各层楼面时使用激光垂准仪以首层作为基准点直接向各施工层投测,投测后用经纬仪和钢尺检测该控制点是否有误差,并对误差情况进行适当调整后方可作为该层放线的依据。

(5) 建筑物控制网轴线的精度等级及测量方法依据《建筑施工测量技术规程》(DB11/T 446—2015)执行,要求控制网的技术指标必须符合表8-1 的规定。

表8-1 控制网的技术指标

等级	适应范围	测角中误差	边长相对中误差
二级	连续程度一般的建筑	+12″	1/15 000

(6) 内控基点竖向投测将激光垂准仪(见图8-2)架设在首层平面控制基准点上,接收靶放在投测楼层面的相应预留洞。调置仪器对中整平后,启动电源使激光垂准仪发射出可见的红色光束,投测到接收靶上,用对讲机上下配合指挥上方查看,红色光斑点调整激光束得到最小光斑,把光斑移至接收靶的"十"字交点上,仪器转动360°观察光斑是否在接收靶的"十"字交点上,控制点投测完毕,要求确保接收靶的最终位置不变,依次投测下一

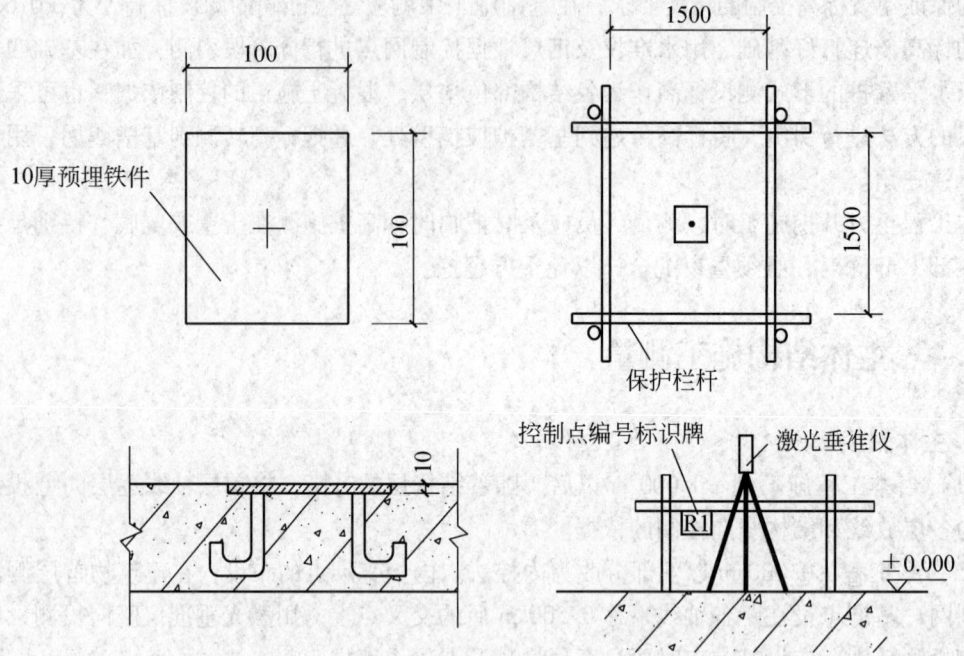

图 8-1 内控点埋设及保护示意图

点,激光点距接收靶上的直径允许偏差 ±1.5 mm,当由外部控制向建筑物内部轴线投测时不应超过 3 mm。

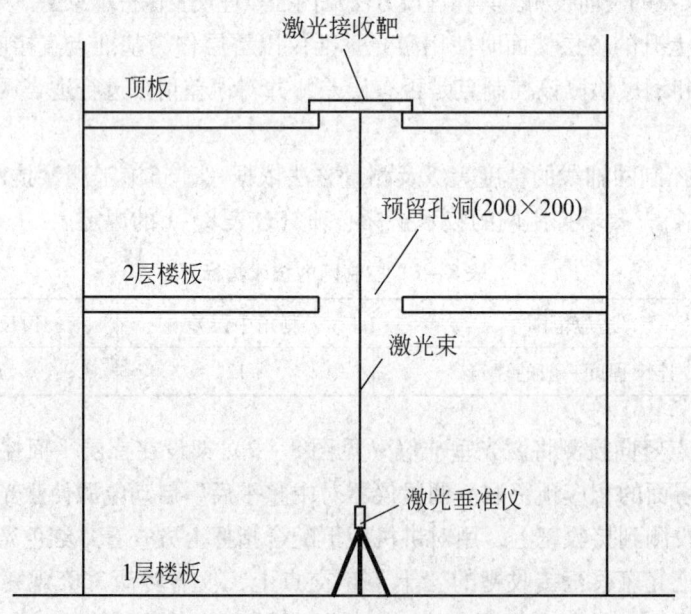

图 8-2 激光垂准仪天顶法投点示意图

投点作业步骤（见图8-3）：

① 仪器水平度盘指向00°时，在激光接收靶上定出第一点 a。由于仪器本身存在误差，投测所发射的激光束可能不垂直，须将仪器水平旋转一周。

② 仪器转180°时，在激光接收靶上定出第二点 b。

③ 仪器转90°与270°时，在激光接收靶上分别定出第三点、第四点，即 c、d。

④ 检查投点位置正否，取四点的中心点做为最后点位。

⑤ 点投好后通知上方保护标志。

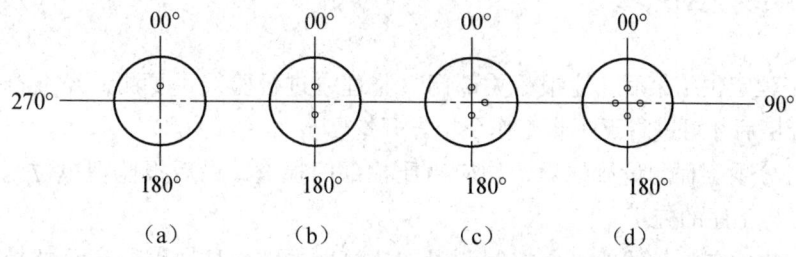

图8-3 投点作业步骤示意图

2. 主体结构施工高程测量

（1）高程控制网根据建设单位提供的由测绘院设置的水准点引测现场围墙上标记注明标高，以便于相互校核和满足分段施工的需要。

（2）现场水准点精度及测量方法，根据《工程测量规范》（GB 50026—2007）高程控制网拟采用四等水准测量方法测定。

3. 结构施工中的楼层标高控制

（1）对场内设的水准点，在施工过程中每隔两个月需联测一次，以做相互核检，对检测后的数据仔细计算，以保证水准点使用的准确性。

（2）结构楼层标高控制及测设方法。在首层平面易于向上传递标高的位置布设基本传递高程点，用DZS3-1水准仪往返测，以便检验和纠正。当施工层墙柱钢筋绑扎完及墙柱拆模后，在墙柱上测设相对该层1.000 m标高弹好墨线，并用红色油漆在墙柱角处标记"△"，并注明建筑标高，间距分布均匀满足结构施工的需要，误差控制在±2 mm以内。

（3）高程传递。选择高程竖向传递的位置，应满足上下贯通、竖直量尺的条件，主要结构、外墙、边柱等处，用水准仪根据首层+1.000m标高线，用钢尺沿竖直方向，向上量至施工层，并画出整数水平线，各层的高程线均应由起始高程线向上直接量取，当楼高大于1整尺段的高度时，须量测第二起始点，作为继续向上传递的依据，向各施工层传递上去的高程点，均不少于2处，取其较差的平均值作为该层抄平的基准（较差 <2 mm），向上传递的高程点，所用钢尺应经过核定，尺身铅直，拉力标准，并应进行尺长、温度改正。

（4）投测柱中线的方法：根据结构表面的柱中线，在下端立面上标示中线位置，然后用经纬仪或吊线法把中线投测到柱上端的立面上。

8.5 建筑物的沉降观测

根据国家规范，本工程在施工及使用期间均应进行沉降观测，直至沉降变形稳定为止（1 mm/100 天）。沉降观测应委托具有相应资质的检验监测部门进行，沉降观测点的布置应符合现行国家规范。

8.6 验线工作

（1）在工程定位结束后，应报相关部门、监理方进行验线、复测，经查符合施工测量规程要求、合格后才可进行下一步工作及土方开挖。

（2）在各分项工程测量放线后，均应由质检部门检查，最后报监理单位复测验收，合格后进入下一步工序的施工。

（3）验线内容包括轴线的平面控制测量，建筑物的墙、柱边线，高程的控制测量，各楼层的 1.000 m 线。

8.7 竣工测量

竣工测量是验收和评价本工程施工的重要依据，也是工程交付使用后管理维修以及改扩建的依据。

（1）竣工测量资料包括测量控制点的点位和数据资料（场地红线桩、平面控制网点、主轴线点及场地永久性高程控制点）；地上、地下建筑物的位置（坐标）几何尺寸、高程、层数、建筑面积及开工、竣工日期；室外地上、地下各种管线（给水、雨污水、热力、电力、电信等）与构筑物（化粪池、污水处理池、各种检查井等）的位置高程、管径、管材等。

（2）要从工程定位开始就要有次序的积累各项技术资料，尤其是隐蔽工程，一定要在回填土或下一工序前及时测量出各项资料，在收集竣工资料的同时要对设计图、各种设计变更通知及洽商记录做好妥善的保存。

（3）竣工资料（包括测量记录）及竣工平面图等编制完后，由编制人员和工程负责人签名后交使用单位及有关部门存档保管。

8.8 施测精度要求

本工程测量精度要求按照《建筑施工测量技术规程》（DB11/T 446—2015）执行。见表 8-2 至表 8-7。

表8-2 普通钢尺量距的技术要求

丈量相对中误差	作业尺数	丈量次数	读定次数	估读/mm	温度读至/℃	定线最大偏差/mm	尺段高差较差/mm	同尺各段或同段各尺的较差/mm
1/10 000	1-2	2	2	1	1	70	10	3

表8-3 水准测量的主要技术要求应符合下表的规定

等级	每公里高差中的数中误差/mm		仪器型号	水准标尺	观测次数		往返校差、附合或环闭合差/mm	
	偶然中误差/mm	全中误差/mm			与已知点联测	环线或附合	平地	山地
四等	±5	±10	DS3-1	双面	往返	往	$±20\sqrt{L}$	$±6\sqrt{n}$

注：L为附和路线或闭合环线长度（以km计）；n为测站点数。

表8-4 建筑物基础放线的允许误差

长度L、宽度B的尺寸/m	允许误差/mm
L(B)≤30	±5
30<L(B)≤60	±10
60<L(B)≤90	±15
90<L(B)≤120	±20
120<L(B)≤150	±25
150<L(B)	±30

表8-5 各部位放线的允许误差

项目		允许误差/mm
外廓主轴线-长度(L)	L(B)≤30	±5
	30<L(B)≤60	±10
	60<L(B)≤90	±15
	90<L(B)≤120	±20
细部轴线		±2
承重墙、梁、柱边线		±3
非承重墙边线		±3
门窗洞口线		±3

表 8-6　高程竖向传递的允许误差

项目		允许误差/mm
每层		±3
总高（H）	$H \leq 30$ m	±5
	30 m $< H \leq 60$ m	±10
	60 m $< H \leq 90$ m	±15

表 8-7　轴线竖向投测的允许误差

项目		允许误差/mm
每层		3
总高（H）	$H \leq 30$ m	5
	30 m $< H \leq 60$ m	10
	60 m $< H \leq 90$ m	15
	90 m $< H \leq 120$ m	20

参 考 文 献

[1] 国家测绘局. 三、四等导线测量规范：CH/T 2007—2001 [S]. 北京：测绘出版社，2001.

[2] 国家测绘局人事司，国家测绘局职业技能鉴定指导中心. 测量基础 [M]. 哈尔滨：哈尔滨地图出版社，2001.

[3] 中华人民共和国国家质量监督检验检疫总局，中国国家标准化管理委员会. 国家基本比例尺地图图式 第1部分：1∶500 1∶1 000 1∶2 000 地形图图式：GB/T 20257.1—2017 [S]. 北京：中国标准出版社，2008.

[4] 武汉大学测绘学院测量平差学科组. 误差理论与测量平差基础 [M]. 武汉：武汉大学出版社，2003.

[5] 武汉大学测绘学院测量平差学科组. 误差理论与测量平差基础习题集 [M]. 武汉：武汉大学出版社，2005.

[6] 高井祥. 测量学 [M]. 3版. 徐州：中国矿业大学出版社，2004.

[7] 宁津生，陈俊勇，李德仁，等. 测绘学概论 [M]. 武汉：武汉大学出版社，2004.

[8] 崔有祯. 测绘基础知识与基本技能 [M]. 北京：测绘出版社，2010.

[9] 王金玲. 测量学基础 [M]. 2版. 北京：中国电力出版社，2011.

[10] 李明. 地形测量 [M]. 北京：测绘出版社，2011.

[11] 李天和. 地形测量 [M]. 郑州：黄河水利出版社，2012.

[12] 刘茂华. 测量学 [M]. 北京：清华大学出版社，2015.

[13] 潘正风，程效军，成枢，等. 数字地形测量学 [M]. 武汉：武汉大学出版社，2015.

[14] 马华宇，姜留涛. 建筑工程测量 [M]. 成都：电子科技大学出版社，2015.

[15] 王云江. 建筑工程测量 [M]. 3版. 北京：中国建筑工业出版社，2013.

[16] 杨中利，汪仁银. 工程测量 [M]. 北京：中国水利水电出版社，2007.

[17] 王淑红，王愉龙. 建筑工程测量 [M]. 北京：清华大学出版社；北京交通大学出版社，2009.

[18] 冷超群，余翠英. 建筑工程测量 [M]. 南京：南京大学出版社，2013.

[19] 郑持红. 建筑工程测量 [M]. 重庆：重庆大学出版社，2008.

[20] 汪荣林，罗琳. 建筑工程测量 [M]. 北京：北京理工大学出版社，2009.

[21] 张敬伟. 建筑工程测量 [M]. 郑州：黄河水利出版社，2014.

[22] 杨凤华. 建筑工程测量 [M]. 北京：北京理工大学出版社，2010.

[23] 李向民. 建筑工程测量实训 [M]. 北京：机械工业出版社，2011.

[24] 常玉奎，金荣耀. 建筑工程测量 [M]. 北京：清华大学出版社，2012.